'जर तर'च्या गोष्टी

भाग

डॉ. बाळ फोंडके

सकाळ प्रकाशन

'Jar Tar'chya Goshti : Bhag 2
© Dr. Bal Phondke, 2024

'जर तर'च्या गोष्टी : भाग २
© डॉ. बाळ फोंडके, २०२४

प्रथम आवृत्ती	:	सप्टेंबर, २०२४
प्रकाशक	:	सकाळ मीडिया प्रा. लि.
		५९५, बुधवार पेठ,
		पुणे ४११ ००२
संपादन व मुद्रितशोधन	:	माधव गोखले व इरावती बारसोडे, साप्ताहिक सकाळ
मुखपृष्ठ	:	संतोष घोंगडे
मांडणी	:	अनुज आर्टस्
मुद्रणस्थळ	:	विकास प्रिंटिंग ॲण्ड कॅरिअर्स प्रा. लि.
		प्लॉट नं. ३२, एमआयडीसी,
		सातपूर, नाशिक ४२२००७
ISBN	:	978-81-968004-2-0
संपर्क	:	020-2440 5678 / 88888 49050
		sakalprakashan@esakal.com

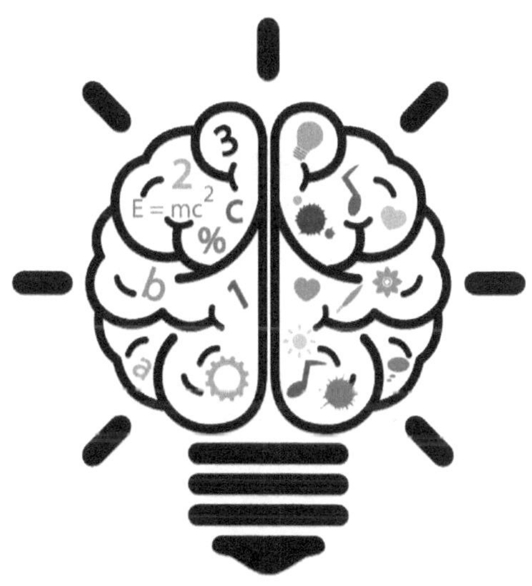

संस्कृत भाषा विद्वान, कायदेपंडित
विज्ञान रसिक, अध्यात्म अभ्यासक
अशा बहुढंगी व्यक्तिमत्त्वाचे
माझे मित्र
गिरिधरभाई गुजराथी
यांना
स्नेहादरपूर्वक

ऋणनिर्देश

सलग दोन वर्षं हे लेखन होत असताना अनेकांची प्रत्यक्ष अप्रत्यक्ष मदत झाली आहे. कोणी संदर्भ मिळवून दिले. कोणी नवीन विषय सुचवले. कोणी सरळ सरळ काही प्रश्न विचारले. कोणी काही सुधारणांची अपेक्षा केली. तर कोणी लेख आवडला हे सांगतानाच नवीनच विषयाचं सूतोवाच केलं. त्या सर्वांचा नामोल्लेख करणं शक्य नाही. पण काहीजणांचं ऋण उघडपणे मान्य करणं मला माझं कर्तव्य वाटतं.

डॉ. रघुनाथ माशेलकर यांनी मित्रप्रेमाखातर आपल्या अतिशय व्यग्र कार्यक्रमातून वेळ काढून मौलिक प्रस्तावना दिली. '*साप्ताहिक सकाळ*'चे माध.व गोखले आणि त्यांच्या सहकारी इरावती बारसोडे यांनी तर या लेखांचं संगोपनच केलं आहे. प्रदीप म्हात्रे यांनी संदर्भ शोधण्यात मदत केली. आशिष पाटकर, डॉ. उज्ज्वला दळवी, शुभदा चौकर, डॉ. मृणाल पेडणेकर, डॉ. दीपालि नांदूरकर, प्रसाद घाणेकर यांचा उल्लेख करणं आवश्यकच आहे. या सर्वांचे मी मनापासून आभार मानतो.

'*साप्ताहिक सकाळ*'च्या सजावटकारांनी प्रत्येक लेखासाठी अतिशय समर्पक चित्रं पुरवली आहेत. त्यांचे तसंच या पुस्तकांचे प्रकाशक 'सकाळ माध्यम समूहा'चे, 'सकाळ प्रकाशन' यांनाही धन्यवाद.

प्रस्तावना

आपल्या नेहमीच्या आयुष्यात आपण अनेक गोष्टी गृहीत धरतो. उदाहरणार्थ, आंतरजाल म्हणजेच इंटरनेट. म्हणूनच 'जर इंटरनेटचा शोध लागलाच नसता तर', हा प्रश्न विचारावासा वाटतो.

टिम बर्नर्स लॉ हा इंटरनेटचा जनक. यंदा, २०२३च्या १२ ऑक्टोबर रोजी, मला त्याची भेट घेण्याचा योग लंडनच्या बर्किंगहॅम पॅलेसमध्ये आला. हे कसं जुळून आलं, हेही सांगण्यासारखं आहे.

बर्किंगहॅम पॅलेसमध्ये राजे चार्ल्स यांच्या हस्ते २०२२ आणि २०२३चे 'महाराणी एलिझाबेथ अभियांत्रिकी पुरस्कार' देण्याचा राजेशाही सोहळा आयोजित केला गेला होता. नोबेल पुरस्कार भौतिकविज्ञान, रसायनविज्ञान, जीवशास्त्र तथा वैद्यकशास्त्र, अर्थशास्त्र, साहित्य आणि जागतिक शांती या विषयांमधील मौलिक योगदानासाठी दिला जातो. पण अभियांत्रिकीसाठी या पुरस्काराची योजना नाही. महाराणी एलिझाबेथ पुरस्कार हा अभियांत्रिकीसंबंधी नोबेल पुरस्काराच्या समकक्ष आहे. गेल्या दहा वर्षांमध्ये आपल्या जीवनावर दूरगामी परिणाम करणाऱ्या या क्षेत्रातील योगदानासाठी तो दिला जातो. इंटरनेट, वर्ल्डवाईड वेब, जीपीएस ही अशा प्रकारची काही ठळक उदाहरणं.

गेली काही वर्षं या प्रतिष्ठेच्या पुरस्कारविजेत्यांची निवड करणाऱ्या समितीचा सदस्य होण्याचं भाग्य मला लाभलं आहे. ही निवड आम्ही कशी करतो? तर एक साधा प्रश्न विचारून. या पुरस्कारासाठी विचारात घेतलं जाणारं तंत्रज्ञान विकसित झालंच नसतं, तर त्याचा नेमका कोणता परिणाम साऱ्या जगाच्या उलाढालीवर झाला असता? ज्या तंत्रज्ञानाच्या वापरापोटी जगरहाटी आमूलाग्र बदलून गेली आहे, अशांचाच विचार पुरस्कारासाठी केला जातो. असा प्रभाव नसेल तर पुरस्कार मिळत नाही.

या पुरस्काराच्या बाबतीत पहिल्या विजेत्याचं उदाहरण बोलकं आहे. त्या वेळी निवड

समितीनं एक साधासा वाटणारा प्रश्नच विचारला असावा. 'जर इंटरनेट अस्तित्वात आलंच नसतं तर' जगरहाटी आजच्यापेक्षा वेगळी झाली असती का?

महाराणी एलिझाबेथ पुरस्कारासाठी पायाभूत असलेल्या या 'जर-तर'च्या प्रश्नांनीच डॉ. बाळ फोंडके यांच्या या विस्मयकारी पुस्तकात मध्यवर्ती भूमिका वठवली आहे.

जर ट्रान्झिस्टरचा शोध लागलाच नसता तर? डॉपलर रडार प्रत्यक्षात आलंच नसतं तर? अशा अनेक प्रश्नांचा मागोवा त्यांनी घेतला आहे. आणि ते प्रश्न केवळ तंत्रज्ञानापुरतेच मर्यादित नाहीत. त्या पलीकडे जात ते विचारतात, जर सूक्ष्मजीवांचा उदय झाला नसता तर? जर धरतीवर निरनिराळे ऋतू अवतरले नसते तर? जर ओझोनचं कवच लाभलं नसतं तर? जर आपल्याला हृदयच नसतं तर? जर चंद्रच नसता तर?

गमतीचा भाग असा, की माझ्या या प्रस्तावनेची नांदी ज्या प्रश्नानं मी केली आहे, त्या प्रश्नानंच डॉ. बाळ फोंडके यांनी या पुस्तकाचा श्रीगणेशा केला आहे. 'जर इंटरनेट नसतं तर'!

खरं पाहायला गेलं तर 'जर इंटरनेट नसतंच तर' या प्रश्नाचं उत्तरही इंटरनेटनंच दिलं आहे. आजकाल रिजनरेटिव्ह आर्टिफिशियल इंटेलिजन्सचा बोलबाला आहे. मी चॅटजीपीटीला नेमका हाच प्रश्न विचारला. त्यातून मिळालेलं उत्तर मी खाली उद्धृत करतो.

"जर इंटरनेटचा शोध लागला नसता तर पोस्टातलं टपाल, लँडलाईन टेलिफोन यांसारख्या परंपरागत संपर्कसाधनांचाच वापर करावा लागला असता. त्यापायी जगभर आणि तत्काळ संपर्क साधणं अशक्यच झालं असतं. कोणत्याही प्रकारची माहिती मिळवण्यासाठी तसंच ज्ञानसाधनेसाठी आपल्याला नेहमीच्या पुस्तकांवर, ग्रंथालयांवर आणि मुद्रित साहित्यावरच अवलंबून राहावं लागलं असतं. त्यापायी शिक्षण आणि संशोधन यांच्या संधी सीमितच राहिल्या असत्या. घरपोच खरेदी करू देणारी डिजिटल बाजारपेठ उभीच राहिली नसती. भौगोलिक अंतर पार करणारी समाज माध्यमं आणि त्याच्या मदतीनं गोळा होणारी आभासी मित्रमंडळं कशी प्राप्त झाली असती! त्यातून एकमेकांना जोडणाऱ्या आणि विचारांची देवाणघेवाण शक्य करणाऱ्या व्यवस्थेची मुहूर्तमेढच रचली गेली नसती. कोरोनाच्या महासाथीच्या संकटकाळात जीवनावश्यक ठरलेली इ लर्निंग आणि घरबसल्या शिक्षण देणारी प्रणाली शक्य झाली नसती."

चॅटजीपीटीच्या या विवेचनानंतर मी डॉ. बाळ फोंडके यांच्या निवेदनाकडे वळलो. चॅटजीपीटीचं उत्तर सर्वसमावेशक असलं तरी मला ते रूक्ष वाटलं. त्यात मित्रत्वाच्या ओलाव्याचा अभाव होता. पण डॉ. बाळ फोंडके यांच्या उत्तराला मानवी चेहरा आहे. ते यांत्रिकता टाळून व्यक्तीव्यक्तींमधल्या संवादाचं रूप घेणारं आहे, बैठकीतल्या गप्पांसारखं सरळ सोप्या भाषेतलं आहे. हरघडीच्या अनुभवांचा स्पर्श त्याला आहे. त्यामुळं ते समजण्यात कोणतीही अडचण येत नाही.

तेच या महान पुस्तकाचं सामर्थ्य आहे. आपल्या दैनंदिन जीवनातल्या घडामोडींशी निगडित असलेला विज्ञानाचा संबंध उलगडून दाखवणारे अनेक प्रश्न त्यांनी विचारात घेतले आहेत. जर आपले डोळे कोरडे पडले तर? जर आपली गंधसंवेदना नाहीशी झाली तर? आपल्या हातांना अंगठाच नसता तर? वरवर साध्या वाटणाऱ्या या प्रश्नांना विज्ञानाची सखोल पार्श्वभूमी आहे. ती डॉ. फोंडके मोठ्या खुबीनं विशद करतात.

यापुढं जात ते काही गहन प्रश्नही विचारात घेतात. जर पृथ्वीचा आकार दुप्पट झाला तर? धरती अधिक वेगानं परिभ्रमण करू लागली तर? सूर्य विझायला आला तर? जर एखादा लघुग्रह पृथ्वीवर येऊन आदळला तर? आपल्या विश्वाचा गाडा सुरळीत चालू ठेवण्यात कळीची भूमिका बजावणाऱ्या निसर्गाच्या विविध बळांची महत्ता ते प्रासादिक भाषेत सांगतात.

डॉ. बाळ फोंडके यांचं हे अतिशय मौलिक योगदान आहे. त्याविषयी बरंच काही लिहिता येईल. मी फक्त एवढंच म्हणेन, की या 'जर-तर'च्या प्रश्नांमध्ये असलेल्या प्रचंड शक्तीचं दर्शन त्यांनी घडवलं आहे. असं मी का म्हणतो?

डॉ. फोंडके यांनी दाखवून दिलं आहे, की 'जर-तर'मध्ये कुतूहल जोपवण्याचा, त्याचं निराकरण करणारा शोध घेण्याचा आणि त्यातून होणाऱ्या नवनिर्मितीच्या जगात प्रवेश करण्याचा मार्ग सापडतो. त्यायोगे या आपल्या जगाचं आकलन अधिक स्पष्ट व्हायला मदत होते. या 'जर-तर'ला प्रोत्साहन देत त्या विचारांचा अंगिकार केल्यास आपलं भविष्य अधिक उज्ज्वल करणाऱ्या नवनिर्मितीला चालना मिळते.

आपल्या सध्याच्या अपुऱ्या आकलनात नसलेल्या शक्यतांची, तसंच त्यांचा पाठपुरावा करण्याची वाट सापडण्यासाठी 'जर-तर'पासूनच सुरुवात होते, हेच डॉ. फोंडके अधोरेखित करत आहेत. सहज सुचणाऱ्या कल्पनांमध्ये अडकून न पडता त्यापलीकडच्या प्रदेशांचा वेध घेण्यानंच कोणालाही पर्यायी विश्वाची ओळख करून घेता येते. ती झाली की त्या शक्यतांचं परिवर्तन प्रत्यक्षात करण्याचे मार्गही दिसू लागतात.

'जर-तर' आपल्या कल्पनाशक्तीला आवाहन करत आजवर जिथं कोणीही गेलं नाही अशा जगात पोहोचण्याची दुर्दम्य इच्छा जागवतात. आपल्यामध्ये सुप्तपणे वावरणाऱ्या प्रतिभेला ते आव्हान देतात. 'जर-तर'चा ध्यास घेतल्यास चिकित्सक वृत्तीनं निरनिराळ्या प्रसंगांचं आणि त्यांच्या संभाव्य परिणामांचं विश्लेषण आपण करू शकतो. त्यातूनच मग गुंतागुंतीच्या विषयांचं आपलं आकलन वृद्धिंगत होत जातं.

आपल्याला छळणाऱ्या विविध समस्यांचं निराकरण करण्याचं एक जगावेगळं साधन या 'जर-तर'मध्ये दडलेलं आहे. तेच आपल्याला त्या समस्यांबरच्या, एरवी आपण ज्यांचा विचारही केला नसता अशा, उताऱ्यांना वेध घ्यायला उद्युक्त करतं. त्यासंबंधीची रणनीती आखण्याला मदत करतं. आपल्या पूर्वग्रहांची जळमटं झाडून टाकत 'जर-तर' आपल्याला

इतर शक्यतांचा खुल्या मनानं स्वीकार करायला मदत करतं.

आजवर गूढ वाटणाऱ्या घटनांचा कार्यकारणभाव समजून घेणं, त्याचा वेध घेणं आणि त्यातून आपल्या ज्ञानात भर घालणं, हेच कुतूहलाचं प्रयोजन आहे. 'जर-तर' या नैसर्गिक कुतूहलप्रवृत्तीचा स्फुल्लिंग चेतवत नवनव्या उत्तरांचा, शक्यतांचा आणि नजरेआड राहिलेल्या सत्याचा वेध घेण्याची ईर्षा निर्माण करतं. 'जैसे थे'ला कवटाळून बसण्याच्या प्रवृत्तीला छेद देत आगळ्यावेगळ्या शक्यतांचा विचार करायला 'जर-तर' भाग पाडतं. सर्जनशील विचाराला चालना देत ते नवनिर्मितीच्या प्रवासाला जाण्याच्या इच्छेला बढावा देतं.

अध्ययन, संशोधन आणि नवोन्मेशशाली निर्मिती या क्षेत्रांसाठी डॉ. फोंडके यांचं हे पुस्तक मौलिक देणगीच ठरावी. आपल्या शिक्षण प्रणालीत 'जर-तर'सारखे प्रश्न अहम भूमिका बजावतात. तेच आपल्या शिक्षणाला मुमुक्षू आणि अर्थवाही बनवतात. 'बाबा वाक्यं प्रमाणम्' न मानता चिकित्सक वृत्तीनं वेगळ्या वाटेनं विचार करायला प्रवृत्त करतात. आजवर जगानं न पाहिलेल्या साधनांच्या निर्मितीला प्रोत्साहन देतात.

वैज्ञानिक संशोधनात तर हे 'जर-तर'सारखे प्रश्न कळीचे असतात. नवनव्या सिद्धांताची पायाभरणी करण्यासाठी त्यांना पर्याय नसतो. वैज्ञानिक याच प्रश्नांच्या शिडीनं नित्यनूतन सिद्धांतापर्यंत पोहोचतात. रॉबर्ट फ्रॉस्टनं म्हटलंच आहे,

"Two roads diverged in a wood, and I—

I took the one less traveled by,

And that has made all the difference."

नेहमीची मळवाट सोडून खराखुरा फरक घडवणाऱ्या अनोख्या वाटेनं मार्गक्रमणा करायची तर 'जर-तर'चाच हात धरण्यावाचून गत्यंतर नाही. तसं केल्यानंच मानवजातीची उत्क्रांती आणि प्रगती झाल्याची साक्ष इतिहास आपल्याला देतो.

या पथदर्शी आणि नवविचारांचा वेध घेण्याची ईर्षा निर्माण करणाऱ्या लेखनासाठी मला माझे जिवलग मित्र डॉ. बाळ फोंडके यांचं अभिनंदनही करावंसं वाटतं आणि त्यांचे आभारही मानायचे आहेत. कारण प्रगल्भ वृद्धी आणि शाश्वत विकासाची आधारशिला असणाऱ्या कुतूहल, सर्जनशीलता आणि नवनिर्मिती या त्रयीला ते चालना देतात.

गेली कित्येक दशकं त्यांनी दिलेल्या अनोख्या योगदानाचा मी निस्सीम चाहता आहे. पण हे दोन विलक्षण ग्रंथ ही त्यांची भारतीय विज्ञानाला दिलेली सर्वात महत्त्वाची देणगी आहे, अशीच माझी भावना आहे.

– डॉ. रघुनाथ माशेलकर

मनोगत

कोरोना विषाणूनं २०१९मध्ये चंचूप्रवेश केला. बघता बघता त्यानं जगभर हातपाय पसरले. महासाथीचं रूप धारण केलं. हाहाकार उडाला. त्याचा सामना करण्यासाठी जगानं स्वतःला चार भिंतींमध्ये कोंडून घेतलं. सर्वदूर टाळेबंदी जाहीर झाली. जीवनावश्यक गरजा भागवण्यासाठीही घराबाहेर पडणं अशक्य होऊन बसलं. विषाणूच्या संसर्गापासून वाचल्यावरही जगण्यासाठी अन्न, पाणी यांची तरतूद करणं तर भागच होतं. मानवी जिद्दीनं आणि कल्पनाशक्तीनं नवीन तोडगा शोधून काढला. किराणामाल, भाजीपाला, फळफळावळ, औषधं घरपोच मिळण्याची व्यवस्था अंमलात आली. शाळा बंद पडल्यामुळं मुलांच्या शिक्षणासाठी पर्यायी उपाययोजना करणं जरुरीचं होतं. मग घरबसल्या शिकवण्यासाठी ऑनलाइन शाळा भरू लागल्या. उद्योगधंदे, सरकारी कचेऱ्या यांचं कामकाज तर चालू ठेवायलाच हवं होतं. त्यासाठीही वर्क फ्रॉम होमची नवी प्रणाली वापरली जाऊ लागली.

साहजिकच विचार मनात येतो, की जर कोरोनानं धुमाकूळ घातला नसता तर, ग्या पर्यायांचा विचारही आपण केला असता का? पण हे तहान लागल्यावर विहीर खणण्यासारखं झालं. तोपर्यंत कशाला थांबायचं? एरवीही जर कोरोनाचं संकट उभं राहणार नसेल तर? त्याला प्रतिबंध करणारी लस तयार झाली नसेल तर? प्रत्यक्ष एखादी घटना समोर येण्यापूर्वींच भविष्यवेधी अशा 'जर-तर'च्या प्रश्नांचा विचार केला तर ज्यांची स्वप्नंतही कल्पना केली नव्हती असे अनेक पर्यायी उपाय दिसू लागतात. त्यांचा पाठपुरावा करत नवनिर्मितीला चालना मिळते.

जगाला वेठीला धरणाऱ्या अशा घटनांचाच विचार करायला हवा असं नाही.

हररोजच्या धकाधकीच्या आयुष्यातही अशा कल्पनांनी जीवन अधिक समृद्ध करता येतं. चुलीत सारायला जर कोळसा मिळाला नाही तर? जर लाकूडफाटा उपलब्ध झाला नाही तर? आणि ते मिळाले तरी जर धुरानं नजरेवर घाला पडणार असेल तर? अशांचा विचार केल्यानंच गॅसच्या चुली, मायक्रोवेव्ह यांसारख्या पर्यायांचा शोध लागला. गृहिणीचं जगणं अधिक सुसह्य झालं. जर अवर्षण झालं, दुष्काळ पडला तर, याचा विचार केल्यानंच हरितक्रांती उदयाला आली. काही वर्षांमध्येच एरवी भीषण वाटणारी अन्नपुरवठ्याची समस्या आटोक्यात आली. अशा कठीण काळातही पुरेसं अन्न उपलब्ध होऊ लागलं.

अशाच काही 'जर-तर'च्या गोष्टी वाचकांपुढं सादर कराव्यात, त्याला पूरक ठरणाऱ्या विज्ञानसूत्रांचा मागोवा घेत त्यांची ओळख करून द्यावी या उद्देशानं 'साप्ताहिक सकाळ'मध्ये एक सदर सुरू करण्याचा मानस संपादकांना बोलून दाखवला. त्यांनीही त्याचं स्वागत केलं. पाहता पाहता २०२१-२०२२ अशी सलग दोन वर्षं ते सदर वाचकांनी उचलून धरलं. अनेकांनी त्यांचा एकत्रित संग्रह कसा मिळेल, अशी विचारणा केली. त्याचीच परिणती या दोन खंडात विभागलेल्या 'जर-तर'च्या गोष्टींमध्ये झाली आहे.

अनुक्रमणिका

आरोग्य

खगोल

विभाग : पहिला

विज्ञान - तंत्रज्ञान

। १ ।

पॅरॅशूटशिवाय उडी घ्यावी लागली तर..!

सैन्यदलामध्ये अनेक वेगवेगळे गट असतात. प्रत्येकावर सोपवलेली जबाबदारी निरनिराळी असते. भूदलामध्ये रणगाडा गट असतो, तोफखाना गट असतो तसाच एक छत्रीधारी सैनिकांचाही गट असतो. त्यांना पॅराट्रूपर्स म्हटलं जातं. विमानातून पॅरॅशूटच्या साहाय्यानं ते शत्रूप्रदेशात उडी घेतात, शत्रूच्या सैनिक फळीच्या मागल्या बाजूला सज्ज होऊन तिथून शत्रूवर हल्ला चढवतात. 'डी डे' या नावानं ओळखल्या जाणाऱ्या ६ जून १९४४ या दिवशी हिटलरच्या जर्मनीनं काबीज केलेल्या फ्रान्सची सुटका करण्यासाठी नॉर्मंडीच्या किनाऱ्यावर दोस्त सैन्यानं आपले सैनिक उतरवले. त्याचवेळी पॅराट्रूपर्सची तुकडी त्यापाठीमागच्या भागात उतरली होती. त्यांच्या पॅरॅशूटनी त्यांना दगा दिलेला नसतानाही रात्रीच्या अंधारात मोहीम राबवल्यामुळं त्यातले काही सैनिक झाडांमध्ये अडकून पडले, काही जण दगडांवर आदळले.

दिवसाउजेडी करायच्या मोहिमेमध्येही काही धोके असतातच. सैनिकांना भेडसावणारा त्यातला सर्वांत मोठा धोका म्हणजे उडी घेतल्यानंतर पॅरॅशूट उघडलंच नाही तर! जर पॅरॅशूटशिवायच उडी घ्यावी लागली तर... तर काय होईल? खरं तर असं होण्याची शक्यता फारशी नसते. कारण सैनिकांना दिल्या जाणाऱ्या शस्त्रास्त्रांची, उपकरणांची परिपूर्ण तपासणी केली जाते. तरीही कोणतंही यंत्र केव्हा बिघडेल हे सांगता येत नाही. त्यामुळं पॅरॅशूटशिवाय उडी घ्यावी लागली तर? हा प्रश्न अजिबातच कानाआड करता येत नाही.

किती उंचीवरून पडल्यानंतरही माणूस जिवंत राहू शकतो, याची माहिती संशोधकांनी मिळवलेली आहे. त्यानुसार साधारण चार मजली इमारतीवरून म्हणजेच ५० फुटांवरून पडल्यानंतर शरीराची बरीच मोडतोड झाली, तरी जिवंत राहण्याची शक्यता असते. पण विमानं तर त्यापेक्षा कितीतरी अधिक उंचीवरून विहार करत असतात. जेट विमानं तर तब्बल चाळीस हजार फूट उंचीवरून उडत राहतात. विमानातून उडी घेत आकाशात काही

खेळ करत राहणारे वीर आहेत. त्यांना स्कायडायव्हर्स म्हणतात. त्यांच्याजवळ पॅरॅशूट असतं. ते कमी उंचीवरून उडी घेतात. पण उडी घेतल्याबरोबर ते ताबडतोब पॅरॅशूट उघडत नाहीत. काही अंतर गेल्यावर आणि धरतीच्या बरंच जवळ आल्यानंतर ते पॅरॅशूटची दोरी खेचतात. मध्यंतरीच्या काळात आकाशात तरंगत ते काही कसरती करतात. काही वेळा पाच-सहा स्कायडायव्हर्स एकाच वेळी उडी घेऊन तरंगत तरंगत एकमेकांजवळ येत हात धरतात, रिंगण करतात आणि एकसाथ कसरती करतात. ठराविक उंचीवर आल्यानंतर मात्र ते पॅरॅशूटची मदत घेतात. जमिनीवर उतरतात.

उडी घेतल्यानंतर गुरुत्वाकर्षणाची ओढ तुम्हाला खाली खेचत राहते. गुरुत्वाकर्षणाच्या ओढीमुळं कोणत्याही वस्तूला मिळणाऱ्या वेगात ९.८ मीटर प्रति सेकंद वर्ग अशी वाढ होते. त्यामुळं खाली पडताना वेग वाढतच जातो. अर्थात काही अंतर गेल्यावर हा वेग स्थिर होतो. त्याला अंतिम वेग, टर्मिनल व्हेलॉसिटी, म्हणतात. आपलं पोट आणि छाती जमिनीच्या दिशेनं करून पालथं होत उडी घेणाऱ्या स्कायडायव्हरच्या अंतिम वेगाचं मोजमाप करण्यात आलं आहे. हात, पाय पसरलेले असताना त्यांचा अंतिम वेग साधारण दर सेकंदाला पंचावन्न मीटर म्हणजेच ताशी २१० किलोमीटर असतो. त्या वेगानं व्यक्ती जेव्हा जमिनीवर आदळते तेव्हा त्याचा हा वेग झपाट्यानं शून्यावर येऊ पाहतो. त्यापायी जो धक्का बसतो, किंवा जितक्या ऊर्जेचा सामना करावा लागतो, तोच शरीराची हानी करण्यास जबाबदार असतो. हा धक्का पचवण्याची काही सोय करता आली, एखादा शॉक ऑब्सॉर्बर मिळाला, तर मग या धक्क्याची तीव्रता कमी होऊ शकते. त्यातून मग वाचण्याची शक्यता बळावते. तुम्ही बारा हजार फूट उंचीवरून पडणार असाल, तर हे सगळे सव्यापसव्य करण्यासाठी तुमच्याकडे फक्त साठ सेकंदांचाच अवधी असतो. ज्या वेगानं तुम्ही धरतीकडे झेपावत असता त्यापायी तेवढ्याच वेळात ते अंतर कापलं जातं.

युगोस्लाव्हियाच्या एका विमान कंपनीत हवाई सुंदरी असलेल्या व्हेस्ना व्हुलोविच हिची गिनीज बुकात नोंद झालेली आहे. दहा किलोमीटर म्हणजे एव्हरेस्टपेक्षाही अधिक उंचीवरून पॅरॅशूटशिवाय पडूनही ती जिवंत राहिली होती. ती असलेल्या विमानाच्या आकाशातच ठिकऱ्या झाल्या आणि ती बाहेर फेकली गेली. पण त्यावेळी ती विमानातली खाद्यपदार्थ देण्याची ट्रॉली आणि दुसऱ्या एका कर्मचाऱ्याचं कलेवर यांच्यामध्ये अडकून पडली होती. शिवाय विमानाच्या शेपटाचा एक तुकडा या सगळ्यांना आधार देत होता. त्यामुळं जमिनीवर पडल्यानंतर जो धक्का बसला त्याचा जास्तीत जास्त मारा त्या सगळ्यांनी झेलला आणि व्हेस्ना सहीसलामत बचावली. मानसिक धक्क्यापायी ती काही काळ कोमात गेली होती. पण त्यातून ती बाहेर आली.

या अनुभवातूनच जर अशी उडी घेतल्यानंतर स्वतःला वाचवायचं असेल तर अशा शॉक ऑब्सॉर्बरचा शोध घ्या असा सल्ला दिला जातो. जलाशय हा त्यातल्या त्यात उत्तम

शॉक अॅब्सॉर्बर आहे. खाली जर नदी किंवा समुद्र असेल तर त्यात पडण्यापायी वाचण्याची शक्यता वाढीस लागते. कारण ज्या जोरानं टणक असलेली जमीन पडणाऱ्या वस्तूवर प्रतिहल्ला करते त्या मानानं द्रवरूप आणि म्हणूनच लवचिक असणाऱ्या पाण्याचा प्रतिहल्ला सौम्य असतो. तरीही धक्का बसतोच. पण तो सहन करणं शक्य आहे, असंच तज्ज्ञांचं म्हणणं आहे. मात्र तो जलाशय उथळ नसावा. कारण एवढ्या उंचीवरून उडी घेतल्यानंतर पाण्यात शिरल्यावर माणूस खोलवर जातो. तेवढी खोली जलाशयाला नसेल तर मग त्याच्या कठीण असलेल्या तळावर माणूस आपटेल. आणि तो धक्का सौम्य नसेल.

दुसऱ्या महायुद्धामध्ये ब्रिटिश सैनिक अल्केमेडे हा असाच एका बॉम्ब टाकण्याच्या मोहिमेवर असताना त्याच्या विमानानं पेट घेतल्यामुळं त्याला उडी मारावी लागली होती आणि त्याचं पॅरॅशूट उघडलंच नव्हतं. पण त्यावेळी हिवाळा होता आणि तो आल्प्स पर्वताच्या रांगांमध्ये होता. तिथल्या पाईन वृक्षाच्या घनदाट जंगलात तो कोसळला आणि त्यातून खाली पडला तो हिमराशीवर. त्यामुळं पायाचं हाड तुटण्यावर निभावलं, तो वाचला, कारण ती झाडी आणि मुख्य म्हणजे भुसभुशीत व मऊसूत असलेल्या हिमराशीनं त्याच्या पडण्याला सौम्य प्रतिकारच केला.

त्यातूनच मग पडणारच असाल आणि जलाशय नसेल तर झाडीचा किंवा हिमराशीचा शोध घ्या असंच वैज्ञानिक सांगतात. पण जर नागरी वस्तीवर पडणार असाल तर मग एखाद्या इमारतीच्या छपरावर तरणतलाव आहे की काय याचा शोध घ्या. तरच निभाव लागेल अन्यथा नाही. तेव्हा उडी घेण्यापूर्वी तुम्ही पॅरॅशूटची कसून चाचणी घेतलीत तरच तुमच्या जगण्याची शक्यता वाढीस लागेल, हे पक्कं ध्यानात ठेवायला हवं.

पेट्रोलचा साठा संपला तर..!

फेसबुकवर एक बातमी पाहिली होती. डेहरादूनहून दिल्लीला आलेल्या एका खासगी विमानकंपनीच्या उड्डाणाचं स्वागत करण्यासाठी एक नाही, दोन नाही, तब्बल पाच केंद्रीय मंत्री विमानतळावर हजर होते. त्या विमानात कोणी उच्चपदस्थ परदेशी पाहुणा नव्हता. सारे प्रवासी घड्‌चेच होते. तरीही त्या उड्डाणाचं एवढं भव्य स्वागत का केलं गेलं? कारण त्या विमानात नेहमीचं एव्हिएशन फ्युएल म्हणजे खास पेट्रोलचं इंधन न वापरता बायोफ्युएल हे जैविक इंधन वापरण्यात आलं होतं.

ही मोठीच उत्साहवर्धक घटना होती. कारण पेट्रोलचा, खरंतर खनिज इंधनाचा जगातला साठा संपून गेला तर काय, हा प्रश्न सध्या अनेकांना भेडसावत आहे. हा केवळ काल्पनिक भस्मासूर नाही. कारण जगातले खनिज इंधनाचे साठे अमर्याद नाहीत, मर्यादितच आहेत. त्यात गेल्या अर्धशतकात त्यांचा वापर फार मोठ्या प्रमाणात वाढला आहे. मागणीच्या मानानं पुरवठा कमी पडतो आहे. याचा परिणाम पेट्रोलच्या किमतीवर झाला आहे. त्याची झळ साऱ्या जगाला सोसावी लागत आहे. आपल्या देशातही गेल्या वर्षभरातच पेट्रोलच्या भावात दिवसागणिक वाढ होते आहे. नोव्हेंबर महिन्यात त्यावरच्या काही करांमध्ये केंद्र सरकारनं कपात केल्यामुळं थोडासा दिलासा मिळाला आहे, हे खरं. तरीही खनिज तेलाच्या आयातीपोटी देशाच्या तिजोरीवर असह्य ताण पडत आहे हेही सत्य आहे.

एका बाजूला पेट्रोलचा साठा संपून गेला तर काय करायचं, हा प्रश्न 'आ' वासून उभा आहे. त्यामुळं त्याच्या वापरात कपात करावी लागणार हे उघड आहे. त्याच बरोबर या खनिज तेलांच्या अतिवापरापोटी प्रदूषणाचाही भडका उडतो आहे. त्यामुळंही त्यात कपात करून उत्सर्जित कार्बनाच्या पदचिन्हांमध्ये लक्षणीय घट करण्याची निकड भासू लागली आहे. ग्लास्गो इथं नुकत्याच पार पडलेल्या आंतरराष्ट्रीय परिषदेत सर्वच देशांनी कार्बनचं उत्सर्जन शून्यावर आणण्याचा संकल्प सोडला आहे. आपल्या पंतप्रधानांनी तर २०७० हे

वर्षही त्यासाठी मुक्रर केले आहे.

तेव्हा पेट्रोलच्या वापराला संपूर्ण आळा घालावा लागेल, हे भविष्य स्पष्ट झालं आहे. त्याला पर्याय म्हणूनच आता बायोफ्युएलवर लक्ष केंद्रित करण्यात आलं आहे. अलीकडेच रस्ते आणि भूपृष्ठ वाहतूक मंत्री नितीन गडकरी यांनी देशातल्या वाहन निर्मिती उद्योगाला मोटारींच्या इंजिनांमध्ये आवश्यक ते बदल करून ती इथेनॉल म्हणजे मद्यार्काचा इंधन म्हणून वापर करण्यासाठी सक्षम करण्याचं आवाहन केलं आहे. उद्योगसंस्थांनीही त्याला अनुकूल प्रतिसाद देत आवश्यक ते संशोधन करायला घेतलं आहे. येत्या वर्षभरातच अशी नवी इंजिनं असलेल्या मोटारी बाजारात येतील अशी चिन्हं आहेत. या मोटारी सध्यातरी पेट्रोल आणि मद्यार्क या दोन्ही इंधनांचा वापर करण्यास सज्ज असतील. जेव्हा नैसर्गिक वायूचा वापर करणाऱ्या मोटारींचं उत्पादन झालं, त्यावेळीही अशाच संकरित वाहनांचा वापर सुरू झाला होता. जेव्हा टाकीतलं पेट्रोल संपेल तेव्हा एक कळ दाबून तेच इंजिन नैसर्गिक वायूवर चालू शकेल अशी व्यवस्था केली गेली होती. तशीच आता पेट्रोल आणि मद्यार्क यांचा आलटून पालटून वापर करणाऱ्या मोटारी रस्त्यांवर धावू लागतील. त्यापायी प्रदूषणात घट तर होईलच, पण उसापासून साखर करताना मद्यार्क हा मळीपासून बायप्रॉडक्टसारखा मिळवता येत असल्यामुळं खर्चातही कपात होऊ शकेल. विजेवर चालणाऱ्या मोटारी तर आजच उपलब्ध आहेत. पण त्यांच्यासाठी जी वीज लागेल तिच्या उत्पादनासाठीही खनिज इंधनाची गरज भासते.

कारण खनिज इंधनाचा वाहनांइतकाच, किंबहुना कदाचित त्याहीपेक्षा जास्ती वापर वीजनिर्मितीसाठी केला जातो. कोळशाच्या टंचाईपायी देशातली काही वीजनिर्मिती केंद्र बंद पडण्याची पाळी आली होती. तेव्हा वीजनिर्मितीसाठीही पर्यायी व्यवस्था करणं आत्यंतिक गरजेचं होऊन बसलं आहे. सुदैवानं इथंही परिस्थिती अनुकूल आहे. वीजनिर्मितीसाठी अपारंपरिक इंधनांच्या वापराला प्रोत्साहन दिलं जात आहे. जलविद्युत तर फार पूर्वीपासून

निर्माण होत आहे. परंतु त्यासाठी मोठी धरणं बांधावी लागतात. त्यापायी विस्थापितांचा प्रश्न निर्माण होतो. काही वेळा सुपीक जमीन पाण्याखाली जाऊन शेतीवर संकट येतं. तसंच या धरणातील पाण्याचा साठा मोसमी पावसावर अवलंबून असल्यामुळं जर एखाद्या वर्षी अवर्षण झालं, तर वीजनिर्मितीवरही त्याचा अनिष्ट परिणाम झाल्याशिवाय राहत नाही.

परंतु, आता इतर पर्यायही व्यवहार्य स्तरावर पोहोचले आहेत. त्यातील महत्त्वाचा आहे तो सौरऊर्जेचा पर्याय. संपूर्ण देशावर पडणाऱ्या सूर्यप्रकाशापासून पन्नास लाख अब्ज युनिट वीज निर्माण करता येऊ शकते. हे अर्थात व्यवहार्य नाही. तरीही एक चौरस किलोमीटर प्रदेशातून दर दिवशी चार ते सात युनिट वीज निर्माण करणं शक्य आहे. सूर्यप्रकाशाच्या उष्णतेपासून वाफ तयार करून तिच्या मदतीनं टर्बाईन्स चालवून वीजनिर्मिती होऊ शकते. परंतु हा आडवळणाचा मार्ग न स्वीकारता फोटोव्होल्टेक पद्धतीच्या सौर पॅनेलद्वारे थेट वीज निर्माण करता येते. गेल्या पाच वर्षांमध्ये एकंदरीत वीजनिर्मितीतला सौरऊर्जेचा हिस्सा लक्षणीयरित्या वाढला आहे. आजमितीला जवळजवळ चाळीस हजार मेगावॉट सौरऊर्जेचं उत्पादन देशात होत आहे. पुढील वर्षापर्यंत ते एक लाख मेगावॉटपर्यंत वाढविण्याचं उद्दिष्ट ठेवलं गेलं आहे.

पेट्रोलला सौरऊर्जेचा पर्याय आजवर फारसा आकर्षक वाटत नव्हता. याचं कारण सौर पॅनेलच्या न परवडणाऱ्या किमती हेच होतं. पण आता त्यांच्या किमतीत मोठी घट झाली असून सौरऊर्जा निर्मितीचा खर्च पेट्रोलपासून औष्णिक ऊर्जा निर्मितीच्या खर्चाएवढाच झाला आहे. तरीही दोन अडचणी आहेत. पहिली, सौर पॅनेल उभी करण्यासाठी लागणारी जागा. पण राजस्थानमधील वाळवंट किंवा अशीच भाकड जमीन देशात आहे, तिचा उपयोग यासाठी करून आपलं उद्दिष्ट साध्य करता येऊ शकतं, असंच तज्ज्ञांचं मत आहे. शिवाय आता नद्या आणि समुद्र यांसारख्या जलाशयांवरही ही पॅनेल उभी करण्याचं तंत्रज्ञान विकसित करण्यात आलं आहे.

दुसरी बाब आहे ती दिवसा निर्माण झालेली वीज रात्री, जेव्हा सूर्यप्रकाश नसतो त्यावेळी साठवून ठेवण्याची. त्यासाठी आवश्यक असणाऱ्या बॅटरी अजूनही खर्चिक आहेत. परंतु त्यांचा उत्पादन खर्च कमी करणारं तंत्रज्ञानही विकसित होत आहे.

याव्यतिरिक्त पवनऊर्जेचा पर्यायही उपलब्ध आहे. पूर्व आणि पश्चिम किनाऱ्यावर अशा प्रकारे विंड एनर्जी फार्म्स तयार केली गेली आहेत. त्यापायी पवनऊर्जेची टक्केवारीही वाढते आहे.

त्यामुळं पेट्रोलचा साठा संपून गेला म्हणून हवालदिल होण्याचं कारण नाही. वाहतुकीसाठी तसंच वीजनिर्मितीसाठी व्यवहार्य आणि तगडे पर्याय आजच उपलब्ध झाले आहेत. त्यांचं संवर्धनही जोमदारपणे होत आहे.

| ३ |

ओझोनचं कवच नष्ट झालं तर..!

सध्या जिकडेतिकडे क्लायमेट चेंज, हवामान बदलाचा नारा ऐकू येतो. 'धरतीला आलाय ताप' असंच म्हटलं जातं. कारण पृथ्वीचं सरासरी तापमान वाढतंय. तसं पाहिलं तर ही वाढ असेल अध्र्या किंवा एका अंशाची. पण तीही सहन करणं कठीण होत चाललंय. नाहीतरी आपल्यालाही ताप येतो, तेव्हा तापमान एखाद्या अंशानंच वाढलेलं असतं.

तसाच काही वर्षांपूर्वी नारा होता 'आभाळ फाटलंय' असा; 'आभाळाला भोक पडलंय' असा. हे कसं शक्य आहे असं आपल्याला वाटेलच. धुवाधार पाऊस कोसळत असला, की आपण म्हणतो, आभाळ फाटल्यासारखा बदाबदा पडतोय पाऊस. पण ते अलंकारिक अर्थानं. थोडाफार अतिशयोक्तीचा आसरा घेत. पण त्या काळात खरोखरीच आभाळ फाटल्यासारखीच परिस्थिती होती.

आपण आभाळ एकसंध असल्याचं म्हणतो. पण वैज्ञानिकांच्या मते आपलं वातावरण निरनिराळ्या थरांचं बनलेलं आहे. सर्वांत खालचा थर आहे ट्रॉपोस्फिअरचा, तपांबराचा. समुद्रसपाटीपासून दहा किलोमीटर उंचीपर्यंत हा थर पसरलेला आहे. जगातील सर्वांत उंच पर्वतशिखर एव्हरेस्टची उंची साडेआठ किलोमीटरपेक्षा थोडी जास्त (८८४८.८६ मीटर) आहे. म्हणजेच ते ट्रॉपोस्फिअरच्या सीमारेषेजवळ पोहोचलेलं आहे.

आपल्या हवामानाशी निगडित ज्या ज्या काही घटना होतात, प्रक्रिया होतात, त्या सगळ्या या थरातच होतात. जमिनीजवळची गरम झालेली हवा हलकी असल्यामुळं वर जाते, तिथल्या थंड वातावरणाशी संपर्क आल्यावर त्या वाफेचं द्रवरूप पाण्यात रूपांतर होतं आणि ती परत जमिनीवर उतरते. थोडक्यात ट्रॉपोस्फिअरमध्ये सतत अशी खळबळ चालू असते.

त्याच्या वरचा थर हा स्ट्रॅटोस्फिअर (स्थितांबर) म्हणून गणला जातो. हा दहा किलोमीटरपासून पन्नास किलोमीटर उंचीपर्यंत पसरलेला आहे. हवाई वाहतूक करणारी काही

विमानं तितक्या उंचीवर पोहोचतात. काही काळ या थरातूनच प्रवास करतात. अशा प्रवासात काही वेळा वैमानिक आपल्याला बाहेरचं तापमान किती आहे हे सांगतो. ते चांगलंच थंड असल्याचंही आपल्याला समजून येतं. पण त्याहून अधिक उंचीवर गेल्यास मात्र तापमान चढलेलं असल्याचंच दिसून आलं आहे.

आपण वाचलेलं असतं, की वातावरणात जसजसं अधिक उंचावर जावं तसतसं तापमान घसरतं, अधिकाधिक थंड होतं. ट्रॉपोस्फिअरच्या बाबतीत ते खरं असल्याचंही सिद्ध झालं आहे. पण निसर्ग विचित्र आहे म्हणतात, याचा प्रत्यय स्ट्रॅटोस्फिअरमध्ये येतो. कारण त्याचा काही भाग अधिक उंचीवर असूनही तिथे मात्र तापमान चढंच राहतं. याचं प्रमुख कारण म्हणजे तिथं असलेला ओझोन वायूचा थर. पृथ्वीला लाभलेलं ते एक कवचच आहे.

पंधरा ते तीस किलोमीटर उंचीच्या पट्ट्यात हे कवच असतं. आपल्या ओळखीच्या ऑक्सिजनच्या रेणूमध्ये त्याचे दोन अणू असतात. पण ओझोन वायूच्या रेणूमध्ये ऑक्सिजनचे तीन अणू असतात. या वायूची क्लोरिन वायूशी गाठ पडली तर तो नष्ट होतो. पण सूर्यप्रकाशाची ऑक्सिजनशी प्रक्रिया होऊन त्यातून ओझोनची नव्यानं निर्मिती होते.

आपल्या घरातल्या रेफ्रिजरेटरमधली हवा थंड करण्यासाठी क्लोरोफ्लुरोकार्बन वायूचा वापर होत असे. तो वातावरणात वरवर जात स्ट्रॅटोस्फिअरमध्ये साचत असे. त्यातून मोकळ्या झालेल्या क्लोरिनचा संपर्क ओझोनशी आला की ओझोनची गच्छंती ठरलेलीच. हे ध्यानात आल्यावर पर्यावरण संरक्षणासाठी जपानमधील क्योटो आणि कॅनडातील मॉट्रियल इथं आयोजित केलेल्या आंतरराष्ट्रीय परिषदांमध्ये रेफ्रिजरेटर आणि एअर कंडिशनर मधल्या क्लोरोफ्लुरोकार्बननच्या वापरावर निर्बंध आले आहेत. तरीही इतर काही प्रक्रियांमध्ये त्यांचा वापर अजूनही होत आहे. त्याचा कितपत प्रभाव ओझोनच्या कवचावर पडतो यासंबंधीचं संशोधन होत आहे.

हे ओझोनचं कवच पृथ्वीवरच्या सजीव सृष्टीला निसर्गानं दिलेलं वरदानच आहे. कारण सूर्यप्रकाशात जंबुपार, म्हणजेच अल्ट्राव्हायोलेट, यासारखे काही घातक किरण असतात. ते ओझोनकडून शोषले जातात. त्यात ओझोनची आहुती पडत असली, तरी ते किरण सजीवांपर्यंत पोहोचू न देण्याची कामगिरी ओझोनचं कवच पार पाडतं. किंबहुना ते कवच वातावरणात तयार झाल्यानंतरच पृथ्वीवर सजीव सृष्टीचा उदय झाला.

परंतु नैसर्गिक साधनसंपत्ती ओरबाडण्याच्या माणसाच्या प्रवृत्तीपायी खास करून अंटार्क्टिकाच्या वर असलेल्या या कवचाला गळती लागली होती. टक्कल पडू लागलेल्या व्यक्तीचे केस जसे विरळ होत काही ठिकाणी पार उडून जातात तसंच हे कवच विरळ होत होत काही ठिकाणी तर साफ मोकळं झालं होतं. त्याच संदर्भात 'आभाळाला भोक पडलं' असं म्हटलं जात असे. ती चिंताजनक परिस्थितीच होती. कारण आता सूर्यकिरणांमधल्या घातक घटकांना थोपवणारं कोणीच नव्हतं. ते सरळ सरळ पृथ्वीवर अवतरले तर सजीव सृष्टीचं अस्तित्वच धोक्यात आलं असतं. क्लोरोफ्लुरोकार्बनवर बंदी आणण्यासारख्या काही उपाययोजनांमुळं ते भोक बुजवण्यात आपल्याला चांगलं यश मिळालं आहे.

तरीही धोका संपूर्णपणे टळलेला नाही. या कवचावर सतत नजर ठेवून ते अखंड आणि अबाधित राहत आहे याची खातरजमा करून घेतली जात आहे. म्हणूनच हे कवच जर नष्ट झालं, ओझोनचा हा थर नाहीसाच झाला, तर काय होईल? याचा विचार करणं भाग आहे.

काही नैसर्गिक प्रक्रियासुद्धा ओझोनच्या ऱ्हासाला कारणीभूत होऊ शकतात. उदाहरणार्थ, जेव्हा ज्वालामुखीचा उद्रेक होतो तेव्हा वातावरणात बरीच धूळ, पाण्याचे थेंब फेकले जातात. ते किती उंचीवर जातात याला महत्त्व आहे. तरीही फवारा मारल्यासारखे काही छोटे कण तसंच पाण्याचे थेंब सूर्यकिरणांचं शोषण तरी करतात किंवा त्यांना वेगळ्याच दिशेनं जायला प्रवृत्त करतात. हे कण आणि थेंब क्लोरिनच्या ओझोनशी होणाऱ्या प्रक्रियेला अधिक तीव्र करतात. त्यापायीही ओझोनच्या कवचाला छेद जाऊ शकतो.

अर्थात क्लोरिन काही फक्त क्लोरोफ्लुरोकार्बनमध्येच असतो असं नाही. पाण्याचं शुद्धीकरण करतानाही क्लोरिन वापरला जातो. तरणतलावांतल्या पाण्यातही क्लोरिन सोडला जातो. काही कारखान्यांमध्ये तसंच समुद्रातल्या क्षारांमध्येही क्लोरिन असतो. पण तो स्ट्रॅटोस्फिअरपर्यंत पोहोचत नाही. त्यामुळं त्याचा ओझोनशी संपर्क होण्याचा प्रश्नच उद्भवत नाही. ओझोनच्या गळतीला तो कारणीभूत होऊ शकत नाही.

म्हणूनच वातावरणाच्या वरच्या थरापर्यंत पोहोचू शकणाऱ्या क्लोरिनचं उत्सर्जन कमी केलं, तर ओझोनच्या कवचाला धक्का पोचणार नाही. ते कवच भेदलं गेलं किंवा नष्ट झालं तर जीवसृष्टी अस्तंगत होण्याची पाळी येऊ शकते. ते टाळता येणं आपल्याच हातात आहे.

शेती नष्ट झाली तर....!

'नेमेची येतो मग पावसाळा / हे सृष्टीचे कौतुक जाण बाळा'. लहानपणी आमच्या पाठ्यपुस्तकात ही कविता होती. ते कौतुक आम्ही अनुभवतही होतो. शेतकऱ्यांना तर ती तोंडपाठ असे. म्हणूनच तर ते मृग नक्षत्राची आतुरतेनं वाट पाहत असत. मृग नक्षत्र लागलं, की लगेच पेरणीला सुरुवात करत. नऊ नक्षत्रांचा प्रवास पार पडला, की शेतकऱ्यांच्या पदरात भरघोस पिकाचं दान पडत असे. वर्षानुवर्षं हा सिलसिला बिनबोभाट चालत आला होता.

पण गेल्या काही वर्षांत या सृष्टीच्या कौतुकाचं काय बिनसलंय समजत नाही. शिस्तीनं वागणारं मूल एकाएकी अवखळपणा करू लागावं तसं झालंय. त्याचं वेळापत्रक पार बिघडून गेलंय. मृगच काय पण आणखी एक दोन नक्षत्रं ओलांडली तरी त्याचा पत्ता नसतो. डोळ्यातून पाणी काढायला लावतो. आणि मग झोपेतून उठलेल्या सशासारखा जो वेगानं येतो तो थांबण्याचं नाव काढत नाही. 'नको नको रे पावसा' असं म्हणण्याची पाळी आणतो आणि शेतकऱ्यांच्या तोंडचं पाणी पळवतो. नियमाप्रमाणे चार महिन्यांचा मुक्काम आटोपून जाणारा पाऊस आता वर्षभर ठाण मांडून बसतो. हाती आलेलं पीक मातीमोल करतो. 'अतिथी कब जाओगे!' असं म्हणायला लावतो.

शेतकरी त्यामुळं हवालदिल झालेत. शेतीचं आता काही खरं नाही, असं त्यांना वाटायला लागलंय. तोच विचार मनात घर करून राहिला आणि त्यापायी शेतीच नष्ट झाली तर काय हाहाकार माजेल, याची कल्पनाही करवत नाही. 'वर्ल्ड ऑफ रोग' या गटानं काही दशकांपूर्वी केलेलं, जग भूकबळीनं पछाडणार असल्याचं भाकीत खोटं ठरवत लोकांना मिळवून दिलेल्या अन्नसुरक्षेला बाधा आणली जाण्याची शक्यता खरोखरीच साकार होण्याची भीती वाटायला लागली आहे.

अर्थात यावर उपाय शोधण्याची प्रक्रियाही यापूर्वीच सुरू झाली आहे. अन्न शेतात पिकवता येत नसेल तर मग प्रयोगशाळेत का पिकवायचं नाही, असा विचार करून त्या

दृष्टीनं प्रयोग केले जात आहेत. जसं नैसर्गिकरित्या गर्भधारणा होत नसेल तर शरीरबाह्य फलन करून टेस्ट ट्यूब बेबीला जन्म देण्याची कल्पना रुजवली गेली, तसाच हा काहीसा प्रकार आहे.

सुरुवात झाली कृत्रिमरित्या मांस निर्माण करण्यापासून. याला कारणीभूत झाली, ती आता हळूहळू जगभर पसरणारी मांसाहारविरोधी चळवळ. आपली भूक भागवण्यासाठी मुक्या प्राण्यांची कत्तल करावी, हे अनेक संवेदनशील व्यक्तींना पटत नव्हतं. खास करून पाश्चात्त्य देशांमध्ये तर केवळ मांस मिळवण्यासाठीच या प्राण्यांची पैदास केली जाते. आपल्याकडेही कुक्कुटपालन व्यवसाय याच धोरणानं चालवला जातो. तिथं लेअर आणि ब्रॉयलर अशी कोंबड्यांची वर्गवारीच केली जाते. लेअर जातीच्या कोंबड्यांना केवळ अंडी घालण्याच्या कामालाच जुंपलं जातं तर ब्रॉयलरकडून अंडी मिळवण्याऐवजी त्यांच्या मांसासाठी त्यांची विक्री केली जाते.

हे टाळायचं तर ज्या कारणांसाठी मांसाहार केला जातो त्यांचा विचार करणं आवश्यक झालं. मांसामधून जी काही अत्यावश्यक प्रथिनं मिळतात ती केवळ शाकाहारातून मिळत नाहीत, असा दावा केला जातो. त्यामुळं त्या प्रथिनांसाठी पर्यायी व्यवस्था शोधण्याची निकड होती. त्यासाठी मटार, सोयाबीन, फरसबी, ज्वारी-बाजरी, अळंबी म्हणजेच मशरूम आणि गव्हातील ग्लुटेन यांच्यापासून असे पदार्थ तयार करणारं तंत्रज्ञान विकसित करण्यात आलं. त्यांची चव, पोत, रंग हुबेहूब मांसासारखं असेल याची खातरजमा करून घेतली गेली. खास खवय्यांकडून त्यांची चव जोखली गेली. त्यांची बिनशर्त पसंती जरी मिळाली नाही, तरी पोषणमूल्यांच्या बाबतीत ते मांसाहारापेक्षा किंचितही उणं नसल्याचंच दिसून आलं. यांना 'मॉक मीट' म्हणतात. आणि ते आता बाजारातही उपलब्ध आहे. तरीही त्यांचं मूळ नैसर्गिकच होतं. त्यासाठी शेतात उगवलेल्या पिकांचाच वापर केला गेला होता.

या उलट प्रयोगशाळेमध्ये जीवाणू, बुरशी, शैवाल यासारख्या सूक्ष्मजीवांचं संवर्धन करून त्याच्यापासून मांसाहारी पदार्थ बनवायला हॉलंडमधील मास्ट्रिक्ट विद्यापीठातील

मॅक्स पोस्ट यांनं सुरुवात केली. त्यांनी असा कृत्रिम बर्गर आठ वर्षांपूर्वी तयार केला आणि तोही तज्ज्ञ खवय्यांना खायला दिला. त्यांनी अनुकूल अभिप्राय दिल्यानंतर मोठ्या प्रमाणावर अशा कृत्रिम मांसाहारी पदार्थांचं उत्पादन करण्यासाठीचं तंत्रज्ञान विकसित करायला घेतलं गेलं. येत्या वर्षभरात तेही बाजारात येण्याची अपेक्षा आहे.

दोन वर्षांपूर्वी प्रकाशित झालेल्या एका शोधनिबंधात असा दावा केला गेला होता, की जगातल्या निम्म्या नागरिकांनी मांसाहार संपूर्ण वर्जित केला आणि शाकाहारावरच भिस्त ठेवली तरी सध्या जगाला भेडसावत असलेल्या हवामान बदलालाही अटकाव करता येईल. कार्बनच्या पदचिन्हांमध्ये लक्षणीय घट दिसून येईल.

अशा प्रकारे प्रयोगशाळेत मांसाहारी पदार्थांना पर्याय असणारं अन्न तयार होत आहेच. पण त्याच बरोबर दुग्धजन्य पदार्थही तयार केले जात आहेत. गाईम्हशींच्या दुधाऐवजी सोयाबीनचं दूध पिण्याचा आग्रह पर्यावरणवादी केव्हापासून धरत आहेत. त्यातून पोषणमूल्यांची तरतूद झाली, तरी दुग्धव्यवसायावर अवलंबून असणाऱ्या अर्थव्यवस्थेची फार मोठ्या प्रमाणात हानी होईल, हे स्पष्ट आहे. त्याचाही विचार करणं अगत्याचं होऊन बसलं आहे.

तरीही मूळ प्रश्न उरतोच. कारण या सर्व पर्यायांसाठी शेतजमिनीत वाढवलेल्या काही वनस्पतींची गरज लागतेच आहे. त्यावर तोडगा काढण्यासाठी प्रत्येक सजीवाच्या, त्यात वनस्पतीही आल्या, एका वैशिष्ट्याची कास धरली जात आहे. वनस्पती किंवा प्राणी हे अनेक पेशींचे बनलेले असतात. या पेशी निरनिराळ्या अवयवांचे घटक असतात. परंतु, यातील प्रत्येक पेशीमध्ये त्या संपूर्ण जिवाच्या यच्चयावत गुणधर्मांचा आराखडा असलेली जनुकं असतात. त्या अवयवांचं काम बिनबोभाट पार पडण्यासाठी आवश्यक असलेली जनुकंच कार्यान्वित होतात. इतर सुप्त स्वरूपात वावरतात.

तेव्हा यातली एक पेशी घेऊन तिचं संवर्धन करत राहिलं, तर त्यातून संपूर्ण जीव तयार केला जाऊ शकतो, हा विचार करून उती संवर्धन, टिश्यू कल्चर, तंत्रज्ञान विकसित केलं गेलं आहे. त्यातून मग एकसारखे गुणधर्म असलेली अनेक रोपटी प्रयोगशाळेत, आणि तीही अल्पावधीत, तयार केली जातात. त्यांची लागवड मग शेतात करता येते. आजच अशी अनेक अन्नधान्यांची वाणं तयार करण्यात आली आहेत. प्रश्न राहिला तो त्या रोपांची वाढ करण्यासाठी शेतजमिनीचा वापर करण्याचा. त्यासाठी आता पॉलीहाऊससारख्या बंदिस्त आणि नियंत्रित वातावरण असलेल्या सुविधेचा वापर कित्येक शेतकरी करत आहेत. एवढंच नाही तर त्या बंदिस्त वातावरणात बहुमजली शेतीही केली जात आहे. या सर्व प्रणालींचा व्यापक प्रसार झाल्यास शेती नव्या रूपात अस्तित्वात राहिल. ती नष्ट होण्याची भीती उरणार नाही.

। ५ ।

डॉपलर रडार असेल तर..!

अलीकडेच मुंबईत दुसरे डॉपलर रडार कार्यान्वित करण्यात आल्याच्या बातमीला प्रसारमाध्यमांनी ठळक स्थान दिलं होतं. गेल्या दोन-तीन वर्षांमध्ये अतिवृष्टी झाल्याच्या घटनांच्यावेळी असे डॉपलर रडार नसल्यामुळं अचूक अंदाज करणं शक्य झालं नसल्याचं सांगितलं होतं. म्हणूनच आता हे उपकरण उपलब्ध झाल्यामुळं हवामानाच्या अचूक अंदाजाला बळकटी येईल, अशी अपेक्षा करण्यात येत आहे.

हे डॉपलर रडार असेल तर नेमका काय फरक पडतो, हा प्रश्न मात्र अनेकांना पडला आहे. ख्रिश्चन डॉपलर (१८०३-१८५०) हे एकोणिसाव्या शतकामधले ऑस्ट्रियातील एक भौतिक वैज्ञानिक. त्यांनी प्रकाशलहरी आणि ध्वनिलहरी यांच्या एका वैशिष्ट्याचा उलगडा केला होता. आपण या आविष्काराचा अनेकवार अनुभव घेतलेला असतो. समजा एका रेल्वेच्या स्टेशनवर आपण उभे आहोत. अशा वेळी दूरवरून एक गाडी आपल्याकडे काही वेगानं येत असते. त्या गाडीची शिटी आपल्याला ऐकू येते. जोवर ती गाडी दूर असते तोवर त्या शिटीचा आवाज सौम्यच असतो. मंद्रसप्तकात असतो. पण जसजशी ती गाडी जवळ जवळ येऊ लागते तसतसा त्या शिटीच्या आवाजाची पातळी वाढत जाते, कर्णकटू होऊ लागते आणि ती एकदम जवळ आली, की कान झाकून घ्यावेसे वाटू लागतात. तोवर ती गाडी आपल्या समोरून पसार होत दूरदूर जाऊ लागते. तसतशी त्या शिटीच्या आवाजाची पातळी घटत जाते आणि परत तो आवाज सौम्य पातळीवर येतो, आणखी दूर गेली, की तो ऐकूच येत नाही. शिटीच्या आवाजातील या चढउतारानं आपण अचंबित होतो. पण त्याचा फारसा विचार करत नाही. डॉपलरनं मात्र हे गूढ उकलण्याचं ठरवलं.

गाडीची शिटी एकाच पातळीत वाजत असते. त्या आवाजाच्या लहरी मग गाडी जिथं असते त्या ठिकाणाहून सर्व दिशांना पसरत जातात. जोवर ती गाडी एकाच जागी उभी असते, स्थिर असते, तोवर त्या लहरींच्या तरंगलांबीत आणि लहरींच्या उंचीत काहीच फरक पडत

नाही. एकाच लयीत ती शिट्टी आपल्याला ऐकायला येते. पण ती गाडी जर स्थिर नसेल, पुढं पुढं सरकत असेल, तर ज्या वेगानं ती हलते त्या वेगानं त्या आवाजाच्या लहरी दाबल्या जातात. त्यांच्या तरंग लांबीत घट होत जाते. तसंच त्या लहरींच्या माथ्याची उंची वाढत जाते. त्यापायीच मग त्या आवाजाच्या पट्टीत फरक पडत जातो. उलट जसजशी ती गाडी दूरदूर जाऊ लागते, तसतशा त्या लहरींची तरंगलांबी परत वाढत जाते. माथ्यांची उंची कमी कमी होत जाते. आवाजाची पट्टी परत मूळपदावर येऊ लागते. प्रकाश लहरींच्या बाबतीतही याच परिस्थितीचा अनुभव येतो. तरंगलांबीत पडणारा फरक त्या लहरी प्रक्षेपित करणाऱ्या स्रोताच्या वेगावर अवलंबून असल्यामुळं त्या फरकाचं मोजमाप करून त्या स्रोताच्या वेगाचं अचूक निदान करता येतं. याचाच वापर करून रस्त्यावरून धावणाऱ्या मोटारीचा वेग किंवा गोलंदाजानं टाकलेल्या क्रिकेटच्या चेंडूचा वेग तत्काळ मोजला जातो.

रडारचा शोध दुसऱ्या महायुद्धाच्या काळात लागला. शत्रूच्या विमानांना ती दूरवर असतानाच टिपण्यासाठी त्याचा वापर केला गेला. त्यात आपल्या जमिनीवरून एक रेडिओलहर प्रक्षेपित केली जाते. ती जर एखाद्या वस्तूनं अडवली तर तिच्यावरून ती परावर्तित होऊन परत आपल्या मूळ जागी येते. या परावर्तित लहरीचं निरीक्षण करून ती वस्तू, बहुतांशी विमान, कुठं आहे, त्याचं आकारमान किती आहे, कोणत्या दिशेनं प्रवास करत आहे, त्याचा वेग किती आहे, याची माहिती मिळू शकते. ती आपल्या विमानदलाला आणि तोफखान्याला दिली, की मग त्या विमानावर हल्ला करून ते आपल्या सीमेपर्यंत पोहोचणारच नाही याचा बंदोबस्त करता येतो. सुरुवातीचं रडार केवळ जुजबी माहितीच पुरवत असे. पण ते तंत्रज्ञान अधिक विकसित झाल्यावर त्या संबंधीची अधिक अचूक

माहिती मिळू लागली. साहजिकच त्याच्या उपयोगाला इतर क्षेत्रांमध्येही वाव मिळू लागला.

त्याचंच पुढचं पाऊल म्हणजे डॉपलर तत्त्वाचा वापर रडारची उपयुक्तता वाढवण्यात झाला. कारण आता केवळ शत्रूचं विमान आहे, एवढीच माहिती मिळत नसून ते किती वेगानं प्रवास करत आहे, आपल्या सीमेजवळ पोहोचण्यासाठी त्याला किती वेळ लागणार आहे, कोणत्या लक्ष्यावर त्याची नजर आहे, अशी इत्यंभूत माहिती मिळणं शक्य झालं. त्यापायीच मग संरक्षण दलाला अधिक बळ मिळालं.

एकदा हे तंत्रज्ञान विकसित झाल्यावर अर्थातच त्याच्या वापराचं क्षेत्र विस्तारलं गेलं. केवळ युद्धकालीन स्थितीतच नाही तर शांतता काळातही त्याचा वापर कसा करता येईल, याचा विचार होऊ लागला. त्याची परिणती म्हणून हवामानाच्या, खास करून वादळांच्या, पावसाच्या धारांच्या, हवेतील प्रवाहांच्या अधिक अचूक माहितीसाठी त्याचा वापर करायला सुरुवात झाली. हवामानाच्या अंदाजासाठी मुख्यत्वे तीन प्रकारचे डॉपलर रडार वापरले जातात. ते प्रक्षेपित करत असलेल्या रेडिओलहरींच्या वारंवारितेनुसार, फ्रिक्वेन्सीनुसार त्यांचा वर्ग ठरतो. 'एस बँड', 'सी बँड' आणि 'एक्स बँड'. साधारण पाचशे किलोमीटर परिसरातील हवामानाची स्थिती, ढगांचे पुंजके आणि पाऊसमान यांची माहिती त्यातून मिळू शकते. ज्यावेळी चक्रीवादळ किंवा ढगफुटी यासारखी अस्मानी सुलतानी होण्याची शक्यता असते, त्यावेळी हवेतील या परिस्थितीवर बारकाईनं लक्ष ठेवून तिच्यात मिनिटामिनिटाला होणाऱ्या बदलांचं अचूक वर्तमान हवामानतज्ज्ञांना मिळतं आणि ते त्यानुसार आपलं अनुमान काढत आपत्कालीन यंत्रणेला सावध करू शकतात. डॉपलर रडार असेल तरच हे अनुमान अधिक धारदार करत वित्त आणि जीवितहानी टाळता येते किंवा किमान पातळीवर आणता येते. एक्स बँड रडार गडगडाटी पावसाचं तसंच विजेविषयींचं अचूक अनुमान काढण्यासाठी वापरलं जातं. सी बँडचा वापर बहुतांशपणे चक्रीवादळाचा मागोवा घेण्यासाठी केला जातो. त्यातून त्या वादळातील वाऱ्यांचा वेग, त्या वादळाच्या प्रवासाची दिशा आणि वेग यावर नजर ठेवता येते. वादळांचा प्रवास कधीच सरळ किंवा सुसंगत नसतो. त्यात सतत बदल होत असतात. त्यामुळं त्याची क्षणाक्षणाची बित्तंबातमी मिळवणं अगत्याचं असतं. डॉपलर रडारची यासाठी मोलाची मदत होते. दर दहा मिनिटांनी ही माहिती अद्ययावत केली जाते. त्यापायीच मग वातावरणात वेगानं होणाऱ्या बदलांचा त्याच वेगानं धांडोळा घेणं शक्य होतं. ढगांमधल्या बाष्पाचं किती वेगानं पावसाच्या थेंबांमध्ये रूपांतर होत आहे आणि त्या थेंबांचं आकारमान किती आहे, याची तज्ज्ञांना आवश्यक असलेली माहिती डॉपलर रडार असेल तरच उपलब्ध होऊ शकते.

। ६ ।

लाटा चमकायला लागल्या तर

'पुनवेचा चंद्रम आला नभी / चांदाची किरणं दर्यावरी...' पन्नास-साठ वर्षांपूर्वींचं हे सुमधुर भावगीत. नंतर आलेल्या कोळीगीतांचं जनक. अजूनही ते कानात गुंजत राहतं. त्याबरोबरच त्या काळातल्या कृष्णधवल चित्रपटातलं एक नेहमीचं दृश्यही आठवत राहतं. पौर्णिमेची रात्र आहे. पूर्णचंद्र दिमाखात आकाशात विराजत आहे. त्याच्या शीतल प्रकाशकिरणांनी समुद्राला सोन्याची झळाळी प्राप्त करून दिली आहे.

दोन महिन्यांपूर्वी सिंगापूरात हे दृश्य वेगळ्याच प्रकारे साकार झालं होतं. तिथल्या काही समुद्रकिनाऱ्यांवर येणाऱ्या लाटांना चमचम करणारी निळीभोर किनार लाभलेली होती. त्या मोरपंखी रंगाचा पट्ट्याच्या पट्टा सागराच्या लाटांवर विराजमान झाला होता. हे गौडबंगाल काय आहे, या विचारानं सर्वांनाच बुचकळ्यात पाडलं होतं. असा काही अनाकलनीय नैसर्गिक आविष्कार अनुभवायला मिळाला की त्याची उपपत्ती आपापल्या मगदुरानुसार लावण्याची ऊर्मी सगळ्यांनाच छळू लागते. काहीजण त्याला दैवी रूप देतात. तर इतर काहीजण हा कोणतं तरी अरिष्ट कोसळणार असल्याचा संकेतच आहे, असं म्हणत सर्वांनाच घाबरवून सोडतात. कोरोनासारख्या अनुभवानं त्रस्त झालेल्या नागरिकांचा त्यावर विश्वास बसायलाही वेळ लागत नाही.

वैज्ञानिक मात्र त्याची तर्कसंगती लावण्याचा प्रयत्न करतात. निसर्ग आपले अनेक मनोवेधक विभ्रम वेळोवेळी सादर करत असतोच. काही आविष्कार नित्यांनियमाचे असतात. काही या निऑन दिव्यासारख्या प्रकाशानं उजळलेल्या लाटांप्रमाणे कधीतरी आढळून येतात. त्यांचा उगम न समजल्यानं ते म्हणजे दैवी किंवा दानवी करामत असल्याचा समज पसरत जातो. पण त्यातल्या गुढाची तर्कसंगत उकल करत त्याबाबतचं सत्य सांगणं म्हणजेच तर विज्ञान. किंबहुना विज्ञानाचं मूळ नाव नॅचरल फिलॉसॉफी, निसर्गाचं तत्त्वज्ञान, असंच होतं. तेव्हा सिंगापूरमधल्या या निळ्या चमत्काराची वैज्ञानिक उपपत्ती शोधण्याचा चंग

सिंगापूर विद्यापीठातील प्रा. रिबेका चुंग यांनी बांधला यात नवल नाही. त्यांनी आपल्या विद्यार्थ्यांसमवेत त्या निळ्या लाटांचं सखोल दर्शन घेतलं. त्या पाण्याला हातांनी थोपटल्यावर तिथं जो खळखळाट झाला त्यापायी त्या प्रकाशाची दीप्ती अधिकच वाढल्याचा अनुभव घेतला. एवढंच नाही तर त्यांचे हातही त्या निळ्या प्रकाशबिंदूनी उजळून निघाल्याचं त्यांना दिसलं. जर समुद्राच्या लाटांना अशी मोरपंखी किनार लाभत असेल, तर नेमक्या कोणत्या प्रक्रिया होतात यांचा वेध त्यांनी घेतला.

ही सगळी समुद्राच्या पाण्यात वाढणाऱ्या 'डिनोफ्लॅजेलेट नॉक्ट्युलिस' या सूक्ष्मजीवाची करामत असल्याचं त्यांनी दाखवून दिलं आहे. फायटोप्लँक्टॉन कुळातल्या या सूक्ष्मजीवाच्या अंगी प्रकाश निर्माण करून तो उत्सर्जित करण्याची क्षमता असते. अशा सजीवांना 'बायोल्युमिनेसन्ट' म्हणतात. असे अनेक सजीव आहेत. आपल्या ओळखीचे काजवे याच कुळातले. पावसाळ्याच्या सुरुवातीला खंडाळ्याच्या घाटातली झुडपं या काजव्यांच्या छोट्या छोट्या दिव्यांनी प्रकाशमान झाल्याचं दिसून येतं. अगदी तिथून ट्रेननं जातानाही आपल्याला हे मोहक दृश्य आकर्षित करतं.

या सजीवांच्या शरीरात ल्युसिफेरिन नावाचं रसायन असतं. त्याची ल्युसिफरेज या विकराशी विक्रिया झाली, की त्यातून प्रकाशाचा उगम होतो. तोच मग बाहेर फेकला जातो. वेगवेगळ्या सजीवांनी उत्सर्जित केलेल्या प्रकाशाची तरंगलांबी म्हणजेच त्याचा रंगही वेगवेगळा असतो. हे सजीव जसे जमिनीवर वास्तव्य केलेले असतात, तसेच पाण्यातही वावरणारे असतात. मात्र गोड्या पाण्यात या प्रकारचे सजीव सापडत नाहीत. फक्त खाऱ्या पाण्यातच ते वास्तव्य करून असतात. त्यात मासे, जीवाणू आणि फायटोप्लँक्टॉन जातीचे सूक्ष्मजीव यांचा समावेश आहे. फायरफ्लाय स्क्विड नावाचा मत्स्यकुलातला सजीवही असाच दीप्तीमान असतो. त्याला 'जैवदीप्ती' (बायोल्युनिसन्स) असं म्हटलं जात असलं तरी ती एका रासायनिक प्रक्रियेचीच किमया आहे. त्याला 'शीत प्रकाश' असंही म्हटलं जातं. त्याचं कारण सर्वसाधारणपणे पदार्थ अतिशय तापला, त्याचं तापमान वाढत गेलं, की त्यानंतरच प्रकाशाचं उत्सर्जन होतं. पण या सजीवांच्या अंगातून निघणाऱ्या प्रकाशातली वीस टक्क्यांहून कमी ऊर्जा उष्णतेच्या रूपात बाहेर फेकली जाते.

काही दीप्तीमान सजीव स्वतःच ल्युसिफेरिनची निर्मिती करतात. 'डिनोफ्लॅजेलेट नॉक्ट्युलिस' याच प्रकारात मोडतात. पण इतर काही सजीवांच्या अंगी ल्युसिफेरिनचं उत्पादन करण्याची क्षमता नसते. ते सजीव अशी क्षमता असलेल्या सजीवांचं भक्षण करून ते मिळवतात. किंवा काही वेळ सहजीवनाच्या मार्गानं ते आपल्या अंगी भिनवतात. सिंगापुरातल्या डिनोफ्लॅजेलेटच्या अंगी ल्युसिफेरिनचं उत्पादन करण्याची क्षमता असली, तरी इतर काही सूक्ष्मजीवांशी त्यांचा संपर्क आल्यास त्या निळ्या प्रकाशाची झळाळी लक्षणीयरित्या वाढत असल्याचं प्रा. चुंग यांना दिसून आलं.

डिनोफ्लॅजेलेट सर्वच खाऱ्या पाण्याच्या जलाशयांमध्ये नसतात. कारण त्यांना आपल्या वाढीसाठी विशिष्ट पर्यावरणाचीही आवश्यकता भासते. त्यामुळं जिथलं तापमान तुलनेनं जास्ती आहे, वर्षभर जिथं तापमान एकसारखंच राहतं, तसंच जिथली हवा दमट असते आणि जिथल्या पाण्यात क्षाराचं प्रमाण पर्याप्त असतं, अशा ठिकाणीच या सूक्ष्मजीवांचा अधिवास असतो. त्यांच्या परिसरात जर वनस्पतींच्या जातकुळीतले इतर सजीव असतील तर त्यांच्या ठायी असलेल्या क्लोरोफिलचाही वापर ते करून घेऊ शकतात. त्या पायीच तर मग ते निळसर हिरव्या रंगाच्या प्रकाशाची उधळण करू शकतात. खरंतर साधारणतः हे डिनोफ्लॅजेलेट शांतपणे पडून राहतात. आपल्या अस्तित्वाची जाहिरात करण्याची त्यांची वृत्ती नसते. मात्र त्यांना जर चाळवलं गेलं तर ते आपला प्रकाश उत्सर्जित करत आपण तिथं असल्याचं जगजाहीर करतात. किनाऱ्यावर धडकणाऱ्या लाटांचा किनाऱ्यावरील जमिनीशी जो संघर्ष होतो त्यामुळं मग या डिनोफ्लॅजेलेटच्या समाधीचा भंग होतो. आणि त्यांना आलेला रागच जणू ते त्या निळ्याभोर दीप्तीद्वारे अभिव्यक्त करतात. प्रा. चुंग यांनी हातानं जेव्हा ते पाणी चाळवलं तेव्हाही नेमकी हीच प्रतिक्रिया व्यक्त केली गेली.

तरीही हा प्रकाश हे सजीव का उत्सर्जित करतात, त्याचं प्रयोजन काय आहे, असा प्रश्न साहजिकच निर्माण होतो. त्याची अनेक कारणं सापडली आहेत. आपलं भक्ष्य शोधण्यासाठी जसा त्याचा उपयोग केला जातो, तसाच आपल्या भक्षकापासून स्वतःचं संरक्षण करण्यासाठीही त्याचा वापर होतो. ध्यानीमनी नसता अकस्मात जर प्रकाशाची तीव्र तिरीप अंगावर पडली तर या डिनोवर चालून येणाऱ्या भक्षकाची गाळण उडेल यात शंका नाही. जोडीदाराची निवड करण्याच्या प्रक्रियेतही या प्रकाशाचं योगदान असल्याचं दिसून आलं आहे.

तेव्हा जर तुम्हाला समुद्राच्या लाटांवर असा निळसर हिरव्या प्रकाशाचा झळझळता मुकुट विसावलेला दिसला, तर अरिष्टाची चाहूल लागल्यासारखं आपण भयग्रस्त होण्याचं कारण नाही. आपल्याला पिटाळून लावण्याचा तो पवित्रा नाही. समुद्राच्या पाण्यात आपलं आयुष्य सुखेनैव जगण्याची त्या सूक्ष्मजीवाची ती धडपड आहे हे जाणून त्या अनोख्या आविष्काराची मजा लुटण्याचंच आपलं धोरण असावं, हे उत्तम.

भाषा हरवली तर...

भाषा हरवली? अशी कशी हरवेल! जन्माला आल्यानंतर पहिली एक दोन वर्षं जेव्हा वाचाच तयार झालेली नसते तेव्हा भाषा आपलीशी नसते. पण तिला आपलीशी करण्याची तयारी मात्र जोरात चालू असते. सर्वचजण त्यासाठी मदत करतात. पण तेव्हापासून भाषा, किमानपक्षी मातृभाषा, अगदी शेवटच्या श्वासापर्यंत आपली साथ करत असते. मग अशी कशी कोणाचीही भाषा हरवून जाईल?

पण तसं झालंय. ब्रूस विलिस या हॉलिवूडमधल्या दिग्गज अभिनेत्याला भाषा सोडून गेली. ज्यानं 'डाय हार्ड'सारख्या चित्रपटाच्या अनेक आवृत्यांमधून आपलं नाव कायमचं कोरून ठेवलं, त्याच्याशीच भाषा फटकून वागली. इतकी, की त्याच्या आप्तेष्टांनाच जाहीरपणे सांगावं लागलं, की अशारितीनं भाषा हरवल्यामुळं तो चित्रपटात भूमिका साकारू शकणार नाही. हे आक्रीत जाहीर करण्यासाठीही त्याला भाषेची साथसंगत मिळाली नाही.

हे अघटित घडलं कारण 'अफेशिया' या व्याधीनं तो ग्रस्त झाला. अफेशिया हा एक मेंदूचा विकार आहे. आपल्या मेंदूमध्ये भाषेशी संलग्न असलेली, भाषाकौशल्याचं नियंत्रण करणारी काही केंद्रं आहेत. फ्रेंच शास्त्रज्ञ पॉल ब्रोका यांनं एकोणिसाव्या शतकात अशा एका केंद्राचा शोध लावला. तो आता त्याच्याच नावानं ओळखला जातो. आपले विचार व्यक्त करण्यासाठी योग्य शब्दांची निवड करण्याचं काम हे केंद्र करतं. त्यानंतर काही वर्षांनी हेन्रिक वेर्निके या जर्मन शास्त्रज्ञानं ब्रोकाच्या केंद्रापासून अलग असणाऱ्या, स्वतंत्र असणाऱ्या दुसऱ्या केंद्राचा छडा लावला. 'वेर्निकेचं केंद्र' असं त्याचं बारसं केलं गेलं. मेंदूतल्या ब्रोकाच्या केंद्राच्या मदतीनं योग्य शब्दांची निवड केल्यानंतर व्याकरणाच्या नियमांचं पालन करून त्या शब्दांना अर्थपूर्णरित्या गुंफण्याच्या क्रियेचं नियमन हे केंद्र करतं. ही दोन केंद्र संगनमतानं आपल्याला भाषा वापरण्यासाठी मदत करतात. त्यांपैकी एकाही केंद्रात बिघाड झाला, तर मग भाषा आपल्याशी गट्टी फू करते.

या विकाराची बाधा झाली आहे याचं निदान तसं लवकर होत नाही. इतर विकारांच्या मागे तो लपून बसलेला असल्यानं त्या विकारांची बाधा झाल्याच्या शंकांचं निरसन झाल्यानंतरच डॉक्टर मंडळी अफेशियाचा विचार करायला लागतात. याला कारणही सुरुवातीला आपल्या मनात आलेला विचार त्यांच्याही मनाला त्रस्त करतो. अशी कशी भाषा हरवेल?

समजा एखाद्याची जीभ किंवा ओठ पक्षाघातानं ग्रासलेले असतील तर त्याला नीट बोलता येणार नाही. असं होत असल्याचा अनुभव बऱ्याच वेळा येतो. पण अशा वेळीही ती व्यक्ती इतरांचं बोलणं, त्यांनी केलेला भाषेचा वापर व्यवस्थित समजून घेत असतात. किंवा जे वाचें बोलायचं ते सुसंगतरित्या लिहू शकतात. पण अफेशियानं पछाडलेल्या व्यक्तीला तेही करता येत नाही. नीटपणे वाचनही करणं जमत नाही.

मेंदूच्या कोणत्या भागाला इजा झाली आहे यावर अफेशियाचं नेमकं स्वरूप ठरतं. पक्षाघाताचा झटका आल्यामुळं अफेशिया बळावतो. पण मेंदूला झालेल्या वेगळ्या इजेपायीही अफेशियाचा उगम होऊ शकतो. मेंदूची झीज झाल्यामुळं, एखादा ट्युमर वाढू लागल्यामुळं किंवा रोगजंतूचा उपसर्ग झाल्यामुळंही अफेशियाला बस्तान बसवता येतं. अल्झायमर किंवा विस्मरणाची बाधा झाली तरीही त्यापायी अफेशिया आपले पाय रोवू शकतो. पक्षाघात किंवा अपघातापायी मेंदूला होणारी इजा सोडल्यास बाकीच्या विकृती एकाएकी उपटत नाहीत. त्यांची वाढ हळूहळूच होत असते. त्यामुळं अफेशियाही हळूहळू पाय पसरत जातो. म्हणूनच त्याचं निदानही तसं उशिरानंच होतं. तो वाढत्या वयात होणाऱ्या विस्मरणाचाच प्रताप आहे असं समजलं जातं.

सर्वसाधारणपणे अफेशियाचे तीन प्रकार आहेत. रिसेप्टिव्ह अफेशिया, एक्स्प्रेसिव्ह अफेशिया आणि ग्लोबल अफेशिया. रिसेप्टिव्ह प्रकारात इतरांच्या बोलण्याचा अर्थ लावणं जमत नाही. कोणती तरी अगम्य भाषा बोलली जात आहे, असंच वाटत राहतं. इंग्रजीमध्ये 'इट इज ऑल ग्रीक अँड लॅटिन टू मी', असं म्हणतात त्यातलाच प्रकार. दुसरा म्हणजे एक्स्प्रेसिव्ह अफेशिया झाला असेल, तर सुसंबद्ध बोलणं जमत नाही. दोन्ही प्रकारांचा प्रादुर्भाव झाला असेल तर त्याला ग्लोबल अफेशिया म्हणतात.

एक्स्प्रेसिव्ह अफेशियाचेही दोन उपप्रकार आहेत. एनॉमिक अफेशिया आणि ऐग्रॅमॅटिक अफेशिया. एनॉमिक अफेशियाची बाधा झाली असल्यास विचारांशी सुसंबद्ध अशा शब्दाची निवड करणं अशक्य होऊन बसतं. म्हणजे ते शब्द वापरून तयार केलेलं वाक्य तसं व्याकरणशुद्ध असतं. पण त्यातल्या शब्दांची निवडच चुकलेली असल्यामुळं त्या

वाक्याचा अर्थच लागत नाही. बोलणारी व्यक्ती काही तरी असंबद्ध अर्थहीन बडबड करत असल्याचीच ऐकणाऱ्याची भावना होते. या उलट एक्स्प्रेसिव्ह अफेशियामध्ये शब्दांची निवड अचूक असते. पण ते वाक्यात जुळवताना व्याकरणाच्या नियमांचं सुयोग्य पालन न केल्यानं परत एकदा वाक्य अर्थहीन होऊन जातं. रुग्णाला अभिव्यक्त होण्यात तर अडचण होतेच, पण इतरांच्या वक्तव्याचा अर्थ लावणंही त्याला जमत नाही. परिणामी त्या व्यक्तीशी कोणताही संवाद करता येत नाही, अर्थपूर्ण विचारविनिमय शक्य होत नाही.

तसं पाहिलं तर सर्वसामान्य व्यक्तीलाही काही वेळा योग्य शब्द सापडण्यासाठी धडपडावं लागतं. जिभेच्या टोकावर आहे तो शब्द, असं आपण म्हणत राहतो. पण तो शब्द हुलकावण्या देतच राहतो. तीच बाब नावांची. जिच्यासंबंधीचा काही किस्सा सांगायचा ती व्यक्ती अतिशय जवळची असते, पण काही केल्या तिचं नाव आठवत नाही. एवढंच काय पण ती समोर उभी राहिली तरी 'चेहरा ओळखीचा आहे, पण माफ करा नाव पटकन नाही बुवा आठवत', अशी ओशाळवाणं करणारी दिलगिरी व्यक्त करावी लागते. पण हा असहकार त्या वेळेपुरताच, त्या शब्दापुरताच किंवा नावापुरताच असतो. थोडक्यात ती अफेशियाची किमया नसते. पण हे असं वरचेवर होऊ लागलं, शब्दाशब्दागणिक माणूस असा अडखळू लागला तर मात्र अफेशियाचाच प्रताप असल्याची शंका घ्यायला हवी. आपल्याशी बोलणाऱ्या व्यक्तीनं उच्चारलेल्या वाक्याचा अर्थ लागत नसला तर 'सॉरी माझं लक्ष नव्हतं', असं म्हणून सारवासारव करण्यात अर्थ नसतो. आणि हे फक्त शब्दांनी व्यक्त होणाऱ्या भाषेपुरतंच मर्यादित नसतं. बऱ्याच वेळा हाताच्या खुणांनी व्यक्त होणाऱ्या भाषेबाबतही अशाच विकृतीचा प्रत्यय येतो. भाषा अशी साथ सोडून जाऊ शकते. तिनं असा असहकार का पत्करलाय याचं योग्य निदान झालं की त्यावर उपचार करणं शक्य होतं. तसंच झालं की ब्रूस विलिस परत आपल्या घनगंभीर आवाजात उरात धडकी भरवू शकेल.

| ८ |

आइन्स्टाइन चुकला असला तर...

एकशे सतरा वर्षांपूर्वींची गोष्ट. १९०५ साल. स्वित्झर्लंडच्या पेटंट कार्यालयात कनिष्ठ पदावर असणाऱ्या एका कर्मचाऱ्यानं समस्त वैज्ञानिक जगाला हादरवून सोडलं होतं. एका पाठोपाठ एक असे तब्बल पाच उच्च दर्जाचे शोधनिबंध त्यानं जगातल्या सर्वांत मान्यवर शोधनियतकालिकात प्रकाशित केले. तेही गाठीशी कोणतीही अद्ययावत प्रयोगशाळा नसताना. कोणी साहाय्यक नसताना, की बुद्धिमान विद्यार्थ्यांची फौज सोबत नसताना. एकांड्या शिलेदाराप्रमाणे केवळ कागद आणि पेन्सिल यांच्या मदतीनं त्यानं ते नोबेल पुरस्कार प्राप्तीच्या दर्जाचे शोधनिबंध प्रकाशित केले होते. तोवर अज्ञात असलेल्या अवघ्या पंचवीस वर्षं वय असलेल्या त्या तरुणाचं नाव होतं अल्बर्ट आइन्स्टाइन.

त्या पाच निबंधांपैकीच एक होता स्पेशल रिलेटिव्हिटीचा सिद्धांत. त्यातच त्यानं आज अजरामर झालेल्या त्या समीकरणाची घोषणा केली होती. $E=mC^2$. जाणेमाने वैज्ञानिक खडबडून जागे झाले. त्यांनी महत्प्रयासानं प्रस्थापित केलेल्या भौतिक विज्ञानाच्या इमारतीला सुरुंगच लागला होता. त्याचा पाया डळमळीत होत होता. साहजिकच तो सिद्धांत मान्य होणं कठीण होतं. तरीही त्या नियतकालिकानं योग्य त्या तपासणीनंतर त्याचा स्वीकार केला होता. कारण त्याची पुष्टी करणारं जे गणित त्यानं मांडलं होतं ते अचूक होतं. त्यात तिळभरही उणेपण राहिलं नव्हतं. अचंबित झालेलं जग जरासं सावरतंय तो १९१५ साली त्यानं त्या सिद्धांताची पुढची पायरी गाठली. जनरल रिलेटिव्हिटी. त्यात तर तोवर मान्य झालेल्या गुरुत्वाकर्षणाचं वेगळंच निरूपण केलं होतं. त्यानं न्यूटनच्या सिद्धांताला मोडीत काढलं असं जरी काहींनी म्हटलं असलं, तरी ते खरं नव्हतं. न्यूटननं सांगितलेल्या गुरुत्वाकर्षणाच्या नियमांचं त्यानं कुठंही उल्लंघन केलं नव्हतं. न्यूटननं विश्वात सर्वत्र गुरुत्वाकर्षणाचं बल कार्यान्वित असतं, असं म्हटलं होतं. पण ते का आहे, याचा उलगडा केला नव्हता. आइन्स्टाइननं त्याची उपपत्तीच विशद केली होती. आणि ते बल नाही, तर विश्वाच्या

वक्रतेचा तो आविष्कार आहे, असं प्रतिपादन केलं होतं.

समजा तुमच्या हातात एक भलंमोठं वस्त्र आहे. चारचौघांनी मिळून ते ताणून धरलं आहे. त्यामुळं ते सपाट राहिलं आहे. त्यावर कुठंही सुरकुती नाही. आता त्यावर एखादा क्रिकेटचा चेंडू ठेवला किंवा गोळाफेकीसाठी वापरला जाणार पोलादी गोळा ठेवला, तर काय होईल त्या जागी खळगा पडेल. त्याच्या चहूबाजूला उतार तयार होईल. आता दुसरी एखादी वस्तू जर त्या वस्त्रावर ठेवली तर ती त्या उतारामुळे पहिल्या वस्तूकडे घरंगळत जाईल. म्हणजे ती त्या वस्तूकडे ओढल्यासारखी होईल. ही जी ओढ आहे ते गुरुत्वाकर्षण. ही स्थिती संपूर्ण विश्वाला लागू पडते, कारण विश्व म्हणजे एक ताणलेलं वस्त्र आहे, असं आइनस्टाइनचं म्हणणं होतं. आइनस्टाइननं या स्थितीला 'स्पेस टाइम फॅब्रिक' असं नाव दिलं होते. जिथं जिथं ग्रहगोल आहेत तिथं तिथं तो उतार तयार होतो. दुसरा ग्रह त्याच्या आसपास आला, की त्याच्याकडे खेचला जातो. तेच गुरुत्वाकर्षण. जे ग्रहगोल जास्ती वजनदार त्याचा खळगा अधिक खोल आणि साहजिकच त्याचा उतार जास्त.

ही संकल्पनाही सहजासहजी पचनी पडणारी नव्हती. पण परत एकदा त्याच्या गणितात इवलीशीही चूक दाखवता येत नव्हती. आणि विज्ञानजगतात 'बाबा वाक्यं प्रमाणम्'ला थारा नाही. कोणतंही विधान तपासून पाहिल्याशिवाय, प्रयोग करून त्यातलं तथ्य जाणून घेतल्याशिवाय त्याला मान्यता दिली जात नाही. आइन्स्टाइन तर नवशिक्या पोर. त्याच्या सिद्धांतांना तर अग्निपरीक्षेतून तावूनसुलाखून पार पडायला हवं. जर आइन्स्टाइन चुकला असेल, तर मग त्याच्या सिद्धांतानुसार केली जाणारी भाकितं खोटी ठरतील, त्याचा पडताळा मिळणार नाही. म्हणून तेव्हापासून त्याचा पडताळा मिळवण्यासाठी सर्वांनीच कंबर कसली.

पहिली महापरीक्षा घेतली ती आर्थर एडिंग्टन या खगोलवैज्ञानिकांनं. आइन्स्टाइनच्या सिद्धांताप्रमाणे कोणाचीही गुरुत्वाकर्षणाच्या तावडीतून सुटका होणार नव्हती. कारण तो या विश्वाचा स्थायीभावच आहे. अगदी प्रकाशकिरणही आकाशातल्या वजनदार गोलाजवळून

जाताना त्याच्याकडे खेचले जातील. आपण नाकासमोर सरळ चालण्याचा नियम मोडून वाकतील. याची प्रचिती घेण्यासाठी एडिंग्टन आणि त्याचे सहकारी यांनी १९१९ साली एका खग्रास सूर्यग्रहणाच्यावेळी एका दूरवरच्या ताऱ्यानं उत्सर्जित केलेले प्रकाशकिरण आपल्या सूर्याजवळून जाताना अशीच वाट वाकडी करतात का, याचा वेध घेतला. एका नाही दोन वेगवेगळ्या ठिकाणाहून. अहो आश्चर्यम्! ते किरणही आइन्स्टाइनच्या सांगण्यानुसार सरळसोट चालणं विसरले. वाट किती वाकडी होईल याचं गणितही आइन्स्टाइननं केलं होतं. प्रत्यक्षात नेमका तेवढाच वाकडेपणा त्यांनी धरल्याचं सिद्ध झालं. आता आइन्स्टाइन चुकला असं म्हणायला जागा उरली नाही. तरी नोबेल पुरस्कार विजेत्याची निवड करणाऱ्या समितीचं समाधान झालं नव्हतं. त्यांनी आणखी दोन वर्षं वाट पाहिली आणि शेवटी त्या पुरस्काराची माळ आइन्स्टाइनच्या गळ्यात घातली. पण त्याच्या सापेक्षतावादाला मुजरा करून नाही, तर त्याच्या फोटोइलेक्ट्रिक इफेक्टच्या उपपत्तीच्या संशोधनाला.

तरीही असंतुष्ट शंकासूर काही कमी नव्हते. त्यांनी आता इतर भाकितांकडे मोर्चा वळवला आणि जर आइन्स्टाइन चुकला असला तर सापडेलच त्याची चूक या गृहीताला साक्षी धरून त्याची परीक्षा घेतच राहिले. आज शंभराहून अधिक वर्षं लोटली असली तरी ही मालिका चालूच राहिली आहे. तरी बरं आजवर तरी जर आइन्स्टाइन चुकला असेल तर, असं म्हणायला जागा राहिलेली नाही.

अलीकडेच अशा आणखी एका भाकिताची प्रचिती मिळाली आहे. आइन्स्टाइननंच कृष्णविवराची ओळखही करून दिली होती. ही चीज म्हणजे एक अद्भुतच आहे. आकारानं महाकाय आणि ठायी गुरुत्वाकर्षणाची प्रचंड मात्रा असलेल्या या गोलातून प्रकाशकिरणही बाहेर पडू शकत नाहीत. पण त्यांच्याच या वैशिष्ट्यांमुळं त्यांची एकच बाजू आपल्याकडे असते. त्याच्या पाठीमागे अतिशय उष्ण वायूंचा पुंजका वावरत असतो. त्याच्यातून क्ष-किरण उत्सर्जित होतात. सामान्य दुर्बिणीतून ते पाहिले जाऊ शकत नाहीत. पण त्यांना दाद देणाऱ्या खास उपकरणांचा वापर करून त्यांना प्रकट व्हायला लावता येतं. आइन्स्टाइनच्या सिद्धांतानुसार कृष्णविवराच्या प्रचंड गुरुत्वाकर्षणाच्या प्रभावाखाली आणि त्याच्या अतिशय जवळ असल्यामुळं हे क्ष-किरण इतके वाकतात, की त्या कृष्णविवराला प्रदक्षिणा घालून त्याच्या पाठीकडून पुढ्याकडे येतात. तिथूनच निघाल्याचा आभास होतो.

याचीच प्रचिती घेणारा एक प्रयोग दोन महिन्यांपूर्वींच केला गेला. आणि आइन्स्टाइन आणखी एका परीक्षेत उत्तीर्ण झाला. घवघवीत यश मिळवून. सध्या तरी जर आइन्स्टाइन चुकला असेल तर यावर कोणाचाही विश्वास नाही. अर्थात थोडा काळ उलटू दे. पुनश्च हरी ओम् म्हणत नव्या दमानं आणखी एका परीक्षेची मुहूर्तमेढ रोवली जाईल.

।९।

डोळे फसवत असतील तर

'या, या, डोळ्यांनी पाहिलंय. ते खोटं कसं असू शकेल?' तावातावानं आपण सांगत असतो. आपण जे पाहिलंय त्यावर विश्वास ठेवतो. कारण त्या बिरबलानंही सांगून ठेवलंय ना, की खरं आणि खोटं यांच्यात चार बोटांचं अंतर असतं. डोळ्यांनी बघतो ते सत्य आणि कानांनी ऐकतो ते असत्य. असं म्हणण्यापाठी अर्थात आपले डोळे आपल्याला फसवत नाहीत, जे वास्तव आहे तेच दाखवतात; यावर आपल्या सगळ्यांचाच ठाम विश्वास असतो.

तसा असायला हरकत नाही. पण या विधानाची तर्कसंगत चिकित्सा करायला नको! तशी करायची तर, आपण एखादी वस्तू पाहतो, किंवा ती आपल्याला दिसते म्हणजे नेमकं काय होतं, याचा विचार करायला हवा. ते समोर आंब्याचं झाड आहे, ते आपल्याला कसं दिसतं? त्या दिसण्यापाठी कोणत्या प्रक्रिया होतात? तर सूर्याचा प्रकाश त्याच्यावर पडतो. तो परावर्तित होतो. तोच आपल्या डोळ्यांपर्यंत पोहोचतो. समोरच्या पारदर्शक दृष्टपटलातून, कॉर्नियामधून आरपार जाऊन त्यापाठी असलेल्या पडद्यावर, रेटिनावर, त्याची प्रतिमा उमटते. त्याला जोडलेल्या मज्जातंतूवरून एक संदेश मेंदूतल्या दृष्टिकेंद्रापर्यंत पोहोचतो. तिथं त्या संदेशाचा अन्वयार्थ लावला जातो आणि ती प्रतिमा त्या आंब्याच्या झाडाच्या झाडाची असल्याची माहिती आपल्याला मिळते. आपल्याला ते झाड 'दिसतं'.

झाड स्वयंप्रकाशी नसतं. ते कोणत्याही प्रकारचा प्रकाश उत्सर्जित करत नाही. त्यामुळं ते परावर्तित प्रकाशावर अवलंबून असतं. तो नसेल तर, अंधार असेल तर, ते आपल्याला दिसत नाही. पण आकाशातले तारे स्वयंप्रकाशी असतात. त्यांच्या ठायी प्रकाशकिरण उत्सर्जित करण्याची क्षमता असते. तोच प्रकाश ते तारे आपल्याला दिसण्याच्या कामात कळीची भूमिका वठवतात. आपला सूर्य हाही एक ताराच आहे. त्याच्याकडून उत्सर्जित झालेला प्रकाश आपल्या डोळ्यांपर्यंत पोहोचल्यावरच तो आपल्याला दिसतो. आपण त्याला पाहू शकतो.

पण सूर्य आपल्यापासून सव्वाकोटी किलोमीटर अंतरावर आहे. प्रकाशाचा वेग सेकंदाला तीन लाख किलोमीटर एवढा आहे. तरीही सूर्यापासून निघालेला प्रकाश आपल्यापर्यंत पोहोचायला आठ मिनिटं लागतात. म्हणजेच आपण जो सूर्य आता पाहतो तो आताचा नसतो. आठ मिनिटांपूर्वीचा असतो. त्या आठ मिनिटांमध्ये त्या सूर्यात काही बदल झाला असल्याची शक्यता आहे. किमान तो त्या स्थानापासून दूर गेलेला असणार. काही तारे तर अब्जावधी प्रकाशवर्ष अंतरावर आहेत. त्यांचा प्रकाश आपल्यापर्यंत पोहोचायला अब्जावधी वर्ष लागतील. त्या मधल्या कालावधीत तो अंतर्धान पावलेला असू शकतो. त्याचा मृत्यू झालेला असण्याची शक्यता असते. मग आपले डोळे तो अजूनही, या क्षणीही तळपत असल्याचं आपल्याला सांगतात ती आपली फसवणूकच नाही का!

आणि तो अजूनही अस्तित्वात असला तरी जर तो आणि आपण यांच्यामध्ये जर दुसरा एखादा मोठा गोल आला तर त्याचा प्रकाश अडवला जाईल. आपल्यापर्यंत तो पोहोचणारच नाही. साहजिकच आपले डोळे आपल्याला सांगतील, की त्या तिथं कोणताही तारा नाही. म्हणजे परत 'चक्षुर्वैसत्यम्' हे वचन खोटं पडेल. आपल्या डोळ्यांनी आपल्याला दिलेला संदेश चुकीचा असेल. ते आपली फसवणूकच करतील ना?

आइन्स्टाइननं गुरुत्वाकर्षणाची उपपत्ती विशद करताना असं भाकीत केलं होतं, की गुरुत्वाकर्षणाच्या ओढीतून प्रकाशकिरणांचीही सुटका नाही. त्यांच्या वाटेत जर असाच एखादा महाकाय, भारदस्त ग्रहगोल आला, तर त्याच्या गुरुत्वाकर्षणाच्या ओढीपायी नाकासमोर सरळ रेषेत चालण्याचा आपला नियम मोडून तो प्रकाशकिरण वाट वाकडी करेल. त्या ग्रहगोलाच्या दिशेनं खेचला जाईल. पण तो सरळ रेषेतच प्रवास करतोय या आपल्या समजुतीपायी त्याचं उगमस्थान दुसरीकडेच असल्याचं आपले डोळे आपल्याला सांगतील.

त्याच्या या भाकिताची प्रचिती मिळवण्यासाठी १९१९ साली एका खग्रास सूर्यग्रहणाच्या दिवशी आर्थर एडिंग्टननं एक प्रयोग केला. एका दूरवरच्या ताऱ्याकडून येणाऱ्या

प्रकाशकिरणाचा प्रवास कसा होतोय, याचं निरीक्षण केलं. तेव्हा आपल्या सूर्याजवळून जाताना त्याची वाट वाकडी झाल्याचं त्याला दिसलं. आइन्स्टाइनच्या भाकीताचा प्रत्यय मिळाला. त्यानंतरच त्याच्या सापेक्षतावादाच्या सिद्धांताला हळूहळू व्यापक मान्यता मिळू लागली. आइन्स्टाइनला नोबेल पुरस्कार देण्यात येत असणारी अडचण दूर झाली. त्यामुळं ताऱ्याचा ठावठिकाणा नेमका कुठं आहे हे आपले डोळे जेव्हा सांगत असतात, तेव्हा ते आपली फसवणूकच करत नसतात का!

आणि हे दूरवरचे ग्रहगोल किंवा सूर्यप्रकाशाचा अवकाशातला प्रवास यांची कथा कशाला! काही महिन्यांपूर्वी इंग्लंडच्या ब्रायटन या समुद्रकिनाऱ्यावरच्या चौपाटीवर आलेल्या मंडळींना एक अभूतपूर्व दृश्य दिसलं. एक जहाज समोरच्या समुद्राच्या पाण्यातून जाण्याऐवजी चक्क आकाशातून विहार करत असल्याचं त्यांना दिसलं. डोळे चोळून त्यांनी परत पाहिलं तरी तेच. हा चमत्कार कसा काय झाला हे त्यांना कळेना. प्रसारमाध्यमांनीही त्याची दखल घेत त्याला तुफान प्रसिद्धी दिली.

वैज्ञानिकांनी मात्र तो काही दैवी चमत्कार नसून ती एक भौतिक प्रक्रिया असल्याचं स्पष्ट केलं. त्यावेळी इंग्लंडमध्ये उन्हाळा होता आणि तापमान कधी नव्हे इतकं चढलं होतं. अर्थातच किनाऱ्यावरची वाळू भलतीच तापली होती. त्याच्या सान्निध्यात असलेल्या हवेचं तापमानही चढेलच होतं. ते जहाज वास्तविक समुद्राच्या पाण्यातूनच चाललं होतं. पण त्याच्यावरून परावर्तित झालेल्या प्रकाशकिरणांचं त्या तप्त हवेतून प्रवास करताना वक्रीभवन झाल्यानं ते आकाशातून येत असल्याची बघ्यांची भावना झाली होती. त्यांच्या डोळ्यांनी त्यांची दिशाभूल केली होती. आपल्या राजस्थानातही वैशाखवणवा पेटतो तेव्हा समोरून येणारा उंटांचा तांडा त्या मरुभूमीतून वाटचाल करण्याऐवजी आकाश मार्गानं येत असल्याचं वर्तमान आपले डोळे आपल्याला देतात, तेव्हा ते आपली फसवणूकच तर करतात.

आणि तरीही आपण त्या डोळ्यांवर आंधळेपणानं विश्वास टाकत, 'पाहिलं तेच सत्य आहे' असा आग्रह धरतो. आपली फसवणूक होतेय हे मान्य करायला तयार होत नाही. खरंतर चूक त्या डोळ्यांचीही नाही आणि आपलीही नाही. सर्वसामान्यपणे डोळ्यांना जे दिसतं त्याची वार्ता इमानेइतबारे ते आपल्याला देत राहतात. त्यामुळं नव्याण्णव टक्के वेळा ते आपली फसवणूक करत नाहीत. पण काही वेळा आगळ्यावेगळ्या नैसर्गिक अवस्थेत प्रकाशकिरणांचा प्रवास वेगळ्या वाटेनं होतो. तोही भौतिकशास्त्राच्या न्यूटन, गॅलिलिओ, आइन्स्टाइन आदी दिग्गजांनी शोधलेल्या नियमांचं काटेकोर पालन करत होत असतो. त्यामुळं डोळेच फसतात. ते जाणूनबुजून आपली फसवणूक करत नाही. त्यांना जे मिथ्या दृष्य दिसतं तेच ते आपल्याला प्रामाणिकपणे दाखवतात. त्यामुळं डोळे आपली फसवणूक करत असतील तर हा विचारच मुळी बाद होतो.

| १० |

अंतराळयुद्ध झालं तर...

इतिहासपूर्व काळापासून या पृथ्वीवर निरनिराळी युद्धं लढली गेली आहेत. आपल्याकडेही रामायणकाळात राम आणि रावण यांच्यामध्ये युद्ध झालं होतं. महाभारत काळातलं भारतीय युद्ध तर प्रसिद्धच आहे. जगाच्या इतर भागांचा इतिहासही युद्धांनी भरलेला आहे. ट्रॉयचा तो सुप्रसिद्ध घोडा ज्यात वापरला गेला होता ते स्पार्टाबरोबरचं युद्ध. अलेक्झांडरनं तर त्यावेळच्या ज्ञात जगात सगळीकडे युद्ध केले होते, आणि आता युद्ध करून जिंकायला प्रदेश उरला नाही म्हणून त्याला रडू कोसळलं होतं. तेव्हापासून ते आजवर अनेक युद्धांचा रक्तरंजित इतिहास आपल्या परिचयाचा आहे.

ही युद्धं प्रामुख्यानं जमिनीवर केली गेली होती. कोणत्यातरी मोकळ्या जागेचं रणांगणात रूपांतर करून दोन्ही शत्रूसैन्यं आमनेसामने उभी ठाकत. धनुष्य-बाण, तलवार या शस्त्रांवर त्यांची मदार असे. बंदुकीच्या दारूचा शोध लागल्यानंतर बंदुका, तोफा यांचा वापर होऊ लागला. नौकानयनात प्रगती झाल्यानंतर सागरी युद्धंही झाली आहेत. आणि पहिल्या महायुद्धाच्या सरत्या पर्वात विमानांचा वापर करत आकाशातही युद्धं छेडली गेली आहेत.

आता या पलीकडे काय? असा प्रश्न जर पडला असेल, तर त्याचं उत्तर आता दिलं जात आहे. पुढील युद्ध अंतराळात खेळलं जाईल, असं भाकीत तज्ज्ञ करत आहेत. जर खरोखरीच अंतराळयुद्ध झालं, तर त्याचं स्वरूप काय असेल, उद्दिष्टं कोणती असतील, त्यासाठी कोणत्या रणनीतींचा अवलंब करावा लागेल आणि त्याचे परिणाम काय होतील, याविषयी जगभरातले युद्ध तंत्रज्ञ विचारविनिमय करत आहेत.

खरंतर जेव्हा जमीन, सागर आणि आकाश इथून चालवल्या जाणाऱ्या युद्धासाठी प्रक्षेपणास्त्रं विकसित केली जाऊ लागली तेव्हाच त्याचं पर्यवसान अंतराळ युद्धात होईल अशी भीती वाटू लागली होती. आपल्या जागेवरून न हलताच हजारो किलोमीटर दूर असलेल्या लक्ष्याचा घास घेणारी प्रक्षेपणास्त्रं विकसित झाली तेव्हापासून हा दूरवरचा

पल्ला अजून दूरवर नेण्याची लगबग सुरू झाली होती. अर्थात या अस्त्रांचा वापर जगाच्या भूमीवरच करायचा मानस ठेवला गेला होता. भलेही त्या अस्त्राचा प्रवास सागरावरून किंवा आकाशातून झालेला असो. पण आता त्यापुढची मजल मारत अंतराळातीलच लक्ष्यावर अस्त्रं केंद्रित करण्याचा मनोदय बाळगला जात आहे.

अंतराळयुद्ध हा आजवर विज्ञानकथांचा प्रांत होता. एच.जी. वेल्स लिखित आणि ऑर्सन वेल्स दिग्दर्शित *वॉर ऑफ द वर्ल्ड्स*पासून ते सध्या प्रचलित असलेल्या *स्टार वॉर्स*पर्यंतच्या कथांमधून याची साग्रसंगीत आणि रोमांचकारी वर्णनं आलेली आहेत. पण आता या केवळ घटकाभर मनोरंजन करणाऱ्या कथा राहिल्या नसून त्या प्रत्यक्षात उतरण्याच्या अवस्थेला पोहोचलेल्या आहेत, असं अमेरिकी युद्ध तज्ज्ञपीटर सिंगर यांचं मत आहे. आणि ते विश्वासार्ह वाटावं अशीच आजही भूराजकीय परिस्थिती आहे. जर अंतराळयुद्ध झालं तर... हा प्रश्न आता राहिला नसून केव्हा अंतराळयुद्ध होईल? या प्रश्नानं त्याची जागा घेतली आहे

तरीही कथांमधील अंतराळयुद्धात आणि उद्या-परवा होऊ घातलेल्या अंतराळयुद्धात काही महत्त्वाचा फरक आहे. कथांमधील अंतराळयुद्धात कोणत्या तरी परग्रहानं पृथ्वीवर हमला केल्याचं चित्रण आहे. किंवा अंतराळातच वास्तव्यास असलेल्या दोन महासत्तांमध्ये वर्चस्वासाठी केलेल्या युद्धाचं वर्णन आहे. तसं युद्ध नजीकच्या काळात होण्याची शक्यता धूसर आहे. गेलं जवळजवळ शतकभर सातत्यानं शोध घेऊनही अवकाशातल्या कोणत्याही परग्रहावर विकसित बुद्धिमत्ता असलेल्या प्रजातीचा शोध लागलेला नाही. युद्धासाठी आवश्यक ती शस्त्रास्त्रं विकसित करण्यासाठी कळीचं असलेलं तंत्रज्ञान हाती असलेली कोणतीही प्रजाती अस्तित्वात असल्याचा पुरावा मिळालेला नाही. तेव्हा वेल्स महोदयांना अपेक्षित असलेलं अंतराळयुद्ध खेळलं जाण्याची शक्यता जवळपास नाही, असंच म्हणावं लागेल.

मग आता अंतराळयुद्धाचं प्रयोजन काय असेल? आजमितीला आपण आपल्या दैनंदिन व्यवहारासाठी उपग्रहांवर अवलंबून आहोत. हा लेख मी लिहीत आहे तो साठवून

ठेवण्यासाठी, स्टोअर करण्यासाठी, ज्या क्लाऊड प्रणालीचा वापर करतो आहे, तीही उपग्रहाशीच निगडित आहे. दळणवळण, मनोरंजनाचे कार्यक्रम, आर्थिक व्यवहार, सगळे सगळे उपग्रहांवरच अवलंबून आहेत. यंदा वरुणराज अधिकच लहरी झाला आहे. एरवी जिथं अवर्षणाची भीती भेडसावत असते, तिथं मुसळधार कोसळधारांनी थैमान घातलं होतं. अनेक नद्यांनी आपापले किनारे ओलांडून आजूबाजूच्या प्रदेशात घुसखोरी केली होती. उभ्या पिकांना पायदळी तुडवलं होतं. शेतीचं खरोखरीच किती नुकसान झालं आहे, याचा अचूक आढावा घेण्यासाठी आपण उपग्रहालाच कामाला लावतो. देशातल्या नैसर्गिक संपत्तीचं मोजमाप उपग्रहांकडूनच करवून घेतो. वीज आणि पाणीपुरवठा सुरळीत व्हावा यासाठीही हेच उपग्रह मदतीला धावून येतात. या उपग्रहांवरच हल्ला केला, त्यांना निकामी केलं तर कोणत्याही देशाचं अपरिमित नुकसान होईल. एखाद्या देशाचा भूभाग उद्ध्वस्त करून आणि नागरिकांचं शिरकाण करून त्या देशाला शरण आणता येईल, त्यापेक्षा कैकपट झपाट्यानं त्याचे उपग्रह नेस्तनाबूत करून त्याला दाती तृण धरून शरण यायला लावता येईल. हेच भविष्यात होऊ शकणाऱ्या अंतराळयुद्धाचं मुख्य उदिष्ट राहणार आहे.

सैन्यदलही फार मोठ्या प्रमाणावर उपग्रहांवर अवलंबून असतं. शत्रूच्या सैन्याबद्दलची बित्तंबातमी काढण्यासाठी उपग्रहांनाच कामाला जुंपलं जातं. अमेरिकेनं, रशियानं तर त्यांच्या अंतराळ कार्यक्रमात हेरगिरी करणारे उपग्रह अंतराळात स्थापन करण्यावर भर दिला होता. हे उपग्रह २४ x ७ जगावर करडी नजर ठेवून असतात. शत्रूच नाही तर मित्रराष्ट्रांच्या हालचालीसंबंधीही सतत माहिती पुरवत असतात. आपण जेव्हा १९९८मध्ये अणुचाचण्या केल्या तेव्हा त्यासाठीची तयारी अंतराळातून भ्रमण करणाऱ्या या उपग्रहांच्या नजरेतून सुटावी म्हणून त्यांचं भ्रमण आपल्या भूभागावरून नेमकं कधी होणार आहे, याची अचूक माहिती मिळवून ती वेळ 'अळीमिळी गुपचिळी' धरून इतर वेळेतच सगळ्या हालचाली केल्या होत्या. आणि ज्यावेळी त्या उपग्रहांची नजर आपल्या भूभागावर पडेल त्यावेळी सगळं काही पूर्वस्थितीला आणून 'ऑल इज वेल'चा नारा दिला होता. आपण शांततामय मार्ग स्वीकारला. पण जर ते उपग्रह नष्ट केले असते तरी आपला कार्यभाग साधला असता. अर्थात त्यापायी युद्ध परिस्थिती आली असती. आपण त्या देशांविरुद्ध अंतराळ युद्ध पुकारल्याची तक्रार त्या देशांनी केली असती. आपल्या चाचण्यांचं गुपित फुटलं असतं. सगळंच बिनसलं असतं.

भविष्यात युद्धखोर राष्ट्रं त्याची फिकीर न करता अशा प्रकारचं अंतराळ युद्ध बिनदिक्कत खेळतील यात शंका नाही. पण अंतराळयुद्धात वापरली जाऊ शकतात अशी अस्त्रं आता काही अतिरेकी संघटनांच्याही हाती लागली असल्याचं सांगितलं जातं, हा तज्ज्ञांच्या मते या संदर्भातला मोठा चिंतेचा असू शकतो.

। ११ ।

समुद्रसपाटी मोजायची असेल तर

शाळेत असताना आपण वाचलेलं असतं, की पाणी नेहमी आपली पातळी गाठतं. धरतीवरचे सागर हा अखंड जलसंचय आहे. त्याच्यामध्ये अधूनमधून जमीन वावरते. त्यामुळं सगळीकडे सागराची एकसमान पातळी, मीन सी लेव्हल, असेल अशी अपेक्षा धरल्यास ती वावगी ठरू नये. पण प्रत्यक्षात तसं होताना दिसत नाही. त्याची काही कारणं आहेत. वारे, समुद्राच्या पोटात असलेले निरनिराळे प्रवाह, नद्यांनी आणून टाकलेल्या पाण्याचं प्रमाण, गुरुत्वाकर्षणातला तसंच तापमानातला फरक यांचा फार मोठा प्रभाव समुद्राच्या पातळीवर पडत असतो. त्यामुळं निरनिराळ्या ठिकाणची समुद्राची सरासरी पातळी किंवा तुमच्या आमच्या भाषेत समुद्रसपाटी वेगवेगळी असते. त्यापायीच मग स्थानिक समुद्रसपाटी, लोकल मीन सी लेव्हल, ही संकल्पना आता रूढ झाली आहे. तिच्या संदर्भातच मग जमिनीवरच्या निरनिराळ्या नैसर्गिक तसंच मानवनिर्मित वास्तूंची उंची किंवा खोली मोजली जाते.

निरनिराळ्या कालखंडातल्या हवामानाचा परिणामही समुद्रसपाटीवर पडत असतो. हिमयुगाच्या काळी हवामान चांगलंच थंड होतं. पाण्याचं हिमखंडांमध्ये रूपांतर जलदगतीनं होत होतं. आणि ते हिमनद्यांच्या अवस्थेत साठून राहिलं होतं. अर्थात समुद्राच्या पाण्यात घट झाली होती. साहजिकच समुद्रसपाटी आजच्या तुलनेत लक्षणीयरित्या कमी होती. शेवटच्या हिमयुगाच्या अंतसमयी म्हणजेच साधारण १८ हजार वर्षांपूर्वी सध्याच्या पातळीपेक्षा ती शंभर मीटरनं कमी असल्याचं अनुमान काढलं गेलं आहे.

सध्याचा जमाना हवामान बदलाचा आणि जागतिक तापमानवाढीचा आहे. त्याचा परिणाम होऊन हिमनद्या वितळण्याचं प्रमाण वाढत आहे, असं वैज्ञानिकांनी दाखवून दिलेलं आहे. त्यातून घनरूप हिमाचं रूपांतर द्रवरूप पाण्यात होणार आहे. ते अतिरिक्त पाणी अर्थात सागरातच वाहून येईल. त्यापायी समुद्रसपाटीची उंची वाढण्याची शक्यता वर्तवण्यात आली आहे. साहजिकच समुद्रसपाटी हा चिंतेचा विषय झाला आहे. धरतीच्या पाठीवर

कित्येक बेटं जेमतेम या पातळीवर तरंगत आहेत. समुद्रसपाटी उंचावली तर हे बेटरूप देश पाण्याखाली जाण्याची भीती आहे. बेटंच कशाला, सागरकिनाऱ्यांवरच्या न्यू यॉर्क, सिडनी किंवा आपली मुंबई यांसारख्या सागरी किनाऱ्यांवरच्या शहरांनाही हा धोका आहे. त्यामुळंच समुद्रसपाटी ही केवळ वैज्ञानिक संकल्पना न राहता, तिच्या तुमच्या आमच्या जीवनावर होणाऱ्या परिणामांकडे लक्ष देणं अगत्याचं ठरतं.

समुद्रसपाटी किंवा सरासरी सागर पातळी ही नजीकच्या जमिनीच्या संदर्भातच मोजली जाते. ती प्रमाण मानून जमिनीवरील पर्वतराजींची उंची किंवा दऱ्यांची खोली मोजण्यात येते. म्हणजेच समुद्रसपाटी हा एक स्थिरांक मानला जातो. पण ती पातळीही स्थिर नसते. स्थलकालानुसार ती बदलत राहते. साधी तापमानाचीच गोष्ट घ्या. तापमान वाढलं, की वाढीव उष्णता समुद्राच्या पाण्याकडून शोषली जाते. गरम झालेलं पाणी प्रसरण पावतं. साहजिकच त्याचा परिणाम सागराची पातळी वाढण्यात होतो. तसंच वाढीव वैश्विक तापमानापायी हिमनद्या वितळू लागतात. त्यांचं पाणी समुद्रात वाहून येतं. या दोन प्रभावांपोटी १९०० सालापासून जवळजवळ २० सेंटीमीटरची वाढ समुद्रसपाटीत झाली आहे.

त्यामुळंच जर ती मोजायची झाली तर कशी मोजायची, हा प्रश्न आहेच. त्यासाठी निरनिराळ्या पण टरावीक ठिकाणी दर तासाला पातळी मोजण्यात येते. हा दिनक्रम तब्बल १९ वर्षं चालतो. त्यातून मिळालेल्या असंख्य निरीक्षणांवरून सरासरी काढली जाते. १९ वर्षंच का असा उपप्रश्नही महत्त्वाचा आहे. त्याचं मूळ मेटॉनिक सायकल या चंद्राच्या भ्रमणाशी निगडित आहे. चंद्र आपल्या कलेसह आकाशात परत त्याच जागी येण्यासाठी तितका काळ घेतो. म्हणजे समजा आज सप्तर्षींच्या डोक्यावर पौर्णिमेचा पूर्ण चंद्र आहे. तर तो परत आकाशातल्या त्याच जागी येण्यासाठी साधारण सत्तावीस दिवसांचा काळ घेतो. याला साईडरीयल महिना म्हणतात. पण त्यावेळी तो पूर्ण दिमाखात नसतो. म्हणजेच पौर्णिमा नसते. ती त्यानंतर साधारण दोन दिवसांनी येते. याला सायनॉड महिना म्हणतात. असे साधारण २३६ महिने म्हणजेच जवळजवळ १९ वर्षं उलटली, की परत पौर्णिमेचा चंद्र सप्तर्षींच्या डोक्यावर दिसेल. चंद्राचं समुद्राच्या पातळीशी असलेलं नातं लक्षात घेऊन हा कालावधी निवडला गेला आहे.

आता मात्र ते निदान अवकाशातून केलं जातं. नासा या अमेरिकी अंतराळसंस्थेचा जमिनीपासून १३०० किलोमीटरवर परिभ्रमण करणारा जेसन-३ हा उपग्रह ही कामगिरी पार पाडतो. त्याच्यावर असलेलं रडार अल्टीमीटर हे उपकरण यासाठी वापरलं जातं. त्याच्याकडून रेडिओ लहरी प्रक्षेपित केल्या जातात. त्या समुद्राच्या पाण्यावरून तसंच पृथ्वीच्या मध्यावरून परावर्तित होण्यासाठी लागणाऱ्या वेळेवरून पृथ्वीच्या मध्यापर्यंतचं तसंच पाण्याच्या पातळीचं अंतर मोजलं जातं. त्यांची वजाबाकी करून पृथ्वीच्या मध्यापासून समुद्रसपाटीच्या अंतराचं गणित केलं जातं. हा उपग्रह पृथ्वीभवती प्रदक्षिणा

घालत असल्यानं निरनिराळ्या ठिकाणची पातळी मोजणं त्याला शक्य होतं.

तुम्ही रेल्वेनं प्रवास केलाच असेल. स्थानकांवर गाडी थांबली, की त्या स्थानकाचं नाव असलेल्या फलाटाच्या दोन्ही टोकांच्या ठिकाणी असलेल्या काँक्रीटच्या मोठ्या पिवळ्या रंगाच्या पाट्यांकडे काळजीपूर्वक लक्ष द्या. त्या स्थानकाचं नाव हिंदी, इंग्रजी आणि स्थानिक भाषेत लिहिलेलं असतंच. त्याशिवाय एक माहिती सगळीकडेच दिलेली असते. त्या ठिकाणाची समुद्रसपाटीपासूनची पातळी. म्हणजे मग ते ठिकाण किती उंचीवर आहे हे समजतं. त्या माहितीचा फायदा रेल्वे खात्याला कशाप्रकारे होतो हे कळत नसलं, तरी ही समुद्रसपाटी मोजण्याचा खटाटोप केवळ त्यासाठीच केला जातो की काय, असा प्रश्न मनात उभा राहिला तर नवल नाही.

त्याचं उत्तर मात्र निःसंदिग्धपणे देण्यात आलेलं आहे. जमिनीच्या पृष्ठभागावरून होणाऱ्या वाहतुकीसाठी नसली तरी ही माहिती हवाई आणि सागरी वाहतुकीसाठी कळीची भूमिका बजावते. आपलं विमान नेमकं किती उंचीवरून उडत आहे याचं निदान करण्यासाठी वैमानिक विमानातल्या उपकरणानं दाखवलेल्या उंचीतून समुद्रसपाटीची उंची वजा करतो. विमानातल्या प्रवाशांना सुसह्य करण्यासाठी जो हवेचा दाब ठेवला जातो तो निर्धारित करण्यासाठी हे निदान उपयोगी पडतं. त्याशिवाय जमिनीवरच्या नियंत्रकांकडून वेळोवेळी किती उंचीवरून प्रवास करायला हवा याचे जे निर्देश येतात त्यांचं पालन करण्यासाठीही ती माहिती आवश्यक असते. यासाठी भारतात चेन्नईची समुद्रसपाटी शून्य मानली गेली आहे.

पृथ्वीचे अचूक नकाशे तयार करणाऱ्या वैज्ञानिकांनाही या माहितीची गरज असते. त्या नकाशांचा उपयोग जहाजांचे कप्तान आपलं जहाज हाकारण्यासाठी करतात. समुद्रसपाटीची माहिती हवामानाच्या अचूक अंदाजासाठीही उपयोगी ठरते. विशेषतः मॉन्सूनच्या अवघड अनुमानासाठी सतत बदलणाऱ्या या पातळीची माहिती अत्यावश्यक ठरते. भूगर्भशास्त्रही भूतकाळातील हवामानाविषयीची माहिती मिळवण्यासाठी हिचा उपयोग करतात. त्या त्या कालखंडांमध्ये या पातळीतील चढाव-उतार कसे झाले याचा धांडोळा घेत भविष्यात तिची वर्तणूक कशी राहणार आहे, याचं निदान करण्यासाठी ती माहिती त्यांना उपयुक्त ठरते.

पृथ्वीची जमीन सलग नाही. तिचे काही तुकडे पडलेले आहेत. त्यांनाच टेक्टॉनिक प्लेट्स म्हणतात. भूगर्भातील द्रवरूप मॅग्मावर तरंगणारे हे भूखंड सतत हलत राहतात. त्यांच्या या भटकंतीचा परिणामही समुद्रसपाटीवर होत असतो. भूतकाळात झालेल्या या भूखंडांच्या भ्रमंतीचा काय आणि कसा परिणाम समुद्रसपाटीवर झाला याचा अभ्यास करून पृथ्वीचा इतिहास अधिक अचूकतेनं समजणं शक्य होतं. समुद्रसपाटीचा संबंध केवळ भूगोलाशीच नाही तर इतिहासाशीही आहे तो असा.

। १२ ।

संकर केला तर

पुढची पिढी जन्माला घालण्याचा निसर्गाचा पहिला प्रयोग होता विभाजनाचा. एका पेशीचं विभाजन होऊन त्यापासून दोन नव्या पेशी जन्माला यायच्या. हुबेहूब आपल्या मातापेशीसारख्या. त्यामुळं व्हायचं काय, की त्या नवीन पिढीतल्या पेशीचे गुणधर्म आदल्या पिढीसारखेच असायचे. काही वेळी हे विभाजन होताना त्या गुणधर्मांचे कारक असणाऱ्या जीनचं, जनुकांचं दुपटीकरण होणं आवश्यक होतं त्यावेळी काही चुका व्हायच्या, काही नवीन बाबींचा अंतर्भाव व्हायचा. आपण नाही का एखाद्या परिच्छेदाची नक्कल करताना त्यातल्या अक्षरांमध्ये, वाक्यांमध्ये काही चुका करतो त्यातलाच प्रकार. त्यापायी मग 'ध'चा 'मा' व्हायला वेळ लागत नाही. नवीनच गुणधर्म असलेल्या अवताराचा जन्म होतो. सध्या कोरोनाचे जे नवनवीन अवतार सापडत आहेत त्यापाठचं इंगित हेच तर आहे.

पण निसर्गानं आपली चाल बदलली. विभाजनाची मळवाट सोडून मीलनाचा महामार्ग स्वीकारला. आई आणि वडील यांच्या जनुकांची सरमिसळ होत नवीन जीव उदयाला येऊ लागला. त्यामुळं विविधता तर आलीच. पण गुणदोषांमध्ये बदल होऊ लागला. बहुतांशी गुणांची बेरीज होऊ लागली, तर दोषांची वजाबाकी. पण हे केव्हा? तर आई आणि वडील वेगवेगळे असून त्यांचं मीलन झाल्यानंतर. पण काही वनस्पती स्वयंफलित असतात. म्हणजे एकाच रोपावर पुंकेसर आणि स्त्रीकेसर असतात. त्यांचं मीलन जरी झालं तरी दोन्हींचे गुणधर्म एकसारखेच असल्यामुळं परत नवीन रोप जुन्या रोपाची हुबेहूब नक्कलच होते. त्यांच्या गुणधर्मांत नैसर्गिक चुकीपायी नवीन गुणधर्म अवतरण्याची वाट पाहावी लागते.

त्यातूनच मग संकराची कल्पना साकारली गेली. म्हणजे एकाच प्रजातीच्या थोडेसे वेगवेगळे गुणधर्म असणाऱ्या दोन उपजातींचं मीलन करायचं. त्यापायी उद्भवलेली पिढी अधिक जोमदार बनते असं दिसून आलं. त्यालाच हायब्रीड व्हिगर, संकरजोम, असं म्हटलं जातं. त्याचा परिणाम नवीन पिढीचं आकारमान, वाढीचा वेग, दर एकरी उत्पादन यांच्यामध्ये

लक्षणीय वाढ झाल्याचं दिसून आलं. हे होतं कारण पालकांच्या, आईवडिलांच्या, गुणधर्मांची सरमिसळ होत संततीच्या गुणधर्मांमध्ये वृद्धी होते. पालकांच्या जनुकांमधले दोष झाकले जातात. डार्विननंच यांचा पहिला उच्चार केला होता. एकाच गुणधर्मांच्या पालकांच्या मीलनापायी उलट दोषांचींच वाढ होण्याची शक्यता बळावते. अशा मीलनाला इनब्रीडिंग म्हणतात. आपापसातच विवाह करण्याच्या प्रवृत्तीपायी दूषित गुणधर्मांचं जतनच नाही, तर त्याच्या प्रमाणात वाढ होत असल्याचंच दिसून आलं आहे. म्हणूनच असे जवळच्या नातेवाइकांमधील विवाह निषिद्ध मानले गेले आहेत.

तसं केल्यानं कोणतं अरिष्ट कोसळतं याचं ठळक उदाहरण युरोपातील राजवंशांमध्ये आढळतं. केवळ राजघराण्यांमध्येच विवाह करण्याच्या प्रथेपायी व्हिक्टोरिया राणीच्या नातवंडांमध्येच अनेक विवाह झाले. कारण व्हिक्टोरिया राणीच्या जनुकांमध्ये एक दोष उत्पन्न झाला होता. त्यापायी रक्तगळाची, हिमोफिलिया, या रोगाची लागण होत होती. यात रक्ताची गुठळी होण्याच्या प्रक्रियेत अडथळा निर्माण होतो. एकदा का रक्त वाहायला लागलं. की ते वाहतच राहतं. अशा रक्तक्षयामुळं मृत्यूही ओढवतो. राणीला चार मुलगे आणि पाच मुली झाल्या. त्यापैकी लिओपोल्ड या राजकुमाराला ही देणगी आईकडून मिळाली. त्याचा अल्पवयातच मृत्यू झाला. या रोगाचं वैशिष्ट्य म्हणजे तो पुरुष संततीलाच छळतो. मुलामध्ये तो प्रकट होतो. मात्र स्त्री संततीत तो छुप्या पद्धतीनंच वावरतो. मुलीला त्याची प्रकट बाधा होत नाही. मात्र तिच्या जनुकांमध्ये तो सूप्त स्वरूपात असल्यामुळं तिच्या संततीला त्याचा प्रसाद ती देऊ शकते. परत एकदा केवळ मुलग्यालाच त्याची प्रकट बाधा होते. मुलींमध्ये तो सूप्त स्वरूपातच राहतो.

व्हिक्टोरियाच्या दोन मुलींमध्ये तो तसा होता. त्यांच्याकडून तिच्या मुलींमध्ये तो हस्तांतरित झाला, आणि त्यांचा विवाह ज्या युरोपीय राजघराण्यात झाला होता तिथं तो पसरला. स्पेन, ग्रीस या राजघराण्यांनाही तो शाप मिळाला. पण त्याचं ठसठशीत उदाहरण रशियामध्ये दिसून आलं. शेवटचा झार निकोलसची पत्नी झारीना अलेक्झान्ड्रा ही व्हिक्टोरियाची नात होती. तिला चार मुली आणि शेंडेफळ मुलगा झाला. या झारेविचला लहानपणापासूनच या व्याधीनं छळलं. तिचं स्वरूप त्यावेळी कळलं नसल्यामुळं रासपुतिन या मांत्रिकाचे उपचारच सुरू झाले. त्यापायी या मांत्रिकाचं प्रस्थ वाढलं. आणि त्याची परिणती रशियन राज्यक्रांतीत झाले. त्यामुळंच हिमोफिलियाला शाही रोग असं म्हटलं गेलं. या इनब्रीडींगमुळं जी हानी होते, त्यावर उतारा संकराचा आहे. आता काही समाज वगळता सर्वसाधारणपणे इनब्रीडिंग होत नाही. जवळचा नातेसंबंध नसलेल्या वधुवरांचं मीलन होतं. मात्र वनस्पतींमध्ये स्वयंफलित वाणांची पेरणी केल्यामुळं त्याच्या वाढीवर मर्यादा पडतात. त्यांच्या उत्पादनात घट येते. त्यावर उतारा म्हणून संकराचा वापर केला गेला. आपल्याकडे जी हरितक्रांती आली, त्यासाठी डॉ. स्वामिनाथन यांनी याच प्रणालीचा पाठपुरावा केला.

त्यामुळं गहू, तांदूळ यांसारख्या प्रमुख पिकांच्या एकरी उत्पादनात भरघोस वाढ झाली. अन्नसुरक्षितेचं नवं पर्व सुरू झालं. दुष्काळी आणि भिकेचा कटोरा घेत जगभर फिरणारा देश अशी कुख्याती असलेल्या आपला देश अन्नधान्याची निर्यात करण्याइतका सक्षम बनला. आपल्या पालकांपेक्षा अधिक उत्पादनक्षमता असणं हे संकरजोमाचं लक्षण आहे. वास्तविक याची दखल अडीचशे वर्षांपूर्वीच घेतली गेली होती. जोसेफ कोएलरॉयटर यानं तंबाखू, धतुरा यांच्या रोपांमध्ये त्याचं सर्वात प्रथम अवलोकन केलं होतं. ग्रेगॉर मेन्डेलनं आपल्या प्रयोगांमध्येही त्याचा अनुभव घेतला होता. त्याचं उद्दिष्ट वेगळंच असल्यामुळं त्यानं त्याचा फारसा उच्चार केला नाही. डार्विननंही वनस्पतींमध्ये इनब्रीडिंगमुळं दोषांचीच पुनरावृत्ती होत उत्पादनक्षमता घटते तसंच संकर केल्यामुळं ती वाढते असं सांगितलं होतं.

संकरजोमामुळं उत्पादनक्षमताच वाढीस लागते असं नाही. काही पिकांमध्ये पेरणीपासून कापणीपर्यंतच काळही कमी होत असल्याचं दिसून आलं आहे. त्यामुळं हंगामाच्या काळात एकच नाही तर दोन पिकं घेता येतात. त्यामुळंही एकूण उत्पादन वाढतं.

संकराचेही अनेक प्रकार आहेत. त्यामध्ये जनुकांच्या वेगवेगळ्या छटा असलेल्या दोन उपजातींमधील संकर अधिक उपयोगी ठरतो, असाच अनुभव आहे. त्याचाच वापर शेतकरी अधिक प्रमाणात करतात.

। १३ ।

ध्रुवांवरचं बर्फ वितळलं तर....!

मध्यंतरी एक बातमी आली होती. अमेरिकेतील कोलोरॅडो विद्यापीठातील वैज्ञानिक जॉन लेनार्ट यांना ध्रुवीय हिमाच्या वितळण्याविषयी संशोधन करण्यासाठी तब्बल दीड कोटी डॉलरचं अनुदान दिलं गेलंय. पृथ्वीच्या उत्तर आणि दक्षिण दोन्ही ध्रुवांवर शतकानुशतकं झालेला हिमवर्षाव गोठून त्याचं दाट अशा बर्फात रूपांतर झालेलं आहे. या हिमनद्या अनादी कालापासून तिथं अस्तित्वात आलेल्या आहेत. पण गेल्या दशक-दोन दशकांमध्ये जो हवामान बदल झाला आहे आणि त्यापायी धरतीचं सरासरी तापमान वाढत चाललं आहे. त्याचा परिणाम होऊन हे बर्फ आता वितळू लागलं आहे. त्याचा एकंदरीत जागतिक पर्यावरणावर दूरगामी प्रभाव पडण्याच्या शक्यतेनं चिंता वाटू लागली आहे.

हिमनद्यांचे बर्फ वितळल्यावर त्याचं पाण्यात रूपांतर होईल आणि ते तिथून नद्यांमधून वाहत वाहत शेवटी सागराला येऊन मिळणार आहे. आणि त्यामुळं सागरांच्या पातळीत वाढ होईल अशी भीती व्यक्त केली गेली आहे. आजमितीला हे वितळण्याचं प्रमाण तसं आटोक्यातच आहे. पण त्याचेही काही स्पष्ट परिणाम दिसत आहेत. त्यामुळं हे वितळणं असंच सुरू राहिलं आणि सर्वच बर्फ वितळलं तर काय होईल याचा विचार करणं आवश्यक झालं आहे. शिवाय या वितळण्याचा वेग आणखी वाढेल की काय आणि वाढलाच तर किती वाढेल याचं अनुमान आताच केलं तर मग त्याला तोंड देण्यासाठीचं जागतिक धोरण ठरवता येईल, असा विचार झाला आहे. त्यातूनच मग या विषयाच्या संशोधनाला मोठ्या प्रमाणात चालना दिली जात आहे. परिस्थितीची चिंता वाटणं स्वाभाविक आहे. कारण गेल्या शंभर वर्षांमध्ये जगाच्या सरासरी तापमानात अध्ध्या अंशाची भर पडली आहे. ही अगदीच मामुली आहे असं समजण्याचं कारण नाही. कारण त्या वाढीपायी समुद्राची पातळी दहा ते बारा सेंटिमीटरनं वाढली आहे. या वाढीमुळं काही हिमनग सुटे होऊन तरंगू लागले आहेत. ते वितळले तर पाण्याच्या पातळीत फारशी वाढ होणार नाही. कारण हिमनग जेव्हा

तरंगतो तेव्हा त्याच्या वजनाइतकं पाणी तो बाजूला सारतो. पाणबुड्या याच तत्त्वाचा वापर करून पाण्याखाली जातात किंवा वर येतात. घरच्या घरीही तुम्ही या तत्त्वाची प्रचिती घेऊ शकता. पाण्यानं भरलेल्या पेल्यात जर बर्फाचे खडे टाकले तर ते वितळल्यानंतर पेल्यातल्या पाण्याची पातळी वाढत नाही हे दिसून येईल.

परंतु वाढीव तापमानापायी जेव्हा ध्रुवांवर असलेलं बर्फाचं जाडजूड कवच वितळेल तेव्हा फार मोठ्या प्रमाणात पाण्याचा विसर्ग होईल. त्यातही दक्षिण ध्रुवावरील अंटार्क्टिक प्रदेश आणि उत्तर ध्रुवावरचा आर्क्टिक प्रदेश यात फरक आहे. अंटार्क्टिका हे खंड आहे. म्हणजे तिथल्या बर्फाखाली जमीन आहे. जगातल्या एकूण बर्फापैकी नव्वद टक्के बर्फ अंटार्क्टिकामध्ये आहे. आणि तिथं साचून राहिलेल्या बर्फाची जाडी २,१३३ मीटर आहे. ते सर्वच्या सर्व बर्फ वितळलं तर समुद्राच्या पातळीत साठहून अधिक मीटरची वाढ होईल, असं गणित सांगतं. ती तशी झाली तर काय अनर्थ होईल याचं चित्रण केलं गेलं आहे. त्यानुसार अमेरिकेचा संपूर्ण पूर्व किनारा बुडून जाईल. पश्चिम किनाऱ्यावर कॅलिफोर्नियामध्ये काही टेकड्या आहेत. त्यांचं बेटांमध्ये रूपांतर होईल. दक्षिण अमेरिकेतही ॲमेझॉनचं खोरं अटलांटिक महासागराचं मांडलिक होईल. युरोपमध्येही अशीच उलथापालथ होईल. त्यातल्या त्यात आफ्रिका खंडामध्ये कमी हाहाकार माजेल. आपल्या देशातही किनाऱ्यांवरची काही गावं बुडून जाण्याची दाट शक्यता आहे. एकंदरीतच जगात आधीच तुलनेनं कमी असलेली जमीन आणखीच आक्रसेल. त्यापायी अर्थव्यवस्था तर बिकट होईलच पण जीवनकलहालाही अधिक धार येईल. ही भविष्यवाणी भीषण असली तरी ती खरोखरीच प्रत्यक्षात येईल का, याबद्दल मात्र वैज्ञानिकांमध्ये दुमत आहे. काही जणांच्या मते प्रत्यक्षात याहूनही भयानक अवस्थेचा सामना करावा लागेल. परंतु आता त्याबाबतीत पुनर्विचार होत आहे. अलीकडेच 'नेचर' या अग्रगण्य विज्ञान नियतकालिकात प्रकाशित झालेल्या एका शोधनिबंधानं सबुरीचाच सल्ला दिला आहे. याचं प्रमुख कारण आहे अंटार्क्टिकामधलं सरासरी तापमान. ते उणे ३७ अंश असतं. त्यात दीड अंशाची वाढ झाली

तरी ते बर्फ वितळवू शकणार नाही. किंबहुना तिथलं तापमान क्वचितच पाण्याच्या गोठण बिंदूपेक्षा वरचढ म्हणजेच शून्य अंशापेक्षा जास्ती होतं. अशा परिस्थितीत तिथलं बर्फ संपूर्ण सोडाच पण मोठ्या प्रमाणात वितळण्याची शक्यता दुरावते.

दुसऱ्या टोकाला आर्क्टिक महासागरावर बर्फाचं कवच तयार झालेलं आहे. म्हणजे तो बर्फ तिथं तरंगतो आहे. तो वितळला तरी त्यामुळं सागराच्या पातळीत लक्षणीय वाढ होण्याची शक्यता नाही. खरं तर या दोन्ही प्रदेशांपेक्षा ग्रीनलँडपायी अधिक काळजी वाटण्याची गरज आहे. तिथंही मोठ्या प्रमाणात बर्फ साचून राहतं. परंतु डेन्मार्कच्या अधिपत्याखाली असलेला हा उपखंड दोन्ही ध्रुव प्रदेशांच्या मानानं विषुववृत्ताच्या जास्ती जवळ आहे. तिथलं तापमान उन्हाळ्यात बरंच चढतं. तिथलं बर्फ वितळल्यामुळं समुद्राच्या पातळीत लक्षणीय वाढ होऊ शकते. तरीही या सगळ्यांचा मेळ होऊनही सागरांच्या पाण्याची पातळी अर्ध्या मीटरहून अधिक होऊ नये असंच या वैज्ञानिकांचं गणित सांगतं. परंतु या बर्फाच्या वितळण्याऐवजी जागतिक तापमान वाढीचा सध्याच्या समुद्रातील पाण्यावरच्या परिणामांकडे अधिक बारकाईनं लक्ष देण्याची आवश्यकता ते अधोरेखित करतात. कारण जसजसं तापमान वाढतं तसतसं पाणीही प्रसरण पावतं. त्यापायी सागरांच्या पातळीमध्ये होणाऱ्या वाढीचा विचार आजवर झालेला नाही. तो करणं आवश्यक आहे.

तसंच ध्रुवीय प्रदेशांमधलं बर्फ हे एकंदरीतच जागतिक हवामानावर प्रभाव पाडत असतं. त्याचा विस्तार कमी झाला, तर त्याचा अनिष्ट परिणाम आधीच लहरी झालेल्या हवामानावर होण्याची दाट शक्यता आहे. समुद्रामधून वाहणारे प्रवाहही हवामानाला वेसण घालत असतात. तिथल्या पाण्याच्या पातळीत पडलेल्या फरकांपायी या प्रवाहांमध्येही उलथापालथ झाल्याशिवाय राहणार नाही. त्याचाही परिणाम हवामानावर होईल. पाणी आणि जमीन यांनी व्यापलेल्या पृथ्वीच्या भागाचं गुणोत्तर जर या बदलांमुळं बदललं तर त्याचा पृथ्वीच्या गुरुत्त्वाकर्षणावरही प्रभाव पडेल, असं अनुमान काही भूगर्भशास्त्रज्ञांनी काढलं आहे. तसं झालं तर नेमकं काय होईल हे आजतरी कोणीही छातीठोकपणे सांगू शकत नाही. तेव्हा जर ध्रुवांवरच्या बर्फाच्या स्थितीवर सतत नजर ठेवून त्याच्या वितळण्याला लगाम घालणारी धोरणं जगानं एकत्र होऊन राबवली तरच काही तरणोपाय आहे, यात शंका नाही.

। १४ ।

पृथ्वी दुप्पट मोठी झाली तर..!

जगातील निरनिराळ्या देशांमध्ये आज जी जीवनशैली अंगीकारली गेली आहे आणि ती सांभाळण्यासाठी नैसर्गिक साधनसंपत्तीचा जसा वापर केला जात आहे, ती तशीच चालू ठेवायची असेल तर पृथ्वी कितीपट मोठी असायला हवी, याचं गणित अलीकडेच एका जागतिक स्तरावरच्या पर्यावरण संस्थेनं केलं आहे. यात बहुतांशी विकसित देशांचा जास्ती विचार केला होता. त्यात अग्रिम स्थानावर अर्थात अमेरिका आहे. त्यानुसार अमेरिकी नागरिक सध्या ज्याप्रकारे जगताहेत आणि त्यासाठी नैसर्गिक साधनसंपत्ती जवळजवळ ओरबाडत आहेत, ते पाहता पृथ्वी सध्या आहे तिच्यापेक्षा पाचपट मोठी असण्याची आवश्यकता आहे. इतर देशही तसे फार पाठीमागे नाहीत. भारताचाही विचार या संस्थेनं केला आहे. आपल्या जीवनरहाटीसाठी सध्याच्या पाऊणपट पृथ्वीही पुरेशी असल्याचा निष्कर्ष त्यांनी काढला आहे.

या सर्वेक्षणातून काय धडा घ्यायचा तो निरनिराळे देश घेतीलही कदाचित. पण खरोखरच पृथ्वी सध्यापेक्षा दुप्पट आकाराची झाली तर त्याचे कोणते व्यापक परिणाम संभवतात याचं गणितही वैज्ञानिकांनी केलं आहे. आपल्या धरतीचा व्यास आहे जवळजवळ १३ हजार किलोमीटर. तो जर दुप्पट झाला तर २६ हजार किलोमीटर होईल. तिच्या घनतेत कोणताही बदल झाला नाही तर वजन मात्र चक्क आठपटीनं वाढेल. गुरुत्वाकर्षणही दुप्पट होईल.

जगातल्या कोणत्याही वस्तूचं वजन गुरुत्वाकर्षणावर अवलंबून असतं. चंद्राचं गुरुत्वाकर्षण पृथ्वीच्या एक षष्ठांश असल्यामुळं तिथं वस्तूचं वजन एक षष्ठांशच भरतं. पृथ्वी जर दुप्पट मोठी झाली, तर तिच्या वधारलेल्या गुरुत्वाकर्षणापायी आपलं वजनही दुप्पट होईल. तो भार पेलायचा तर आपले पायसुद्धा भरभक्कम असायला हवेत. एखाद्या गलेलठ्ठ खांबासारखे. शिवाय त्यातली हाडंही अधिक बळकट असावी लागतील. सध्या ती ज्या पदार्थांपासून तयार झालेली आहेत, त्याला तो भार सहन करणं कदाचित कठीण होईल.

त्यामुळं मग लेखंडासारख्या कोणत्या तरी पदार्थांची हाडं तयार करावी लागतील.

आपले मणके अधिक ताकदीनं खालच्या दिशेनं ओढले जाऊन आकसतील. साहजिकच आपल्या उंचीतही घट होईल. सध्या जागतिक स्तरावर सरासरी उंची पावणेसहा फूट आहे. पण दुप्पट गुरुत्वाकर्षणाच्या ओढीपायी तिच्यात लक्षणीय घट होईल. सर्वसाधारण व्यक्ती बुटबैंगण होण्याचीच शक्यता आहे. याची प्रचितीही अंतराळवीरांकडून मिळालेली आहे. जेव्हा ते अंतराळात वावरतात तेव्हा तिथल्या कमी गुरुत्वाकर्षणाच्या प्रभावाखाली त्यांच्या मणक्यातील द्रव पदार्थ अधिक मोकळेपणानं वाहू शकतो. त्यांची उंची जवळजवळ दोन इंचांनी वाढते. त्यांनी घालायचा अंतराळपोशाख तयार करतानाच तो वाढीव अंगाचा केला जातो. अर्थात अंतराळातून ते परत जमिनीवर उतरले की इथलं वाढीव गुरुत्वाकर्षण त्यांना मूळपदावर आणून सोडतं.

हृदयातून शरीरभर होणाऱ्या रक्ताभिसरणावरही गुरुत्वाकर्षणाचा प्रभाव पडतो. शरीराच्या खालच्या भागात वाहून नेल्या जाणाऱ्या रक्ताला गुरुत्वाकर्षणाचा फायदाच होतो. पण ते जर दुप्पट झालं तर रक्त्याच्या वाहण्याचा वेगही वाढेल. तो सहन करण्यासाठी रक्तवाहिन्याही अधिक बळकट असाव्या लागतील. पण या वाढीव गुरुत्वाकर्षणाचा नकारात्मक परिणाम वरच्या भागाकडे वाहणाऱ्या, विशेषतः मेंदूला होणाऱ्या रक्ताच्या पुरवठ्यावर होईल. कारण आता हृदयाला त्यासाठी अधिक जोर लावावा लागेल. त्यापायी हृदयावर अधिक ताण पडेल. तो सहन करणं कठीण झाल्यामुळं एकंदर आयुर्मानावरही अनिष्ट परिणाम संभवतो. आपल्या डोक्यावर पडणाऱ्या वाढीव भाराचा फटका बसून दृष्टीही काही प्रमाणात अधू झाल्याशिवाय राहणार नाही.

आपण चालतो किंवा पळतो त्यावेळी प्रत्येक पाऊल उचलताना आपण गुरुत्वाकर्षणाच्या ओढीच्या विरुद्ध काम करत असतो. आपले स्नायू आपल्याला त्यासाठी आवश्यक ते बळ पुरवतात. दुप्पट गुरुत्वाकर्षणावर मात करण्यासाठी स्नायूंनाही कामाचा अतिरिक्त भार सहन करावा लागेल. तो सतत करत राहिल्यामुळं आपल्याला लवकर थकवा तर जाणवेलच, पण कालांतरानं आपला वेगही कमी होईल. कदाचित त्या भाराची सवय होऊन आपले स्नायू आणि हाडं अधिक बळकट होण्याचीही शक्यता आहे. पण त्याला किती वेळ लागेल हे सांगता येणार नाही.

'ताडमाड उंची' असा शब्द प्रयोग आपण वापरतो. कारण नारळाची, पोफळीची झाडं आकाशगामी असतात. पण दुप्पट गुरुत्वाकर्षणाच्या प्रभावापासून वृक्षांचीही सुटका होणार नाही. त्यांची उंचीही खुंटेल. झाडांची वाढ होताना त्यांची उंची वाढली तरी त्यांना पोषण, पाणी जमिनीतूनच घ्यावं लागतं. ते शेंड्यापर्यंत पोहोचवावं लागतं. त्यासाठी झाडांमधली ऊर्जा खर्च करावी लागते. वाढीव गुरुत्वाकर्षणाच्या वातावरणात त्यांना अधिक ऊर्जा खर्च करावी लागेल. तिच्यात बचत करण्यासाठी कमाल उंचीवर मर्यादा येईल. अधिक उंचीची

झाडं कोलमडून पडतील किंवा कदाचित झाडांची वाढही खुंटेल.

उत्क्रांती वैज्ञानिकांचं असं म्हणणं आहे, की पृथ्वी काही एकाएकी किंवा आताच दुप्पट मोठी होईल, असं नाही. ती जन्माला आली तेव्हाच तिचं आकारमान वाढलेलं असेल. अर्थात प्रत्येक सजीवाची वाढ, विकास आणि उत्क्रांती त्या वातावरणातच होईल. उत्क्रांतीचा नियम आहे, की बदललेल्या पर्यावरणाशी जुळवून घेण्याची क्षमता असलेले सजीव तग धरून राहतात, त्यांचा वंशविस्तार वाढतो. त्यामुळं काळाच्या, आणि अर्थातच उत्क्रांतीच्या प्रवाहाच्या, ओघात त्या वाढीव गुरुत्वाकर्षणाला सरावलेली सजीव सृष्टीच टिकून राहील. तिची सरासरी उंची, वजन, बळकटी आता आपल्याला दिसते त्यापेक्षा वेगळी असेल. पण ते गुणधर्म तिच्या जगण्याला अटकाव करणारे नसतील.

हे झाले सजीव सृष्टीवरचे काही संभाव्य परिणाम. पण दस्तुरखुद्द पृथ्वीही या वाढीव वस्तुमानाच्या परिणामांपासून मुक्ती मिळवू शकणार नाही. धरतीच्या गाभ्यात द्रव रूपातला शिलारस आहे. तो अतिशय गरम आहे. त्यात जे प्रवाह वाहतात त्यापायी त्याच्यावर तरंगणाऱ्या विविध भूखंडांच्या हालचाली होत असतात. त्या द्रवात अनेक चंचल मूलद्रव्यांचंही वास्तव्य आहे. दुप्पट गुरुत्वाकर्षणापायी हा द्रव पदार्थ गोठून तो घन अवस्था धारण करण्याची शक्यता आहे. तसं झालं तर त्यावरच्या भूखंडांच्या हालचालीवरही प्रभाव पडून सध्या जे सात खंड पृथ्वीवर आहेत त्यांच्या रचनेत आणि ठिकाणातही दूरगामी बदल होऊ शकतात. तसंच त्या गाभ्याचं तापमान वाढून एकंदरीतच जागतिक तापमानवाढीला चालनाच मिळण्याची शक्यता आहे.

हा द्रवरूप गाभा पृथ्वीला चुंबकत्व मिळवून देतो. पण त्यानंच जर घन अवस्थेत रूपांतर केलं तर, पृथ्वीच्या चुंबकत्वावरही घातक परिणाम होतील. सूर्यावरच्या वादळांपोटी जे सौरवारे वाहतात त्यांच्यामध्ये विद्युतभारधारी मूलकणांचा समावेश असतो. पृथ्वीचं चुंबकत्व एका प्रकारे तिच्याभोवती संरक्षक कवच उभं करून या सौरवाऱ्यांना थोपवून धरतं. तेच जर नाहीसं झालं, तर मग हे सौरवारे वेगानं पृथ्वीवर येऊन आदळतील आणि भयानक विद्ध्वंस घडवून आणतील.

तेव्हा 'गड्या आपुला गाव बरा'च्या चालीवर म्हणावं की 'गड्या आहे ती पृथ्वीच बरी'!

। १५ ।

विमानाचं चाक निखळून पडलं तर..!

तुम्ही पक्ष्यांना उडताना कधी निरखून पाहिलंय? नसेल, तर पाहा. त्यांचे पाय कुठं दिसतच नाहीत. जणू त्यांना पायच नाहीत. पण तसं नाही. पक्षी जमिनीवर असताना आपल्या दोन पायांवरच उभे राहतात, चालतात किंवा टुणटुण उड्या मारतात. पण उडण्यासाठी झेप घेतली, की ते आपले पाय दुमडून पोटाशी घेतात. जोवर ते हवेत असतात तोवर पाय असेच पोटाशी बांधून ठेवलेले असतात. परत जमिनीवर किंवा झाडाच्या फांदीवर उतरायची वेळ आली की ते ताठ करतात.

भारतीय अंतराळ संशोधन संस्था (इस्रो) नावारूपाला आणण्याचं श्रेय ज्यांना जातं ते इस्रोचे दुसरे अध्यक्ष प्रा. सतीश धवन यांनी 'बर्ड्स इन फ्लाईट' हा अतिशय वाचनीय ग्रंथ लिहिला आहे. त्यात पक्ष्यांच्या उड्डाणाची तपशीलवार आणि तरीही मनोरंजक माहिती त्यांनी दिली आहे. धवन एरोनॉटिकल इंजिनिअर होते. त्यामुळं ज्या एरोडायनॅमिक तत्त्वांचा वापर पक्षी आपल्या उड्डाणासाठी करतात त्यांचं विवेचनही त्यांनी प्रासादिक भाषेत केलं आहे. हवेतील विहरणं सुकर व्हावं, हवेचा विरोध किमान पातळीवर आणावा, यासाठी शरीर एका विशिष्ट रचनाबंधात आणण्याचं कौशल्य उपजतच पक्ष्यांकडे असतं. त्यामुळं उडण्यासाठी लागणाऱ्या ऊर्जेचीही बचत होत असते.

पक्ष्यांच्या या गुणधर्मांचा वापर विमानांच्या रचनेसाठी केला जातो. त्यामुळं त्यांचा घाट, विशेषेकरून तो जेव्हा हवाई प्रवास करत असतात त्यावेळी, पक्ष्यांच्या शरीररचनेवरच बेतलेला असतो. अर्थातच विमानांनाही पाय असतात. त्यांच्या आकारानुसार कधी दोनच असतात, कधी तीन तर कधी त्याहूनही जास्ती. विमानतळावर जेव्हा विमानं वावरत असतात, तेव्हा या रबराची चाकं असलेल्या पायांचाच वापर करतात. विमानाचे पंख आणि इंजिन ही त्याची जितकी महत्त्वाची अंगं आहेत, तितकीच ही चाकंही महत्त्वाची असतात. खास करून हवाई प्रवास करून आल्यावर जेव्हा परत जमिनीवर उतरायचं असतं, त्यावेळी

ही चाकं कळीची भूमिका बजावतात. म्हणूनच त्यांना लँडिंग गिअर म्हणतात.

जमिनीवर असताना ही चाकं विमानाशी काटकोनात ताठ असतात. पण हवेत झेप घेतली, की ती पक्ष्यांसारखीच आपल्या पोटाशी दुमडून घेतली जातात. त्यासाठी खास कप्पे त्यांच्या पोटात तयार केलेले असतात. त्यात ही चाकं गडप होतात. जोवर विमान हवेतच उडत असतं तोवर ती तिथंच राहतात. मुंबई ते थेट न्यू यॉर्क असा दीर्घ पल्ल्याचा प्रवास करणाऱ्या विमानांची चाकं सोळा-सतरा तास अशी त्या कप्प्यातच बंदिस्त राहतात. पण जमिनीवर उतरायची वेळ आली, जमिनीपासून चार-पाचशे मीटर म्हणजेच हजार-बाराशे फूट उंचीवर पोहोचली, की ही चाकं आपल्या कप्प्यातून बाहेर पडतात, ताठ होतात आणि महाकाय विमानाचा सारा भार आपल्यावर घेत विमानाला धावपट्टीवर सुरक्षित उतरायला मदत करतात.

पण काही वेळा या लँडिंग गिअरमध्ये बिघाड होतो. तो आपल्या कप्प्यामधून नीटसा बाहेरच येत नाही. किंवा उड्डाण घेतानाच त्याचं एक चाक निखळून पडतं. जर ते असं पडलं, तर अर्थातच विमानाचं उतरणं कठीण होऊन बसतं. असा काही प्रसंग आलाय याची जाणीव प्रवाशांना झाली, तर त्यांच्या पोटात गोळा आला नाही तरच नवल. आता आपलं काही खरं नाही, अशी त्यांची समजूत होण्याची शक्यता असते. पण कुशल वैमानिक त्याही परिस्थितीत प्रवाशांच्या जिवाला काही अपाय होऊ न देता विमान सुखरूप उतरवतात. दर वर्षी असे कितीतरी प्रसंग घडल्याची नोंद आहे. तरीही जीवितहानी झाल्याची उदाहरणं नाहीत. जर विमानाचं चाक निखळलं तर लँडिंग गिअरचा नाद सोडून वैमानिक विमानाला त्याच्या पोटाचाच उपयोग करून जमिनीवर उतरवतात. यालाच बेली लँडिंग म्हणतात. तसं करताना अर्थातच विमान धावपट्टीवर वेगानं घासत जातं. त्यापायी होणाऱ्या घर्षणामुळं उष्णता निर्माण होते. ठिणग्याही पडू शकतात. विमानाचं इंधन अतिशय ज्वालाग्राही पदार्थ

असतो. त्या टाकीजवळ या ठिणग्या पोहोचल्या तर ते पेट घेऊन भडका उडू शकतो. आग्यामोहोळच उसळतो. ते टाळण्यासाठी अशा आणीबाणीच्या प्रसंगात विमानाला हवेतच घिरट्या घालायला लावून इंधन संपवण्याचा प्रयत्न केला जातो. उतरण्यासाठी जे किमान इंधन लागेल तेवढंच जेमतेम उरलं, की मगच विमान उतरवण्याची तयारी सुरू होते. अलीकडेच नागपूरहून निघालेल्या एका हवाई रुग्णवाहिकेचं चाक विमान उड्डाण करतानाच निखळून पडलं होतं. त्यामुळं ती मुंबईतच उतरवण्यात आली.

त्यासाठी जसं त्या विमानाच्या सारथ्यांनी हवेतच दोन तास घालवत इंधन संपवलं, तसंच विमानतळावरही आपत्ती व्यवस्थापन केलं गेलं. अग्निशमन दल, डॉक्टर, मेकॅनिक वगैरे सज्ज ठेवण्यात आलेच. पण धावपट्टीवर एक खास प्रकारचा फेस पसरवण्यात आला. त्यामुळं विमानाचं जमिनीशी होणारं घर्षण आटोक्यात ठेवण्यास मदत होते. विमान जमिनीला टेकतं तेव्हाही त्याचा वेग ताशी दीड-दोनशे किलोमीटर एवढा असतो. त्या वेगानंच ते धावपट्टीला घासत जातं. ब्रेक लावून तो कमी केला गेला, तरी मधल्या काळात प्रचंड प्रमाणात घर्षण होतं. पण त्यापोटी उष्णता प्रमाणाबाहेर वाढणार नाही याची तजवीज केल्यानं ठिणग्या उडून आग लागण्याची शक्यता टाळली जाते. तरीही विमानाचं नुकसान होतंच. अर्थात तेही कमीत कमी होईल याचीही सोय त्या फेसाच्या फवारणीमुळं केली जाते. त्याहून महत्त्वाचं म्हणजे प्रवाशांच्या जिवाला असलेला धोका संपूर्णपणे टाळला जातो. त्या रुग्णवाहिकेतल्या रुग्णासहित इतर सर्वच प्रवासी मुंबईत सुखरूप उतरले.

काही वेळा जरी एक चाक निखळून पडलं असलं, तरी उरलेल्या चाकांचा उपयोग विमान उतरवण्यासाठी केला जातो. अशा वेळी विमानाचा तोल सांभाळण्याची कसरत वैमानिकाला करावी लागते. समजा पुढचं चाक निखळलं असलं, तर मग फक्त पाठच्या चाकांवरच ते उतरवण्याची किमयाही काही वैमानिकांनी केली आहे.

कधी कधी ती चाकं आपल्या कप्प्यातून व्यवस्थित बाहेरच येत नाहीत. तसं झाल्याचा संदेश वैमानिकाला मिळतोच. ते झाल्यास नियंत्रण कक्षाला ते कळवून बेली लँडिंगची सोय केली जाते. पण काही वेळा अनवधानानं वैमानिक ती चाकं कप्प्याबाहेर काढायचंच विसरून जातात. वास्तविक ती व्यवस्थित उघडली आहेत असा संदेश लाल दिवा हिरवा करून वैमानिकाला देण्याची व्यवस्था केलेली असते. तरीही त्याकडे दुर्लक्ष होऊ शकतं. अशा घटना अपवादात्मकच आहेत आणि त्या स्थितीतही प्रवाशांच्या जिवाला असलेला धोका टाळून विमान सुखरूप उतरवलं गेलं आहे.

तेव्हा, जर विमानाचं चाक निखळलं तर हाय खाण्याची गरज नाही. प्रवाशांच्या सुरक्षेला प्राधान्य देत विमान सुखरूप उतरवलं जाईल याची खात्री बाळगा. जमिनीवरच नाही तर पाण्यावरही.

। १६ ।

पावसातून चाललात तर..!

ग्यानबाचं वागणं अनेकांना विक्षिप्त वाटतं, पण त्याच्या त्या चक्रमपणातही एक तर्कसंगती असते. एक वेगळंच लॉजिक असतं. परवाचीच गोष्ट. तो आला तो नखशिखांत चिंब भिजलेला. त्याच्या भुवयांवरूनही पाणी ओघळत होतं.

'अरे एवढा कसा भिजलास? आणि छत्री नाही का घ्यायची?'

'मुद्दामच नाही घेतली. मला तो प्रयोग करून बघायचाच होता.'

'कसला प्रयोग? कोणी सांगितला करायला?'

'तुम्हीच नेहमी सांगता ना, की कोणी काहीही सांगितलं तरी त्याचा पडताळा घेतल्याशिवाय ते खरं मानू नये म्हणून.'

'हो, अजूनही मी तेच म्हणेन. पण त्याचा पावसात भिजण्याशी काय संबंध?'

'तुम्हीच नव्हतं का सांगितलंत, की तिकडे इंग्लंडमध्ये की अमेरिकेत कोणी तरी सांगितलंय की पावसातून धावत जाण्याऐवजी चालत गेल्यानं माणूस कमी भिजतो. धावत जाण्याचा फारसा फायदा होत नाही.'

'हं, हं, ते होय? ते तसं खरंच आहे. पण तू ती माहिती संपूर्णपणे नीट ऐकलेली दिसत नाहीस. कारण त्यांनी तो प्रयोग कोणत्या परिस्थितीत केला होता याचा विचार तू केलेला दिसत नाहीस. अरे कोणताही प्रयोग आपण करून पाहायचा तर ती परिस्थितीही विचारात घ्यावी लागते. आणि ती तशीच्या तशी हुबेहूब उभी करावी लागते. तसं केलं नाही तर मग त्या दोन प्रयोगांच्या निष्कर्षांची तुलना करता येत नाही. इंग्रजीत म्हण आहे ना, 'यू कॅनॉट मिक्स ऑपल्स विथ ऑरेंजेस'. सफरचंदाची तुलना संत्र्याशी करून कसं चालेल. त्याला काही अर्थच राहणार नाही. तीच या प्रयोगांचीही गत असते. म्हणून तर कोणताही प्रयोग करताना कोणती पद्धत वापरली, कोणत्या सामग्रीचा उपयोग केला वगैरे सविस्तर सांगितलं जातं. तर आता तू ज्याबद्दल बोललास त्या प्रयोगाची कथा. एक तर आता जसा धो धो

कोसळतोय तशा पावसात तो प्रयोग केलेला नव्हता. हलक्या सरी येत असताना तो केलेला होता. म्हणजे समज पाऊस पडायला सुरुवात होतेय आणि तुझ्याकडे छत्री नाही, तर मग जवळचा आडोसा गाठण्यासाठी धावत जाण्यानं काही फारसा फायदा होणार नाही, असंच त्या वैज्ञानिकांना म्हणायचं होतं.

माणूस भिजतो कारण त्याच्या अंगावर किंवा डोक्यावर पावसाचे थेंब पडतात. जिथं तुम्ही आहात आणि जिथं पोहोचायचं आहे त्यामधल्या मोकळ्या जागेतून जाताना ते थेंब त्याच्या अंगावर पडतात. पण ती मोकळी जागा कुठं आहे, वारा कोणत्या दिशेनं वाहतो आहे, तो पाठीवर आहे की समोरून येतोय, पावसाच्या धारा सरळ पडताहेत की वाऱ्याच्या सपाट्यानं त्या थोड्या तिरप्या झाल्या आहेत, मोकळ्या जागेतून किती अंतर पार करायचं आहे आणि मुख्य म्हणजे पावसाच्या पडण्याचा वेग किती आहे, या सर्वांवर तुझं भिजणं अवलंबून असतं. सर्वच घटक तुझ्या बाजूचे असतील तर मग त्या मंडळींचं ते म्हणणं तंतोतंत खरं ठरेल. पण इतर बाबतीत जरा वेगळा विचार करायला हवा.

म्हणजे समज, की पाऊस एकाच वेगानं पडतो आहे. त्याच्या वेगात बदल होत नाहीय. तर मग त्यांच्या मधल्या मोकळ्या जागेत असणारे एकूण पावसाचे थेंब जितके असतील, तेवढ्याच थेंबांना टक्कर देत तुला तो पल्ला गाठायचा असतो. तेव्हा मग तू चाललास काय आणि धावलास काय, काहीच फरक पडणार नाही. तेवढ्या थेंबांना तुझं शरीर भिडणारच आहे. पण जेव्हा तू धावतोस, तेव्हा या थेंबांपैकी तुझ्या डोक्यावर पडणाऱ्या थेंबांची संख्या निश्चितच कमी असते. आणि तू वेगानं गेल्यामुळं तुझ्या पुढं असणाऱ्या थेंबांना दामटत तू पुढंपुढं जात राहशील. त्यामुळं ते थेंबही धसमुसळेपणानं तुझ्या हातापायांवर, छातीवर आदळतील. त्यामुळं उलट तुझे कपडे चांगलेच भिजतील. डोकं त्या मानानं जरा कोरडं राहील. पण तू चालत आलास तर तुझ्या डोक्यावर पडणाऱ्या थेंबांची संख्या जास्ती असेल. परंतु आता मधल्या थेंबांना तुझं अंग हलकेच भिडेल. तुझं शरीर त्यांना दामटणार नाही, कुरवाळेल. त्यामुळं मग ते थेंबही तुझ्याशी दांडगाई करणार नाहीत. त्यापायी तुझ्या हातापायांना, छातीला, पाठीला ते थेंब हलकाच स्पर्श करतील. परिणामी तू फारसा भिजणार नाहीस. त्या वैज्ञानिकांचं म्हणणं या अर्थी खरं आहे. अर्थात त्यासाठी पाऊस हलका असायला हवा. एकाच धीम्या गतीनं पडायला हवा. त्याला वाऱ्याची फारशी साथ नसावी. म्हणजे मग तो सरळ वरून पडत राहील. तिरपा येणार नाही. पण समजा पावसाचा जोर जास्ती असेल आणि त्याला वाऱ्याचीही साथसंगत लाभलेली असेल तर मग तो बेभान होऊन तिरपा तिरपा येईल. जर तो तुझ्या पाठीवर असेल, तर मग तू धावलास तर कमी भिजशील. कारण ज्या वेगानं वारा वाहतो आहे त्याच वेगानं तू धावलास, तर मग त्या थेंबांना तुझ्या अंगाशी भिडायला तेवढाच कमी वेळ मिळेल. त्यांच्या सतत पुढंच राहून तू त्यांच्या तावडीतून सुटू शकशील. मात्र जर तो समोरून येत असेल तर तुझी खैर नाही. कारण

एक तर तो एकदम तुझ्या अंगावरच कोसळेल. शिवाय तो तुला पाठी पाठी ढकलत राहील. त्यापायी तू मोकळ्या जागेत जास्ती वेळ अडकून पडल्यासारखा होशील. तेवढ्याच जास्ती थेंबांना तुझ्या अंगाशी दंगामस्ती करण्याची संधी मिळेल. तुझं अंग आणि तुझं डोकं दोन्हीही चांगलीच चिंब भिजतील. तू धावण्याऐवजी चाललास म्हणून काही लक्षणीय फरक पडणार नाही. आता पडतोय त्या पावसातून तू चालत आलास तरी एवढा भिजलास, कारण तुझ्या घरापासून इथपर्यंतचं अंतर तसं जास्तीच आहे. तरीही तू धावला असतास तर तुझं डोकं थोडंसंच कोरडं राहिलं असतं. तुला किंवा मला जाणवेल इतका फरक पडला नसता. ते काही असो. पटकन घरात जाऊन टॉवेल घेऊन आधी डोकं खसाखसा पुसून काढ. कपडेही बदल.

बाकी काही म्हण ग्यानबा तुझी प्रयोग करण्याची जिद्द आवडली बुवा आपल्याला. फक्त प्रयोग करण्यापूर्वी त्याच्यासंबंधीची सर्व माहिती मिळवून तिचं व्यवस्थित मनन करायला हवं, हेही तुला या निमित्तानं समजलं असेलच. या प्रयोगातूनही तुला बरंच काही शिकायला मिळालं असेल, होय ना!'

निखाऱ्यांवरून चालायचं असलं तर...!

ग्यानबा धावत धावतच आला, सोसाट्याच्या वाऱ्यासारखा घरात शिरला. तो भलताच उत्तेजित झाला होता. धाप लागल्यामुळं त्याच्या तोंडून शब्दच फुटत नव्हता. मी त्याला सावरायला वेळ दिला. 'काय झालंय एवढं... ' असं मी विचारण्याआधीच तो म्हणाला,

'चमत्कार, चमत्कार, मी चमत्कार पाहिला.'

'काय झालंय ते नीट समजेल असं सांगशील का?'

'तेच सांगायला आलोय. मी गावी गेलो होतो. तिथे जत्रा होती. तर तिथं अनेक गावकरी निखाऱ्यांवरून चालत गेले. त्यांचे पाय अजिबात भाजले नाहीत. काहीही जखम झाली नाही. मलाही जायचं होतं, पण माझ्या काकांनी अडवलं. म्हणाले अरे त्या लोकांच्या अंगी काही तरी दैवी शक्ती आहे. म्हणून ते निखाऱ्यांवरून चालू शकले. तुझ्याकडे आहे अशी शक्ती?'

'तू ते साहस केलं नाहीस हे ठीक आहे. पण त्यात दैवी शक्तीचा काही संबंध नाही. साधं विज्ञान आहे. निखाऱ्यावरून चालावं लागलं तर ते समजून घे. मग तूही तसं करू शकशील. केवळ आपल्या देशातच नाही तर इतर देशांमध्येही लोक निखाऱ्यांवरून चालत जातात. ग्रीसमधल्या काही गावांमध्ये तर दर मे महिन्यात हा सोहळा पार पडतो. त्यासाठी दहा ते बारा फूट लांबीचा चर खणतात. दीड फूट रुंद असतो तो. त्यात तिथं सहज मिळणारा लाकूडफाटा आणि कोळसे घालतात. ते पेटवून दिले जातात. त्यातून उफाळणाऱ्या ज्वाळा खाली बसल्या की आग धुमसत राहते. काळा कोळसा लालेलाल होतो. तो ढिगारा सपाट केला जातो. त्यानंतर त्यावरून लोक एका टोकापासून दुसऱ्या टोकापर्यंत चालत जातात.

या पाठच्या विज्ञानाचा अभ्यास पिट्सबर्ग विद्यापीठातल्या भौतिक शास्त्राचे प्राध्यापक डेव्हिड विली यांनी केला आहे. ते स्वतः कितीतरी वेळा असे निखाऱ्यांवरून चालत गेले आहेत. त्या निखाऱ्यांचं तापमान साडेपाचशे अंश असतं. म्हणजे पाणी ज्या तापमानाला

उकळतं त्याच्या पाचसहा पट जास्ती. उकळत्या पाण्यात बोट बुडवलंस तरी चटका बसतो. मग एवढ्या जास्ती तापमानाच्या त्या निखाऱ्यांवरून चालताना तळव्यांना चटके का बसत नाहीत? जखमा का होत नाहीत?

त्याचं कारण तापमानात न बघता, तसं चालताना तळव्यांना किती उष्णता मिळते याचा विचार करायला हवा. जर इजा व्हायची असेल तर वरच्या कातडीतून पुढं जात आतल्या स्नायूंपर्यंत ती उष्णता पोहोचायला हवी. कोणत्याही एका पदार्थापासून दुसऱ्या पदार्थाला उष्णता पोहोचवण्याचे तीन मार्ग आहेत. वहन, अभिसरण आणि विकिरण. जेव्हा एखादा उष्ण पदार्थ थंड पदार्थाला चिकटून असतो, तेव्हा वहनाच्या मार्गानंच उष्णता एकाकडून दुसऱ्याकडे पोहोचवली जाते.

यासाठी पदार्थांच्या उष्णतावाहकतेचा विचार करावा लागतो. सगळेच पदार्थ उष्णता सारख्याच मात्रेत वाहून नेत नाहीत. त्या निखाऱ्यांमध्ये असलेल्या लाकडाची उष्णतावाहकता कमीच असते. नाही पटत? मग सांग चुलीवरची आमटी ढवळण्यासाठी स्टीलचा चमचा वापरला तर हाताला चांगलाच चटका बसतो. पण त्या चमच्याला जर लाकडाचा दांडा असला तर आमटी कितीही गरम असली तरी हाताला ती उष्णता जाणवतच नाही. उकळत्या आमटीतली उष्णता स्टीलचा चमचा सहज वाहून नेतो. पण लाकडाच्या दांड्याजवळ आल्यावर त्या उष्णतेचा पुढचा प्रवास खडतर होतो. कारण लाकडाची उष्णतावाहकता स्टीलपेक्षा कितीतरी कमी असते. स्टीलपेक्षाही तांब्याची उष्णतावाहकता जास्त असते. म्हणून तर स्टीलच्या भांड्याला तांब्याचा तळ जोडतात. त्यापायी इंधनाची बचत करता येते. आपल्याला सहज समजेल असं एक उदाहरणही विली यांनी दिलं आहे. केक करण्यासाठी आपण भट्टी म्हणजेच ओव्हन वापरतो. त्याचं तापमान दीडदोनशे अंशांएवढं असतं. म्हणजे उकळत्या पाण्यापेक्षा जास्ती. आपण त्या भट्टीत हात घातला आणि आतल्या हवेत नुसता धरला तो भाजत नाही. कारण एक तर हातापेक्षा हवा हलकी असते आणि तिची उष्णतावाहकता अगदीच कमी असते. पण तेच त्या ओव्हनच्या धातूच्या पट्टीला कुठंही स्पर्श झाला तर मात्र हात भाजतो. कारण त्या धातूची उष्णतावाहकता कितीतरी जास्त

असते. आपल्या मांसाची उष्णतावाहकताही कमीच आहे. म्हणून तर मासळीचा तुकडा तळताना तो वरचेवर परतावा लागतो. कारण तेलापेक्षा मासळीच्या मांसाची उष्णतावाहकता कमी आहे. त्या तुकड्याच्या एका टोकाला तेलापासून जितकी उष्णता चटकन मिळते ती दुसऱ्या तुकड्यापर्यंत तितक्या वेगानं पोहोचू शकत नाही. परतत राहिला नाही तर तुकड्याचा एक भाग जळेल आणि दुसरा कच्चाच राहील.

तेव्हा त्या निखाऱ्यांच्या तापमानापेक्षा त्यांची कमी असलेली उष्णतावाहकता पायांना कमी प्रमाणात उष्णता देते. तेही परत चालताना तळव्यांचा किती भाग निखाऱ्यांच्या सान्निध्यात असतो, त्यानुसार त्यांना किती उष्णता मिळणार आहे हे ठरतं. पटाईत मंडळी चालताना तळवा संपूर्णपणे निखाऱ्यावर टेकवत नाहीत. त्याचा थोडासाच भाग निखाऱ्यांच्या संपर्कात येतो. त्यातही ते निरनिराळा भाग निरनिराळ्या वेळी निखाऱ्यांना भिडेल याचीही काळजी घेतात. त्यामुळं तळव्याच्या कोणत्याही एका भागाला इजा होईल इतकी उष्णता मिळत नाही. शिवाय असा भागही किती काळ तापलेल्या निखाऱ्यांना भिडतो हेही महत्त्वाचं आहे. ही मंडळी आरामात फेरफटका मारल्यासारखी रमतगमत चालत नाहीत. महत्त्वाचं काम करण्यासाठी लगबगीनं चालावं तशी चालतात. त्यामुळं त्यांचे तळवे अतिशय कमी वेळ निखाऱ्यांना टेकतात. तेवढ्या वेळेत फार कमी उष्णता पायांना मिळते.

कोणत्या प्रकारचा लाकूडफाटा किंवा कोळसा वापरला आहे यालाही महत्त्व आहे. विली म्हणतात, की निरनिराळी लाकडं निरनिराळ्या तापमानाला जळतात. अशा सोहळ्यासाठी मग कमी तापमानाला जळणारी लाकडं वापरणं योग्य ठरतं. शिवाय त्यांचे निखारे होतात तेव्हाही त्यांचं तापमान उतरतं. ते थोडेफार थंड झालेले असतात. ते सपाट केले म्हणजे तळवे एकाच पातळीत त्यांच्या संपर्कात येतात. पेटत्या लाकडांवरून इजा न होऊ देता चालता येणार नाही. पण तेच त्यांचे निखारे होऊन त्यांच्यावर राखेचा थर जमला, की तापमानही सहन होईल इतकं उतरतं. काही मंडळी निखाऱ्यांवरून चालण्यापूर्वी पाय धुतात. त्यामुळं एक तर तळव्यांचं तापमान उतरतं. शिवाय त्यांच्यावर पाण्याचा थर राहिल्यामुळं त्या पाण्याची वाफ होईपर्यंत तळव्यांना फारशी उष्णता मिळत नाही. तोवर माणूस पलीकडे पोहोचलेला असतो.

उष्णतावाहकतेच्या या नियमांचा नीट अभ्यास करून त्यानुसार तो धगधगता चर तयार केला आणि चालतानाही योग्य ती दक्षता घेतली, तर मग निखाऱ्यांवरून चालावं लागलं तरी ते शक्य होईल. त्यासाठी अंगी कोणतीही दैवी शक्ती असण्याची गरजच भासणार नाही. समजलं ग्यानबा!'.

| १८ |

ऋतूच नसते तर..!

साडेचार अब्ज वर्षांपूर्वी साधारण मंगळाच्या आकाराचा एक लघुग्रह पृथ्वीवर वेगानं येऊन आदळला. त्यानं धरतीचा एक टवका उडवला. धरतीच्या गुरुत्वाकर्षणानं त्याला धरून ठेवलं. तोच आता अंतराळात आपला चंद्र होऊन प्रदक्षिणा घालत राहिला आहे. पण चंद्राला जन्म देण्याबरोबर या टकरीनं आणखीही एक कायमचा बदल घडवून आणला. तिनं उभ्या पृथ्वीला कलती केली. कायमची. तेव्हापासून आपल्या सूर्याभोवतीच्या प्रदक्षिणेच्या पातळीशी साडेतेवीस अंशाचा कोन करून पृथ्वी आपलं परिभ्रमण करत आहे.

या कलण्यामुळं झालं काय, तर सूर्यकिरण वसुंधरेच्या निरनिराळ्या प्रदेशांवर निरनिराळ्या वेळी, निरनिराळ्या कोनातून पडू लागले. कोणत्याही एका प्रदेशाला मिळणाऱ्या उष्णतेची मात्रा वर्षभर एकसारखीच न राहता तिच्यात नियमित चढ-उतार होत राहिले. याचीच परिणती ऋतूंच्या निर्मितीत झाली. जर पृथ्वी ताठ उभीच राहिली असती, तर तिच्या पृष्ठभागावर निरनिराळ्या प्रदेशांमध्ये वर्षभर एकसारखंच तापमान राहिलं असतं. ऋतुमानात कोणताही बदल झाला नसता. विषुववृत्त आणि आसपासचा प्रदेश उष्णकटिबंधात समाविष्ट झाला असता. पण जसजसं विषुववृत्तापासून, दक्षिणेला काय किंवा उत्तरेला काय, दूर जावं तसतशी त्या कटिबंधाला मिळणारी सूर्याची उष्णता कमी कमी होत गेली असती. ते प्रदेश अधिकाधिक थंड राहिले असते. दोन्ही ध्रुवांवर तर थंडीनं कमाल पातळी गाठली असती. साहजिकच जगण्याला पूरक परिस्थिती विषुववृत्त आणि ध्रुवप्रदेशांपासून सारख्याच अंतरावर असलेल्या अधल्यामधल्या कटिबंधातच स्थापित झाली असती. सजीवांची आणि मानवप्राण्याचीही वस्ती त्याच मर्यादित प्रदेशात झाली असती.

पण तसं झालेलं नाही. त्यासाठी त्या टक्कर देणाऱ्या लघुग्रहाचे आणि त्यानं निर्माण केलेल्या ऋतुचक्राचे आभार मानायला हवेत. जर ऋतूंची निर्मितीच झाली नसती, तर जीवन आता दिसतं तसं कधीच फोफावलं नसतं. कॅनडातल्या मॅकगिल विद्यापीठातल्या प्राध्यापक

डॉन ऑटवुड यांनी या विषयाचा सखोल अभ्यास केला आहे. ते म्हणतात, 'ऋतुचक्रच नसतं तर माणसाचं जगणं केविलवाणं झालं असतं.'

आजही विषुववृत्ताच्या जवळपासच्या प्रदेशात गेलात, तर तिथं ऋतुचक्र अनुभवाला येत नाही. सिंगापूरला वर्षभर बारा तासांचा दिवस आणि बारा तासांची रात्र. वर्षभर एकच तापमान. हवा सदोदित दमट. पावसाची साथ तर सततची. तिच्यापासून सुटका नाही. तिथं काय किंवा आफ्रिकेतल्या काँगोमध्ये काय; तिथल्या पर्जन्यवनात असंच पर्यावरण आहे. अशा सततच्या पाऊसधारांमुळं जमिनीची सतत धूप होत राहते. वरचा सुपीक भाग हळूहळू निघून जातो. तिथल्या पोषक पदार्थांचा निचरा होत जातो. कोणतंही पीक घेणं कठीणच होऊन बसतं. जगभरात सगळीकडेच अशीच परिस्थिती राहिली, तर मग मनुष्यवस्तीसाठी योग्य जागा मिळवणंही दुरापास्त होऊन गेलं असतं. विरळ वस्ती विखुरलेली राहिली असती. जीवनकलह अधिकच गंभीर झाला असता. सध्या जो आपण संस्कृतीविकास पाहतो आहोत, तोच झाला नसता. आधुनिकच काय पण प्राथमिक अवस्थेतलं तंत्रज्ञानही विकसित झालं नसतं.

वर्षभर उष्ण दमट हवामानापोटी संसर्गजन्य रोगजंतूंचं फावलं असतं. रोगराईनं धुमाकूळ घातला असता. आजही अशा हवामानाच्या प्रदेशात हीच स्थिती आढळते. पण तिचा सामना करण्यासाठी माणसानं औषधपाण्याची आणि लसीकरणाची सोय करून ठेवली. त्यासाठीचं तंत्रज्ञानच विकसित झालं नसतं, तर त्या रोगराईचा मुकाबला कसा केला असता?

ऋतुचक्रामुळं आज आपण हिवाळ्याचा अनुभव घेतो. त्याचे तीन फायदे ऑटवुड यांनी सांगितले आहेत. पहिला, गव्हाच्या लागवडीचा. गव्हाचं पीक घेण्यासाठी हिवाळ्यातल्या हवामानाची गरज असते. आपल्या देशातही पंजाब, हरियाना एवढंच काय पण मध्य प्रदेशासारख्या तुलनेनं थंड हवामानाच्या प्रदेशात गव्हाचं पीक मोठ्या प्रमाणात घेतलं जातं. गहू हा धरतीवरच्या बहुसंख्य लोकांचं पोषण करण्याचं काम करतो. हिवाळ्यानं त्याला मदतच केली आहे.

रोगजंतूंना अटकाव करण्यात आणि कृमीकीटकांना पिटाळून लावण्यातही हिवाळ्याची मदत होते. अर्थातच त्या प्रदेशातले नागरिक अधिक निरोगी राहतात. पर्याप्त पोषण आणि रोगजंतूंना प्रतिबंध यामुळं त्यांचं जीवन अधिक आनंददायी होतं. जीवनकलह अधिक सुसह्य झाल्यामुळं त्यांच्या प्रतिभेला धुमारे फुटतात, त्यांच्या सर्जनशीलतेला बहर येतो.

त्यातूनच मग तंत्रज्ञानाच्या निर्मितीला चालना मिळते. हिवाळा तसा आल्हाददायक असला, तरी काही वेळा त्या काळातलं तापमानही असह्य होतं. त्यावर तोडगा काढण्यासाठी मग उष्णता निर्माण करण्याची तजवीज करावी लागते. आदिमानवाच्या काळात शेकोटी पेटवून ती केली जात होती. पण जसजशी लोकसंख्या वाढू लागली, तसतसा हा लाकूडफाट्याचा पुरवठा अपुरा पडू लागला. त्यातूनच मग प्रथम कोळशाचा

आणि नंतर खनिज तेलाचा शोध लागला. उष्णता तसंच ऊर्जानिर्मितीसाठी त्यांचा सढळ वापर होऊ लागला. वाफेवर चालणाऱ्या इंजिनाच्या शोधालाही ही परिस्थिती मदतगारच ठरली. त्यानंतर मात्र यंत्रसंस्कृती फोफावली. तंत्रज्ञान निर्मितीची घोडदौड सुरू झाली. ती आजतागायत कायम आहे. आजचं आपलं जीवन जर अधिक सुखमय झालं असेल, तर त्याला या ऋतुचक्राची साथ आहे हे कसं विसरता येईल? जर ऋतूच नाहीसे झाले तर मग माणसाची वाटचाल उलट्या दिशेनं होत राहील. परत वेचीवेधी संस्कृतीत, म्हणजेच हंटर गॅदरर अवस्थेत, माणूस जाऊन धडकेल, असाच इशारा ॲटवुड यांनी दिला आहे.

पण ऋतू नाहीसे होण्याचं संकट केव्हा उद्भवेल? जर सध्याच्या कललेल्या स्थितीतून पृथ्वी परत उभी राहिली तरच. पृथ्वी सतत स्वतःभोवती गिरकी मारत असल्यामुळं ते होण्याची शक्यता आहे, असं काहीजणांना वाटतं. पण तसं होणार नाही याची दक्षता चंद्रमहाशय घेत आहेत. चंद्राचं गुरुत्वाकर्षण धरतीला आहे त्या कललेल्या स्थितीतच कायम ठेवण्याची कामगिरी पार पाडत आहे.

तरीही ऋतुचक्राला काही प्रमाणात खीळ घालण्यास आणखी एक कारण असू शकतं. सध्या ज्या हवामानबदलाचा अनुभव आपण घेत आहोत त्यामुळं ऋतुचक्राचं स्वरूपच बदलून जाण्याची शक्यता काही वैज्ञानिकांनी वर्तवलेली आहे. यंदा आपल्या देशानं गेल्या कित्येक वर्षांतल्या सगळ्यात थंड उन्हाळा अनुभवला, असं हवामान खात्यानं जाहीर केलं आहे. त्याचा पाऊसपाण्यावर काय परिणाम होईल, हे कळून येईलच. पण त्याच वेळी दुसऱ्या टोकाला कॅनडा आणि अमेरिका इथल्या थंड प्रदेशात उष्णतेची भीषण लाट पसरत असल्याचं दिसतं आहे. साधारणपणे राजस्थानातल्या वाळुकामय प्रदेशात किंवा मध्यपूर्वेतल्या वाळवंटी भागात अनुभवायला येणाऱ्या पन्नास अंशांच्या तापमानानं कॅनडामध्ये एवढो बळी घेतले आहेत. बळी नव्हे ते कॅलिफोर्नियागध्ये वणव्यांनी यंदा कहर केला होता. उलट नेमेचि जिथं वणवे लागतात त्या ऑस्ट्रेलियात पावसानं कहर माजवला आहे. हवामानाच्या या उलथापालथीपायी ऋतुचक्रही कोलमडून पडलं तर? तसं होऊ नये यासाठी आतापासूनच उपाययोजना करायला हव्यात, असाच सल्ला तज्ज्ञ देत आहेत.

गुरुत्वाकर्षण नसतं तर..!

ग्यानबा तसा नेहमी आनंदी असणारा. त्याला चित्रविचित्र प्रश्न नेहमी पडत असत हे खरं. पण तो त्याच्या तगड्या कुतूहलाचा भाग होता. पण आता तो दुमुखलेल्या चेहऱ्यानं आल्याचं पाहून मला आश्चर्यच वाटलं.

'का रे, काय झालंय? तुझा चेहरा असा उतरलेला का?' मी विचारलंच.

'आई मला खूप रागावली आज. ती तशी चुकीचं नाही वागली. दुधानं भरलेली बाटली माझ्या हातातून निसटली आणि खाली जमिनीवर पडून फुटली. दूधही सगळं वाया गेलं. या वस्तू अशा नेहमी खालीच का पडतात...'

'... हे मी सांगितलंय तुला, अरे...'

'...माहिती आहे. गुरुत्वाकर्षण. हे गुरुत्वाकर्षणच नसतं तर किती छान झालं असतं. कोणतीही वस्तू अशी खाली पडली नसती. तिची नासधूस झाली नसती. मलाही कसं पक्ष्यांसारखं हवेत मस्त उडता आलं असतं.'

'गुरुत्वाकर्षण नसल्याचे हे तुला दिसतात ते फायदे तसे मामुलीच आहेत. उलट ते नसतं तर आपला फार तोटा झाला असता. ते नसल्याच्या तोट्यांचं पारडं फायद्यांपेक्षा चांगलंच जड आहे. गुरुत्वाकर्षण नसतं तर आपण कोणीही इथं आज दिसलो नसतो. आणि आपणच कशाला, संपूर्ण सजीव सृष्टीच अवतरली नसती. कारण पुरातन काळात निळ्या हिरव्या रंगाच्या सूक्ष्मजीवांनी बाहेर टाकलेला ऑक्सिजन तसाच अंतराळात उडून गेला असता. पृथ्वीच्या गुरुत्वाकर्षणानं त्याला धरून ठेवलं आणि हवेत तो साचून राहायला लागला. आपण त्याला प्राणवायूच म्हणतो, कारण तो आपल्या म्हणजे समस्त मानवजातीच्या तसंच प्राणिमात्रांच्या जगण्याला आवश्यक आहे. हवेत ऑक्सिजनशिवाय कार्बन डायऑक्साइड आणि नायट्रोजन हे वायूही आहेत. त्यांनाही गुरुत्वाकर्षणानं जखडून ठेवलं आहे. याच कार्बन डायऑक्साइडची पाण्याशी प्रक्रिया करून वृक्षवल्ली त्यांचं अन्न म्हणजेच कर्बोदकं

तयार करतात. तसंच हवेतून नायट्रोजन मिळवून अनेक प्रथिनांची निर्मिती करतात. याच वनस्पतींपासून आपल्याला ही सारी पोषणद्रव्यं मिळतात. गुरुत्वाकर्षण आहे म्हणून संपूर्ण सजीवांना जगण्यासाठी योग्य ते पर्यावरण मिळालेलं आहे.

जगण्यासाठी ऑक्सिजनप्रमाणेच किंवा त्याहूनही अधिक कळीची भूमिका बजावतं ते पाणी. सूर्याच्या उष्णतेपायी सागरांमधल्या तसंच नदीनाल्यांमधल्या पाण्याची वाफ होते. गुरुत्वाकर्षण नसतं तर तीही दूर अवकाशात उडून गेली असती. आणि धरतीवर पाणीच राहिलं नसतं. याची प्रचिती आपल्याला चंद्रावर मिळते. चंद्राचं गुरुत्वाकर्षण पृथ्वीच्या एक षष्ठांश एवढंच आहे. वातावरणाला तिथं धरून ठेवायला ते पुरेसं नाही. त्यामुळंच चंद्रावर हवा नाही, पाणी नाही. पृथ्वीचं गुरुत्वाकर्षण असंच नाहीसं सोडाच, पण कमी झालं तरी आपलीही तीच अवस्था होऊ शकते.

आपल्या आहाराचाही थोडासा प्रश्न आहे. वास्तविक गुरुत्वाकर्षणापायी आपल्या पचनसंस्थेवर फारसा परिणाम होत नाही. कारण आपल्या अन्ननलिकेशी तसंच जठर आणि आतडी यांच्याशी जोडलेल्या स्नायूंच्या कामात कोणताही अडथळा येत नाही. त्यामुळं गुरुत्वाकर्षण नसलं म्हणून अन्नाचं पचन होण्यात काही अडचण येत नाही. तरीही हे अन्न किंवा पाणी आपण घेणार कसं, हा सवाल खडा होऊ शकतो. शून्यवत गुरुत्वाकर्षण असलेल्या अंतराळ्यानात अंतराळवीर कसे वावरतात हे तू व्हिडिओवर पाहिलं असेल. ते एका जागी स्थिर राहू शकत नाहीत. सतत तरंगत राहतात. मग एका जागी बसून ते जेवणार कसे? समोर ताट ठेवलं तरी तेही तरंगत इकडेतिकडे जात राहणार. म्हणून मग डब्यातून चमच्यानंच त्यांना ते अन्न खावं लागतं. पाण्याचा प्रश्न तर जास्तीच गंभीर होतो. कारण पाण्यानं भरलेला पेला घट्ट धरून ठेवताना जरासा हिंदकळला आणि पाणी सांडलं तर ते खाली जमिनीवर थारोळं करणार नाही. म्हणजे थारोळं होईल, पण तेही तरंगत राहील. इकडे तिकडे भटकत राहील. ते पिता येणार नाही. शिवाय असं थारोळं समजा विजेच्या बोर्डात शिरलं तर कदाचित शॉर्ट सर्किटही होऊ शकतं. अंतराळ्यानात तर अनेक गुंतागुंतीची आणि नाजूक इलेक्ट्रॉनिक यंत्रणा असतात. त्यांच्यात पाणी शिरलं तर अनर्थ होऊ शकतो.

अन्नपचनावर नसला तरी रक्ताभिसरणावर गुरुत्वाकर्षणाचा प्रभाव जाणवतो. रोहिणी हृदयापासून शुद्ध रक्त शरीरभर वाहून नेतात. शरीराच्या खालच्या भागात ते नेत असताना त्यांना तसा फारसा प्रयास करावा लागत नाही. कारण गुरुत्वाकर्षण त्यांच्या मदतीला येतं. पण तिथलं अशुद्ध रक्त परत हृदयापर्यंत आणणाऱ्या नीलांना मात्र गुरुत्वाकर्षणाच्या विरोधात काम करावं लागतं. त्यासाठी हृदयाला अधिक जोर लावावा लागतो. तसंच हृदयापासून मेंदूला होणाऱ्या रक्त पुरवठ्यालाही गुरुत्वाकर्षणाच्या विरोधात काम करावं लागतं. गुरुत्वाकर्षण नाहीसं झालं, तर मग हृदयाच्या ठोक्यात जी नियमितता आहे तिच्यावर परिणाम होऊन त्यांचं काम अनियंत्रित होऊ लागेल. त्याचा रक्तदाबावर अनिष्ट परिणाम

होईल. कित्येक वेळा आपण बसलेल्या स्थितीतून झटकन उभे राहतो. तेव्हा चक्कर आल्यासारखं होतं. कारण गुरुत्वाकर्षणापायी रक्त शरीराच्या खालच्या भागात जमा होऊ लागतं. मेंदूला होणाऱ्या पुरवठ्यात घट होते. रक्तदाबात अनियमितता येते. यालाच डॉक्टर 'पोस्च्युरल हायपरटेन्शन' म्हणतात. साहजिकच शरीराचा तोल सांभाळण्याचं काम मेंदू व्यवस्थित करू शकत नाही. त्यासाठीच एका झटक्यात उभं राहण्याऐवजी हळूहळू उठावं असा सल्ला डॉक्टर, खास करून वयस्क मंडळींना देतात.

ही झाली इथली धरतीवरची गोष्ट. पण गुरुत्वाकर्षण आहे म्हणून पृथ्वी ठरावीक कक्षेत सूर्यभोवती प्रदक्षिणा घालत राहते. तसंच पृथ्वीचं गुरुत्वाकर्षण चंद्रालाही पृथ्वीशी बांधून ठेवतं. त्याच्या गुरुत्वाकर्षणापायी समुद्रात भरती ओहोटीचा खेळ चालू राहतो. गुरुत्वाकर्षण नसेल तर चंद्रही आपल्या ताब्यात राहणार नाही. पृथ्वीची वाटचालही बेबंद होईल. एवढंच नाही तर काही वैज्ञानिकांच्या मते ती अवस्था पृथ्वीला झेपणार नाही आणि तिचा स्फोट होऊन तिचे तुकडे तुकडे अंतराळात विखुरले जातील. आपल्या मंगळयानाच्या प्रवासालाही गुरुत्वाकर्षणाची मदत झाली आहे. जेव्हा ते मंगळाच्या दिशेनं प्रवास करत होतं, तेव्हा मंगळाचं गुरुत्वाकर्षण त्याला आपल्याकडे खेचत होतं. त्यामुळं त्याला स्वतःची ऊर्जा फारशी वापरावी लागली नाही. इंधनाची बचत झाली. पण जसजसं ते मंगळाच्या जवळ आलं तसतशी त्याची ओढ जास्ती झाली. यानाचा वेग वाढू लागला. त्यावेळी मग धरतीवरून संदेश पाठवून आपण त्याला मंगळाच्या विरुद्ध दिशेनं जाण्याचा प्रयत्न करायला भाग पाडलं. त्यामुळं मंगळाच्या गुरुत्वाकर्षणाला थोडासा विरोध करत त्याचा वेग कमी झाला आणि संथ गतीनंच ते मंगळावर पोहोचलं. मंगळावर कोसळून पडलं नाही. तेव्हा, ग्यानबा तुझ्या वेंधळेपणाचं खापर विनाकारण गुरुत्वाकर्षणावर फोडू नकोस.'

शून्याचा शोध लागला नसता तर... !

चिंतूला येताना पाहताच आता कोणती नवी चिंता याला सतावतेय, हा प्रश्न मला सतावायला लागला. पण यावेळी तो एक तक्रार घेऊन आला होता. सतत चिंताग्रस्त राहून इतरांनाही त्यात ओढण्याच्या त्याच्या या प्रयत्नामुळं सगळे त्याच्यावर टीका करत, त्याची टर उडवत किंवा त्याला टाळत.

'का रे, काय झालंय? असा चेहरा पाडून का बसलायस?' मी विचारलं.

'काय सांगू, सगळे जण मला म्हणतात की मी एक बिग झीरो आहे. शून्य आहे. मला काहीही किंमत नाही.'

'अरे मग तू त्यांना उलट सांगायला हवंस, की तेच चुकताहेत. शून्य तर सगळ्यात किंमतवान राशी आहे. शून्याची संकल्पना नसती तर आपण चंद्रावर पोहोचलो नसतो. शून्य नसतं तर आजचे सगळे संगणकीय व्यवहार ठप्प झाले असते. कारण संगणकीय भाषेत एक आणि शून्य हे दोनच आकडे, अक्षरं म्हण हवं तर, आहेत. शून्य नसतं तर अलजिब्रा, कॅलक्युलस वगैरे उच्च स्तराचं गणित विकसितच झालं नसतं; पण साधं अंकगणितही अडखळलं असतं. कारण शून्याशिवाय आपण वजाबाकी पूर्णच करू शकत नाही. आठ उणे आठ यासारख्या साध्या गणिताचं उत्तर जोवर शून्याचा शोध लागला नव्हता तोवर देता येत नव्हतं. आणि गणित नाही म्हणजे मग इंजिनिअरिंग नाही, उत्पादन नाही, ऑटोमेशन नाही. साऱ्या व्यवहारालाच खीळ बसली असती.

आपण साध्या साध्या बाबींपासून सुरुवात करूया. तू कोणताही अंक घे. त्याच्या पुढं एक शून्य लाव. बघ त्याची किंमत दहा पटींनं वाढली की नाही. जसजशी आणखी शून्य लावशील तसतशी ती किंमत पटीपटीनं वाढत जाईल. शून्याला काही किंमत नसती तर मग या अंकांची किंमत शून्याची साथ मिळाल्यागुळं कशी वाढली असती!

ट्यूबिनगन विद्यापीठातल्या आन्द्रेयास नेडर यांनी तर शून्याचा शोध हा माणसाला

लागलेल्या भाषेच्या शोधाइतकाच महत्त्वपूर्ण असल्याचं म्हटलं आहे. शोध म्हणजेच शून्य ही काही आपल्याला आपोआप मिळालेली देणगी नाही. त्याचा शोध लावावा लागला होता. आणि तो शोध लावला ब्रह्मगुप्त या भारतीय गणितज्ञानं. राजस्थानातील भिल्लमल या शहरात इसवी सन ५९८मध्ये ब्रह्मगुप्ताचा जन्म झाला. शून्याविषयी विस्तारपूर्वक आणि तर्कसंगत विवरण करणारा ब्रह्मस्फुटसिद्धांत हा ग्रंथ त्यांनं लिहिला. त्यात शून्याला इतर अंकांइतकंच, किंबहुना त्यांच्यापेक्षाही

अधिक, महत्त्व असल्याचं प्रतिपादन त्यांनं केलं. भारतानं जगाला दिलेली ही अमूल्य देणगी आहे, असंच म्हटलं गेलं आहे. त्यापूर्वी मायन आणि बॅबिलोनियन संस्कृतींमध्ये शून्याच्या संकल्पनेविषयी काही मंथन झालं होतं. पण तिला मूर्त स्वरूप देण्याचं काम मात्र ब्रह्मगुप्त यांनीच केलं आहे.

एक, दोन, तीन हे अंक आपल्याला ओळखता येतात. त्यांचा अर्थ आपल्याला समजतो. दिव्याची एकदा उघडझाप झालेली आपण मोजू शकतो. दारावरची घंटा पाहुण्यानं दोनदा वाजवलेली आपण ऐकतो आणि त्याचा अर्थही समजतो. पण शून्य, काहीच नसणं म्हणजे शून्य, कशाचंही अस्तित्व नसणं म्हणजे शून्य हे समजायला वेळ लागतो. एक, दोन वगैरे अंक आपण दाखवू शकतो, ऐकवू शकतो पण शून्याची बाब तशी नाही. शून्य आपल्या मनात राहतं, आपल्या ज्ञानेंद्रियांना त्याचं अस्तित्व जाणवत नाही. म्हणूनच त्याचा शोध लागायला बराच काळ जावा लागला. पण एकदा तो लागल्यावर मात्र शून्यानं मागं वळून पाहिलं नाही. महत्त्वाच्या चढणीत सर्वांत वरच्या क्रमांकावर त्यानं उडी घेतली.

शून्य म्हणजे भलेही पोकळी असेल, रिकामपण असेल, काहीच नसणं असेल पण त्याच्यापासूनच आपण इतर सगळ्या अंकांची निर्मिती करू शकतो, असं प्रख्यात गणिती जॉन फॉन न्यूमन यानं सांगितलं आहे. आणि आपलं म्हणणं सिद्ध करण्यासाठी त्यानं एक अतिशय साधा पण कल्पक चिंतन प्रयोग केला.

तो म्हणाला, 'माझ्याकडे एक पेटी आहे. ती रिकामी आहे. तिच्यात काहीही नाही. म्हणजेच ती शून्य आहे. आता त्या पेटीत मी एक तशीच रिकामी पेटी ठेवली. आता

त्या पहिल्या पेटीत काय आहे? एक पेटी. मी आणखी एक पेटी घेतली आणि तिच्यात ठेवली. आता त्या पहिल्या पेटीत काय आहे? दोन पेट्या आणि दुसऱ्या पेटीत एक पेटी. सगळ्या पेट्या रिकाम्या असल्या तरी आता शेवटची वगळता सगळ्या पेट्यांमध्ये निश्चित अंकांनी सांगता येण्यासारख्या पेट्या आहेत. शून्यापासून सुरुवात करून आपण एकेक अंक घडवत जात आहोत.' शून्याचं महत्त्व दोन प्रकारचं आहे. पहिला प्रकार स्थानमहात्म्याचा. उदाहरणच द्यायचं झालं तर ७०५ ही संख्या घे. या संख्येतील दशम स्थानावर कोणताही अंक नाही, ती जागा रिकामी आहे हेच शून्य सांगतं. तरीही त्याला वगळता येत नाही. कारण त्याला वगळल्यावर मिळणारी ७५ ही वेगळीच संख्या आहे. ७५ आणि ७०५ यांच्यातला फरकच शून्य दाखवून देतं. शून्याची संकल्पना रूढ होण्यापूर्वी जे रोमन अंक वापरले जात होते त्यात शून्याचा अभाव होता. त्यामुळं त्या आकड्यांची बेरीज-वजाबाकी करताच येत नव्हती. पण शून्याचा वापर करून येणाऱ्या अरबी अंकांमुळं ते शक्य झालं. अंकगणिताचा विकास झाला. शून्याचा वापर सुरू झाल्यामुळं आपल्याला ऋण आकड्यांची, निगेटिव्ह नंबरची, ओळख पटली. तोवर सगळे आकडे फक्त घनच होते. त्यामुळं वजाबाकी अडून राहिली होती. एखाद्या संख्येतून तिच्यापेक्षा मोठी संख्या वजा केली तर काय, या प्रश्नाचं उत्तरच देता येत नव्हतं. ते शक्य झालं आणि संख्यांचा संसार शतपटीनं विस्तारला.

ब्रह्मगुप्तानंच सांगितलं, की कोणत्याही संख्येमध्ये शून्य जमा केलं किंवा तिच्यातून शून्य वजा केलं तर त्या संख्येत कोणताही बदल होत नाही. तसंच कोणत्याही संख्येला शून्यानं गुणलं तर तिचीही किंमत शून्यच होते.

बेरीज झाली, वजाबाकी झाली, गुणाकारही झाला, पण भागाकाराचं काय? त्यातूनच मग आणखी एका संकल्पनेचा उगम झाला. इन्फिनिटीचा, अनंताचा. त्याचं वर्णन *इशावास्योपनिषदामध्ये* आणि *यजुर्वेदातही* केलं गेलं आहे.

पूर्णमदः, पूर्णमदम्, पूर्णात्पूर्णमुदच्यते। पूर्णस्य पूर्णमादाय पूर्णमेवावशिष्यते।।

तर चिंतू असं हे शून्य. त्याला कमी लेखू नकोस. ते आहे म्हणून आपल्या जगाचा गाडा सुरळीत चालला आहे. तुला कोणी शून्य म्हटलं तर वाईट वाटून घेऊ नकोस. उलट त्यांना सांग की ते तुझा बहुमानच करताहेत. कारण शून्य नसतं तर त्यांनाही काही महत्त्व उरलं नसतं.

हिमालय नसता तर..!

कविकुलगुरू कालिदासानं आपल्या *कुमारसंभवम्*मध्ये हिमालयाची स्तुती केली आहे. पहिल्याच श्लोकात तो म्हणतो, 'अस्त्युत्तरस्याम् दिशिदेवतात्मा । हिमालयो नाम नगाधिराजः' उत्तरेला असलेल्या या नगाधिराजाचं समग्र वर्णन त्यानं नंतर केलं आहे. त्याच्या या हिमालयस्तोत्रात आणि इतरही संस्कृत वाङ्मयात हिमालय नेहमीच आपल्या सोबत राहिला आहे, असं म्हटलं गेलं आहे. पण हे चुकीचं आहे. भारताची भूमी अनादी काळापासून अस्तित्वात होती. हिमालयाचा जन्म त्यानंतर झालेला आहे. किंबहुना हिमालय हा जगातला सर्वात कमी वयाचा पर्वत आहे.

हिमालयाच्या जन्माचीही कहाणी आहे. जगातली यच्चयावत भूमी एकाच कोंडाळ्यात सध्या जिथं ऑस्ट्रेलिया आहे त्या ठिकाणी पहुडलेली होती, पँजिया या नावानं ओळखली जात होती. काही काळानंतर तिचे तुकडे झाले. एक मोठा तुकडा, लॉरेशिया, उत्तरेला गेला. उरलेला गोंडवनालँड दक्षिणेतच राहिला. त्यांचेही तुकडे झाले. हे तुकडे त्याच्या खाली असलेल्या द्रवरूप शिलारसावर तरंगत तरंगत दुसरीकडे जाऊ लागले. अखंड भारताचा तुकडा गोंडवनालँडपासून वेगळा होत वायव्य दिशेनं सरकत सरकत युरोप आणि आशिया यांच्या लॉरेशियाला जाऊन भिडला. ती टक्कर जोरानं झाल्यामुळं भारतीय भूखंडाचा सीमावर्ती भाग उचलला गेला. तोच हिमालय झाला. अजूनही तो उचलला जातच आहे. म्हणूनच हिमालयाची उंची अजूनही वाढतेच आहे.

भारतीय भूखंड आणि लॉरेशिया यांची टक्कर जोमानंच झाल्यामुळं हिमालयाचा जन्म झाला. पण समजा भारतीय भूखंड हळकेच लॉरेशियाला जाऊन टेकला असता, टक्कर अशी झालीच नसती तर... तर हिमालयाचा उदय झालाच नसता! जर हिमालय अस्तित्वातच आला नसता तर भारतीय उपखंडाचं काय झालं असतं? बराच अनर्थ झाला असता.

पाण्याला जीवन म्हणतात. कारण जगण्यासाठी पाणी अत्यावश्यक आहे. बांगलादेश,

पाकिस्तान, श्रीलंका, भारत, इतर संलग्न प्रदेश या साऱ्या भूभागाची पाण्याची गरज भागवतात ते मोसमी वारे. तेच तब्बल चार महिने या संपूर्ण भूभागावर अधिराज्य गाजवत पाऊस पाडतात. नदीनाले दुथडी भरून वाहतात. या वाऱ्यांचा उगम होतो नैऋत्य दिशेला असलेल्या ईस्टर बेटांजवळ. तिथून मजल दरमजल करत ते आपल्याबरोबर भरपूर बाष्प घेत भारतीय उपखंडापर्यंत पोहोचतात आणि तिथं आपल्या जवळचा पाण्याचा सारा खजिना रिता करतात. तसं ते करू शकतात कारण ते अडवले जातात. त्यांना त्यापुढचा प्रवास करणं अशक्य होतं. त्यांच्या वाटेत हिमालय उभा राहतो आणि त्यांना इथंच थोपवून धरतो. तोच जर नसता तर मग या वाऱ्यांना कोणी रोखलं असतं? ते तसेच आपल्या डोक्यावरून आपल्याला वाकुल्या दाखवत पुढं निघून गेले असते आणि आपण ठाक कोरडे राहिलो असतो. संपूर्ण उत्तर भारताचा पठारी प्रदेश सुपीक बनला आहे, सगळ्या देशाची अन्नधान्याची गरज भागवतो आहे तो तिथून वाहणाऱ्या गंगा, यमुना, ब्रह्मपुत्रा यांसारख्या महाकाय नद्यांमुळं. पंजाबमध्ये भरघोस पीक येतं, कारण एक नाही, दोन नाही तर चक्क पाच नद्या त्या प्रदेशाला पाण्याची कमतरता पडू देत नाहीत. या सगळ्या नद्यांचा उगम होतो हिमालयात. त्या नगाधिराजानं अडवलेल्या मोसमी वाऱ्यांनी आणलेल्या पाण्याचा अभिषेक त्या पर्वतमाथ्यावर होतो. तेच पाणी या सगळ्या नद्यांमधून वाहत सगळा प्रदेश सुपीक करून सोडतात. जर हिमालय नसता तर हा सारा भाग राजस्थानासारखा रखरखीत वाळवंटी बनला असता.

बरं, हा वाऱ्यांना अडवण्याचा सिलसिला एवढ्यापुरताच मर्यादित नाही. मोसमी वारे अरबी समुद्रावरून तसंच बंगालच्या उपसागरावरून येतात. म्हणजेच हिमालयाच्या दक्षिणेकडून येतात. पण तसेच वारे त्याच्या उत्तरेकडूनही येतात. त्यांचा उगम थेट उत्तर ध्रुवावर आणि त्याच्याशी जवळीक असलेल्या आर्क्टिक प्रदेशावर होतो. सूर्याच्या दक्षिणायनाच्या काळात, म्हणजेच आपल्या हिवाळ्यात, दक्षिण ध्रुव सूर्याकडे तोंड करून असतो. उत्तर ध्रुव सूर्यापारून तसा दूर असतो. पृथ्वीच्या त्या स्थितीत मग हे वारे तिथून जे दक्षिण दिशेनं सुसाट सुटतात ते गोबीचं वाळवंट ओलांडून धडक मारतात. पण मग त्यांच्या पुढं अडथळा

येतो तो हिमालयाचाच. त्यांची वाट तिथंच अडवली जाते. पुढं सरकायची संधीच त्यांना मिळत नाही. तसं झालं नसतं तर त्यांनी थेट आपल्या अंगावर उडी घेतली असती. सारा प्रदेश अतिशीत वाऱ्यांनी व्यापून टाकला असता. आपण सारे थंडगार पडलो असतो. ते टळलं आणि आपला समावेश विषुववृत्तीय उष्णकटिबंधातच झाला. या शीतलहरीपासून हिमालयच आपलं रक्षण करतो. रब्बी आणि खरीप अशा शेतीच्या दोन्ही हंगामांना त्याची मदत होते. हिमालयाच्या उत्तरेकडून येणारे वारे गोबीच्या वाळवंटावरून येताना तिथली सगळी धूळही बरोबर आणतात. हिमालय नसता तर ती सारी धूळ आपल्या सुपीक प्रदेशावर येऊन पडली असती. इथल्या शेतीचं अतोनात नुकसान झालं असतं. जवळजवळ सारा देशच थंड, कोरडं, वैराण वाळवंट होऊन राहिला असता. अशा परिस्थितीत जगणंच मुश्कील होऊन बसलं असतं. इथं सिंधू संस्कृती फुलली, बहरलीच नसती.

हिमालयात उगम पावणाऱ्या नद्या नाहीशा झाल्या तर मग त्यांच्यावर भाक्रा नांगलसारखी महाकाय धरणं कशी बांधता आली असती? त्यांनी अडवलेल्या पाण्याचा सिंचनासाठी तसंच जलविद्युतनिर्मितीसाठी कसा उपयोग करता आला असता? खेड्यापाड्यात प्रदूषणविरहित वीज कशी खेळवता आली असती? हिमालय आहे म्हणून आपला दिवस चोवीस तासांचा झाला आहे. तो केवळ सूर्यप्रकाशाच्या कालावधीएवढा छोटा राहिलेला नाही.

हिमालय हा देशाच्या संरक्षणयोजनेचा महत्त्वाचा घटक आहे. प्राचीन काळापासून त्यानं देशावर उत्तरेकडून हल्ला होणार नाही याची काळजी घेतलेली आहे. त्याची उंची आणि तिथलं शीत हवामान शत्रूला रोखण्याची कामगिरी इमानेइतबारे बजावत आली आहेत. तंत्रज्ञानाच्या उदयानंतर ही नैसर्गिक तटबंदी थोडी दुबळी झाली असली, तरी अजूनही हिवाळ्यामध्ये आपल्यावर शत्रूचा हल्ला होत नाही याचं कारण हिमालयाची तटबंदीच आहे.

खनिज संपत्तीचा तर खजिनाच हिमालयाच्या पोटात दडलेला आहे. काश्मीरच्या खोऱ्यात कोळसा सापडला आहे. एवढंच काय पण तांबं, शिसं, झिंक, निकेल, कोबाल्ट, अँटिमनी, टंगस्टन, सोनं, चांदी आणखी कितीतरी धातूंच्या खनिजांनी हिमालय समृद्ध आहे. त्यांचं उत्खनन करण्याचं तंत्रज्ञान विकसित करण्याचे प्रयत्न होत आहेत. ते पूर्णत्वाला गेले, की भविष्यात ही सगळी खनिजं आपल्या हाती येतील. हिमालयच नाहीसा झाला तर आपण कशाकशाला मुकणार आहोत, याची ही केवळ झलकच आहे.

। २२ ।

सूक्ष्मजीव नाहीसे झाले तर...!

कोरोनाच्या काळात हात सारखे धुवायची सवयच लागली आपल्याला. कारण सरकार, डॉक्टर, शेजारीपाजारी, मित्रमैत्रिणी एवढंच काय पण घरची मंडळीही आपल्याला सतत सांगत असतात, की वरचेवर साबणानं हात धुवा. सॅनिटायझरनं हात स्वच्छ करा. सिनेमा, नाट्यगृहं, रेस्टॉरंट सॅनिटायझरचा फवारा मारून शुद्ध करा. कशासाठी? तर कोरोना विषाणूला रोखण्यासाठी. पण सॅनिटायझरच्या वापरानं केवळ कोरोना विषाणूचाच नायनाट होतो असं थोडंच आहे! त्यामुळं तर सगळ्याच सूक्ष्मजीवांना पिटाळून लावलं जातं. तसं केल्यानं आपलं आरोग्य सुरक्षित राहतं, आपलं भलं होतं, असंच सगळे सांगतात.

जर हे सूक्ष्मजीव नसतेच तर आपलं जगणं अधिक आनंदी झालं असतं का? या प्रश्नाचं उत्तर सरसकट होकारार्थी देता येणार नाही. आपल्या आरोग्याला धोका पोहोचवणारे, खास करून संसर्गजन्य रोगांची लागण करून त्यांचा प्रसार करणारे सगळेच रोगजंतू या सूक्ष्मजीवांच्या वर्गात मोडतात, हे खरंच आहे. पण त्यांचेही किमान पाच प्रमुख प्रकार आहेत. कॉलरा, टायफॉईड, क्षय वगैरेसारख्या संसर्गजन्य रोगांची लागण बहुतांशी जीवाणू म्हणजे बॅक्टेरिया करतात. पण बुरशी किंवा अमिबासारखे प्रोटोझोआ म्हणजेच अतिसूक्ष्मजीवही काही रोगांची बाधा आणतात. नारू किंवा पोटातले जंत हे तर कृमींच्या जातकुळीतले रोगजंतू आहेत. आणि शेवटचा, सध्या सगळ्यांच्याच परिचयाचा झालेला विषाणू. यातले पहिल्या चार वर्गातले रोगजंतू सजीव आहेत. विषाणू मात्र ना धड सजीव ना निर्जीव. हे सगळे अनादी काळापासून, ज्यावेळी मानवप्राण्याचा उदयही झाला नव्हता, तेव्हापासून या पृथ्वीवर वावरत आहेत. काही तर अनंत अवकाशातही वास्तव्य करून असल्याचे काही पुरावे मिळाले आहेत. तेव्हा तसंच पाहिलं तर या जगात राहण्याचा त्यांचा हक्क आपल्यापेक्षा अधिक आहे. तरीही आपण त्यांना तडीपार करण्याचा प्रयत्न नेहमीच करत असतो.

तसं केल्यानं आपलं जगणं अधिक समृद्ध होईल अशी आपली पक्की खात्री झालेली असते. खरोखरीच हे सूक्ष्मजीव जगात पैदाच झाले नसते किंवा आता ते नाहीसे केले गेले तर काय होईल, याचा सखोल विचार केल्यास परिस्थिती वेगळीच असल्याचं ध्यानात येईल. कारण काही सूक्ष्मजीव जरी आपल्या जिवावर उठणारे असले तरी त्यांचे असंख्य भाऊबंद आपल्याला मदतच करत आले आहेत. साधी आपली अन्नपचनाची प्रक्रियाच घ्या. आपण खातो त्या अन्नाचं पचन सुरळीत होण्यासाठी आपल्या आतड्यांमध्ये कायमची वस्ती करून असणारे जीवाणू मदत करत असतात. ते ज्या काही वितंचकांचा, म्हणजे एन्झाईमचा, पाझर करतात त्यामुळं अन्नाचं विघटन होऊन त्यातलं पोषण आपल्याला विनासायास मिळत असतं. कधी कधी त्यांची संख्या प्रमाणाबाहेर वाढली तर अतिसाराचा त्रास होतो. नाही असं नाही. पण ते क्वचित. बहुतेक वेळा त्यांच्या कारवाईमुळंच आपल्या अन्नाचं सहज पचन होतं. आणि त्यांची संख्या जेव्हा वाढते तीही आपलाच आपल्या जिभेवर ताबा नसल्यामुळंच, हेही सिद्ध झालेलं आहे.

आपलं मुख्य अन्न वनस्पतीच आहेत. मांसाहार करत असलो तरी ज्याला 'स्टेपल' म्हणतात ते पदार्थ वनस्पतींपासूनच मिळतात. या वनस्पतींच्या वाढीसाठी दोन प्रक्रियांची आवश्यकता असते. पहिली म्हणजे प्रकाशसंश्लेषणाची. क्लोरोफिल या हरितद्रव्याच्या मदतीनं सूर्यप्रकाशाचं शोषण करून त्यापासून मिळणाऱ्या ऊर्जेच्या मदतीनं हवेतला कार्बन डायऑक्साईड वायू आणि पाणी यांच्यामध्ये विक्रिया करून पिष्टमय पदार्थाची निर्मिती वनस्पती करतात. या प्रक्रियेची दीक्षा काही सूक्ष्मजीवांनीच त्यांना दिलेली आहे. जर सूक्ष्मजीव नसते, तर ही प्रक्रिया वनस्पतींच्या ठायी अवतरलीच नसती. त्यांची वाढ खुंटलीच असती.

वनस्पतींच्या सुदृढ वाढीसाठी नायट्रोजनचीही आवश्यकता असते. तसं पाहिलं तर हवेत नायट्रोजन मुबलक प्रमाणात उपलब्ध असतो. पण त्याचं शोषण करून त्याला संयुगांच्या रूपात बंदिस्त करणं वनस्पतींना शक्य होत नाही. त्यासाठीही त्यांना त्यांच्या मुळांवर वाढणाऱ्या काही सूक्ष्मजीवांची मदत लागते. रायझोबियम जातीचे काही सूक्ष्मजीव हवेतल्या नायट्रोजनला वनस्पतींच्या शरीरात जखडून टाकण्याची कामगिरी पार पाडतात. त्या नायट्रोजनचा वापर मग वनस्पतींना आपल्या निकोप वाढीसाठी करता येतो.

आपलं शरीर अनेक पेशींनी तयार झालेलं आहे. यातली प्रत्येक पेशी तिच्यावर सोपवलेली कामगिरी बिनबोभाट पार पाडते तेव्हाच आपलं जगणं सुसह्य होतं. पण या पेशींना त्यांचं कर्तव्य पार पाडण्यासाठी ऊर्जेची गरज लागतेच. ती पुरवली जाते या पेशीत असलेल्या मायटोकॉंड्रिया या उपांगाकडून. त्याला म्हणूनच पेशींचं पॉवरहाऊस असंच म्हटलं जातं. हे उपांग तसं पाहिलं तर पेशींमध्ये स्वतंत्र बेटासारखंच वावरतं. ते आलं कुठून याचा शोध वैज्ञानिकांनी घेतलेला आहे. त्यातून हेच ध्यानात आलं, की उत्क्रांतीच्या ओघात

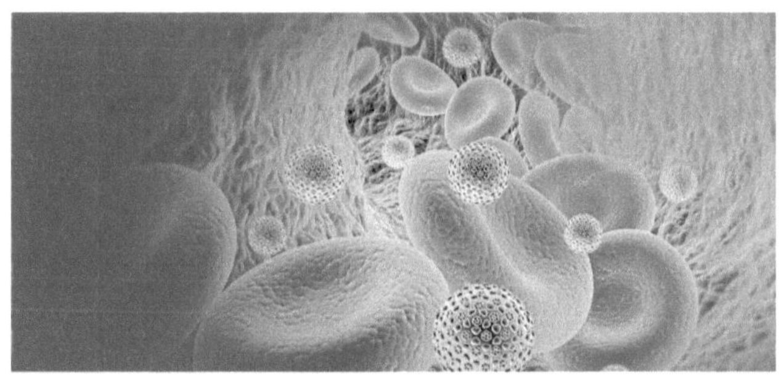

आपल्या शरीराच्या पेशींनी एका जीवाणूलाच गिळंकृत करून टाकलं. तोच आता या मायटोकॉड्रियाच्या रूपात आपली ऊर्जेची गरज इमानेइतबारे भागवत असतो.

फळाच्या करंडीतलं एखादं नासकं फळ सगळ्या करंडीलाच बदनाम करतं. काही मूठभर भ्रष्ट अधिकाऱ्यांपायी सगळ्याच प्रशासनयंत्रणेला काळिमा लागावा, तसंच या जीवाणूंचं झालं आहे. त्यातले काही दुष्टजन रोगराई पसरवतात हे खरं आहे. पण त्यांच्यापासून बचाव करण्याची कामगिरी त्यांच्या शतपटीनं असणारे जीवाणू पार पाडत असतात, याकडे आपण काणाडोळा करतो. अँटिबायोटिक्स म्हणजे रोगावर मात करणारी जादूची गोळीच असं आपण मानतो. ही औषधं आपल्याला कोण पुरवतं? काही सूक्ष्मजीवच. काट्यानं काटा काढण्याचाच प्रकार झाला हा.

आपण इतक्या निष्काळजीपणे वागतो, की आपला परिसर आपण कचऱ्यानं, टाकाऊ पदार्थांनं, मलमूत्रानं भरून टाकतो. त्यांचं विघटन करून त्यातल्या विध्वंसक रोगजंतूना वेसण घालण्याचं कामही सूक्ष्मजीवच करतात. मृत शरीर सडतं याचं कारण हे सूक्ष्मजीव आपलं काम विनातक्रार करत असतात हेच आहे. ते नसते तर मग आपल्याला या कचऱ्याच्या ढिगाऱ्यानं वेढूनच टाकलं असतं.

रोगजंतू तर असंख्य आहेत. त्यांच्या बरोबर आपल्याला सतत लढावं लागतं. तुकोबा म्हणतात त्याप्रमाणे अक्षरशः 'रात्रंदिन आम्हा युद्धाचा प्रसंग'. पण हे युद्ध पूर्ण तयारीनिशी लढण्यासाठी निसर्गानंच आपल्याला सक्षम रोगप्रतिकार यंत्रणा बहाल केली आहे. आप-पर भाव हे तिचं पायाभूत सूत्र आहे. त्यातही सूक्ष्मजीव आपल्या मदतीला येतात. आपला कोण आणि आपमतलबी परका कोण, हे ओळखण्याची शिकवण सूक्ष्मजीवांकडूनच आपल्या शरीरातल्या सैन्याला मिळत असते. तेच जर नाहीसे झाले तर मग सैन्य पंगू झाल्याशिवाय कसं राहील!

कोरोनाच्या त्रासाला आपण सगळेच कंटाळलो आहोत हे खरंय. स्वाभाविकच आहे ते. पण त्यापायी वैतागून जर सूक्ष्मजीवच नसते तर असा विचार करणं आत्मघातकीच ठरेल, हे मात्र नक्की.

प्रकाशकिरणांवर मी आरूढ झालो तर..!

उद्या चौदा मार्च. विसाव्या शतकाच्या अखेरीस अमेरिकेतील ख्यातनाम *टाइम मॅगेझीन*नं घेतलेल्या सर्वेक्षणात त्या शतकावर अनमोल ठसा उमटविणारा महामानव म्हणून जगभरातल्या नागरिकांनी ज्याची एकमतानं निवड केली त्या अल्बर्ट आइन्स्टाइनचा जन्मदिन. आइन्स्टाइनला कोणतीही रूढ चाकोरी मान्य नव्हतीच. त्यामुळं अगदी शालेय वयापासून त्याला चित्रविचित्र शंका सतावायच्याच. प्रश्न पडायचे. आणि त्यांची समाधानकारक उत्तरं देणं कोणालाही शक्य नसल्यामुळं त्याची गणती बंडखोर म्हणून केली जायची. नाहीतर चक्रम म्हणून त्याला खड्यासारखं वेगळं काढलं जायचं. साहजिकच 'एकला चालो रे'चं धोरण स्वीकारत तो स्वतःच त्या प्रश्नांचा पाठपुरावा करत राहायचा.

'जर प्रकाशकिरणांवर मी आरूढ झालो तर!', हा असाच एक प्रश्न. प्रकाशकिरणांचा वेग तुम्हाआम्हाला अबब करत तोंडात बोट घालायला लावणाराच. सेकंदाला तीन लाख किलोमीटर. भन्नाट वेग. तो वेगच या विश्वातील अंतिम वेगमर्यादा आहे हे त्यावेळी तरी माहिती नव्हतं. आइन्स्टाइननं स्वतःच नंतर त्याची घोषणा केली. तर त्या वेगानं मी प्रवास केला तर काय होईल, असाच त्याच्या प्रश्नाचा रोख होता.

भलेभले विद्वानही त्याचं उत्तर देऊ शकत नव्हते. म्हणून मग आइन्स्टाइननं स्वतःचीच वेगळी वाट चोखाळली. त्यानं मनातल्या मनात, कल्पनेत म्हणा हवं तर, प्रयोग करायला सुरुवात केली. वैज्ञानिक पद्धती प्रयोगनिष्ठच आहे. कोणत्याही समस्येची उकल करायची तर त्यासाठी सुनियोजित प्रयोग करायचे. प्रामाणिकपणे, कोणतीही लांडीलबाडी न करता मिळालेली निरीक्षणं नोंदवायची, त्यांचा एकत्रित तर्कसंगत विचार करत निष्कर्ष काढायचा. तेच त्या समस्येचं उत्तर. भलेही ते अपेक्षेप्रमाणे न आलेलं असो. ही सर्वमान्य झालेली रूढ वैज्ञानिक पद्धत.

तिची कास तर सोडायची नाही. पण आइन्स्टाइनच्या समस्याच अशा असत, की

प्रयोगशाळेत जाऊन त्यांच्या संबंधीचे प्रयोग करणं अशक्यच. तरीही आइन्स्टाइन डगमगणारा नव्हताच. त्यानं त्यासाठी अनोखी शक्कल लढवली. मनातल्या मनात गणित करत प्रयोग करायला सुरुवात केली. त्याना त्यानं साजेसं नावही दिलं. थॉट एक्सपरिमेन्ट. ते गाजले. सैद्धान्तिक भौतिकशास्त्र ही नवी ज्ञानशाखा उदयाला आली ती या थॉट एक्सपरिमेन्टचं बोट धरूनच. आपल्या या विक्षिप्त वाटणाऱ्या प्रश्नाचं उत्तर शोधण्यासाठी आइन्स्टाइननं केलेल्या थॉट एक्सपरिमेन्टची परिणती झाली त्या आता जगविख्यात झालेल्या सर्वात लहान समीकरणामध्ये. $E = mC^2$

वामनानं तीन पावलांमध्ये विश्व पादाक्रांत केल्याची कहाणी आपण ऐकतो. तीन पावलांच्या या समीकरणानं विश्वाची पाळंमुळंच हादरून टाकली. ऊर्जा आणि वस्तुमान या एकाच नाण्याच्या दोन बाजू आहेत, हेच त्या समीकरणाचं मर्म आहे. म्हणूनच तर ऊर्जेचं वस्तुमानात आणि वस्तुमानाचं ऊर्जेत अवस्थांतर होऊ शकतं, हा त्याचा मथितार्थ आहे.

त्याची प्रचिती मिळवून दिली ती अणुऊर्जेनं. इवल्याशा अणूच्या वस्तुमानाचं प्रचंड ऊर्जेत रूपांतर होऊ शकतं हे प्रत्यक्ष प्रयोगानंच सिद्ध करून दाखवलं गेलं. त्याच अणुऊर्जेमुळं आज जगभरातल्या अनेक घरांमध्ये वीज खेळते आहे. फ्रान्समध्ये तर एकूण वीजनिर्मितीच्या तब्बल ऐशी टक्के हिस्सा अणुऊर्जेचा आहे. इतर देशांमध्येही अणुवीजनिर्मिती मोठ्या प्रमाणावर होत आहे. अगदी आपल्या मायदेशीही. आणि नुसतीच वीज नाही, तर आपल्या जीवनाची इतर कितीतरी अंगं अणुऊर्जेपायी अधिक समृद्ध झाली आहेत. रोगनिदान, रोगोपचार, शेती, वैद्यकीय उपकरणांचं जंतुनाशकत्व, पाण्याच्या पाईपची किंवा इंटरनेटच्या केबलची गळती नेमकी कुठे आहे हे शोधून काढण्यासाठी, अनेक क्षेत्रांमध्ये अणुऊर्जा

सक्रिय सहभाग देत आहे.

अणुऊर्जा शब्द जरी कानावर पडला तरी प्रत्येकाला हिरोशिमाचीच आठवण होते. खरं आहे. त्या प्रचंड ऊर्जेमुळं विध्वंस होऊ शकतो. पण तो दोष काय त्या ऊर्जेचा किंवा तिला साकार करणाऱ्या आइन्स्टाइनच्या त्या इटुकल्या समीकरणाचा थोडाच आहे! अणूच्या वस्तुमानातून उदय पावलेल्या ऊर्जेचा वापर विधायक कामासाठी करायचा की विध्वंसक, हे वापरकर्ता ठरवतो, ती ऊर्जा नाही. हातातली सुरी भाजी चिरण्यासाठी चालवायची की गळा कापण्यासाठी, हे सुरी ठरवत करत नाही. ती धरणारा हातच तो निर्णय घेतो. जगातला पहिला शोध म्हणून ज्याची ख्याती झाली आहे त्या अग्नीला अन्न शिजवण्याची आज्ञा द्यायची की सुनेला जाळण्याची, याचा निर्णय अग्नीचा नसतो.

वस्तुमानाचं अवस्थांतर जसं ऊर्जेत होतं तसंच ऊर्जेचं अवस्थांतर वस्तुमानात व्हायलाही प्रत्यवाय नसावा. त्यातूनच मग या विश्वनिर्मितीविषयीचं एक गूढ उकलायला मदत झाली. विश्वाचा जन्म एका महाविस्फोटातून झाला हे आता जवळजवळ सर्वांनीच मान्य केलं आहे. तरीही एक सवाल हॉम्लेटच्या बापाच्या भुतासारखा छळत होताच. कारण त्या महाविस्फोटातून रोरावत बाहेर पडली ती निखळ ऊर्जाच. निर्गुण, निराकार ऊर्जा. पण आज आपल्याला दिसतं ते ठोस वस्तुमान असलेलं, ठसठशीत आकार, घाट असलेलं विश्व. मग त्या निर्गुण, निराकार ऊर्जेतून हे सगुण विश्व कसं साकार झालं? आइन्स्टाइनचं ते समीकरण त्या सवालाचा परखड जबाब देतं. विश्वाविषयीच्या, वास्तवाविषयीच्या आपल्या संकल्पनाच पार बदलून टाकणारं ते समीकरण मुळात पुढं आलं ते आइन्स्टाइननं स्वतःलाच विचारलेल्या त्या वरवर भंगड वाटणाऱ्या प्रश्नातून. म्हणे प्रकाशकिरणांवर आरूढ होत दौडत जायचंय! खूळ भलतंच! पण तसं नाही. तो प्रश्न गांभीर्यानं घेतला, त्याचा जिद्दीनं आणि तर्कसंगत पाठपुरावा केला म्हणून तर आपल्या, अखिल मानवजातीच्या, ज्ञानात अमूल्य भर पडली. चार्ली चॅप्लिन आणि आइन्स्टाइन एकदा एका समारंभात रंगमंचावर आल्यानंतर टाळ्यांचा कडकडाट झाला. तो ऐकून चॅप्लिन म्हणाला, 'ते माझा गौरव करताहेत कारण मी काय म्हणतो ते त्यांना समजतं आणि तुझा ते उदोउदो करताहेत कारण तू काय म्हणतोस ते त्यांना कळतच नाही.' नसेल कळत. पण ज्यांना ते कळतं त्यांनी ते आपल्याला समजावून सांगण्याचे अथक प्रयत्न केले आहेत.

तरीही मुद्दा वेगळाच आहे. कारण आइन्स्टाइननं नकळत आपल्याला दिलेला संदेश मात्र आपल्याला कळण्यासारखाच आहे. प्रश्न विचारत चला. जगावेगळे असले तरीही. त्यापायी कोणी तुम्हाला चक्रम म्हटलं, येडचाप म्हटलं तरी त्याकडे दुर्लक्ष करा. इतरांनी न घेवो, तुम्हीच ते गांभीर्यानं घेत चला, थॉट एक्सपरिमेन्टे करा. कोणी सांगावं तुमच्यातही एखादा आइन्स्टाइन दडलेला असेल.

विभाग : दुसरा

घरगुती विज्ञान

। २४ ।

झाड कोसळणार असेल तर

अकस्मात काऽऽ ड ऽऽऽ कडाड् असा आवाज झाला. पक्ष्यांचा थवा चीं चीं करत उडून गेला. काय झालंय हे पाहण्यासाठी बाल्कनीत गेलो तर आमच्या सोसायटीच्या बागेतला आमच्या जवळच्या कोपऱ्यातला एक भला मोठा वृक्ष उन्मळून पडला होता. आडवा पसरला होता. त्याची काही मुळं अजूनही बुंध्याला चिकटून होती. बाकीची अर्धवट मातीतच राहिली होती. पन्नास वर्षं जुना वृक्ष. चांगलाच पसरलेला. पर्णभारानं लगडून गेलेला, असा ध्यानीमनी नसता असा कोसळून पडल्याचं दुःख होतंच. पण त्याच्या जाण्यानं ओकंबोकं झालेलं मैदान केविलवाणं दिसत होतं.

तरी बरं बागेतलं काही गवत आणि कडेकडेची काही झुडुपं सोडली तर त्या पडलेल्या झाडाखाली इतर काही अडकून पडलं नव्हतं. नेहमीच असं होतं असं नाही. काही वेळा असं झाड तिथंच पार्क केलेल्या एखाद्या गाडीवर पडतं, तिचा चक्काचूर होतो. कधी शेजारच्या इमारतीतल्या बाल्कनीवर कोसळतं, तिचं बरंच नुकसान करतं. काही वेळा तर अशा डेरेदार वृक्षाच्या सावलीत निवांत बसलेल्या कोणावर कोसळत किंवा तिथून जाणाऱ्या एखाद्या पादचाऱ्याच्या डोक्याचा वेध घेत उन्मळून पडत, त्याचा जीव घेतं. पर्यावरणाचं नुकसान तर असतंच पण त्याच्या जोडीला मालमत्तेची किंवा जीविताची अशी हानी होते.

तो वृक्ष असा कोसळून पडणार असल्याची काहीही चिन्हं दिसलेली नसतात. नेहमी पाहतो त्याच दिमाखात तो उभा असतो. वाऱ्याबरोबर त्याच्या पानांची सळसळ ऐकवत असतो. आणि एखाद्या धट्ट्याकट्ट्या व्यक्तीला एकाएकी हृदयविकाराचा तीव्र झटका येत तो जागच्या जागीच धराशायी व्हावा तशातलीच गत. वरवर काहीही कारण नसताना असा वृक्ष मातीमोल होतो. अशा वेळी वाटत राहतं, की त्याची अंतिम घटिका अशी जवळ आली आहे याची पूर्वसूचना मिळण्याची काही व्यवस्था झाली, तर आपत्ती व्यवस्थापनाची काही उपाययोजना करता येईल. झाड कोसळून पडणार असल्याचा असा काही संदेश मिळवता

आला तर ते वाचवण्यासाठी काही तजवीज नाही का करता येणार ?

सिंगापूरमधल्या सेन्टोसा या लोकप्रिय पर्यटन स्थळाच्या व्यवस्थापकानेही असाच प्रश्न स्वतःला विचारला होता. तिथंही गेल्या काही वर्षांत महाकाय वृक्ष एकाएकी पडण्याच्या बऱ्याच घटना घडल्या होत्या. त्यात काही पादचाऱ्यांचे बळीही गेले होते. ज्या ठिकाणाला जगभरचे लक्षावधी पर्यटक दरवर्षी आवर्जून भेट देतात तिथं अशा दुर्घटना होणं परवडणारं नव्हतं. ती जागा धोकादायक आहे, असा संदेश गेला तर पर्यटकांची संख्या चांगलीच रोडावेल अशी भीती त्यांना वाटत होती.

ते टाळण्यासाठी त्यांनी विमानाचं नियंत्रण करणाऱ्या इलेक्ट्रॉनिक यंत्रणेची आराधना केली. विमान उंचीवरून उडत असताना ते सरळसोट जातं आहे यावर चालकाला डोळ्यात तेल घालून लक्ष ठेवावं लागतं. ते कोणत्याही एका बाजूला प्रमाणाबाहेर झुकत नाही याची खातरजमा क्षणोक्षणी करून घ्यावी लागते. काही प्रमाणात विमानाचं झुकणं अनिवार्य असतं, किंबहुना आवश्यकही असतं. पण ते हाताबाहेर जात नाही याची तजवीज करावी लागते. त्यासाठी विमानाचा झुकाव किती आहे याची बित्तंबातमी तर मिळवावी लागतेच, पण तो आटोक्यात राहील यासाठीही उपाययोजना करावी लागते. अत्याधुनिक विमानात हे आपोआप होत राहतं. घरातला एअरकंडिशनर कसा खोलीचं तापमान निर्धारित पातळीवर राहील याची स्वयंचलित सोय करतो तशातलाच हा प्रकार. पण त्यासाठी प्रथम तो झुकाव मोजण्याची व्यवस्था करावी लागते. त्यासाठी खास इलेक्ट्रॉनिक संवेदक, सेन्सर, आता विकसित केले गेले आहेत. आणि किती झुकाव चालू शकेल याचा अंदाज घेऊन तो चालकानं नियंत्रित केला, की तो राखला जाईल याची तजवीजही इलेक्ट्रॉनिक यंत्रणेमार्फतच

केली जाते.

त्याच संवेदकांचा वापर आपल्या समस्येचं निराकरण करण्यासाठी नाही का वापरता येणार, असा विचार सेन्टोसातल्या तज्ज्ञांनी केला. झाड जरी आपल्याला स्थिर भासलं तरी त्याची सतत हालचाल चालूच असते. जेव्हा वारा वेगानं वाहत असतो तेव्हा ती सहजगत्या आपल्या नजरेत भरते. गेल्या पावसाळ्यात परिसरातल्या नारळाच्या झाडाची अशी लक्षणीय, म्हटलं तर भीतीदायक, आंदोलनं टिपणारा एक व्हिडिओ उद्योगपती आनंद महिंद्रा यांनी सादर केला होता. पण जोमदार वारा नसला तरी अशी आंदोलनं होतच राहतात. त्यामध्ये झाड एका बाजूला आणि तिथून मूळपदावर येत दुसऱ्या बाजूला झुकत राहतं. हे संवेदक त्यावर लक्ष ठेवून त्याची माहिती देत राहतात.

पण हा झाला बुंध्याचा किंवा खोडाचा झुकाव. झाडाची मुळं, जी जमिनीत खोलवर असल्यामुळं दृष्टीला पडत नाहीत तीही स्थिर नसतात. त्यांचीही सतत हालचाल होत असते. कारण या मुळांना जमिनीला घट्ट धरून राहण्याची गरज असते. मातीत सतत बदल होत असतात. तिच्यामध्ये शिरणाऱ्या पाण्यापायी तिची स्थिती कायम राहत नाही. कधी पाणी जास्त झालं तर तिचा चिखल होतो. अर्थप्रवाही होतो. उलट ते कमी झालं तर ती कोरडी पडते. तिचे कण एकमेकांना धरून राहणं कठीण होतं. या बदलत्या परिस्थितीचा सामना करण्यासाठी मुळंही हालचाल करत राहतात. त्यांच्या या हालचालीचा परिणाम ते झाडंच एका किंवा दुसऱ्या बाजूला थोड्या प्रमाणात झुकण्यात होतो.

मुळांच्याही या हालचालीची क्षणाक्षणाची माहिती हे इलेक्ट्रॉनिक संवेदक मिळवतात. त्या हालचालीचा आलेखही काढता येतो. वृक्षसंवर्धनाची कामगिरी पार पाडणाऱ्या कर्मचाऱ्यांना तो देत राहतो. झाडाच्या गुरुत्वमध्याच्या संदर्भात तो झुकाव किती आहे याचा अंदाज घेत मग त्या झुकावापायी झाडाला हानी तर पोचत नाही ना याचा निर्णय घेत कर्मचारी आवश्यक ती उपाययोजना करू शकतात. झाडाला आधार देता येतो. मुळांभवतीची माती पर्याप्त स्थितीत राहील याची तजवीज करता येते. त्यांच्याजवळ जाणाऱ्या पाण्याच्या प्रवाहाला आवर घालता येतो.

सेन्टोसामधील तब्बल दोनशे झाडांना अशा संवेदकांचा आधार देण्यात आला आहे. ते त्यांची निगा राखतील, किमानपक्षी ते वृक्ष जमीनदोस्त होण्याच्या स्थितीला आलेच असतील तर, त्यांची आगाऊ सूचना देऊन त्यापायी मालमत्तेची आणि जीविताची हानी होणार नाही याची दक्षता घेता येईल. कोणत्याही एका समस्येवर मात करण्यासाठी विकसित केलेल्या तंत्रज्ञानाचा त्या क्षेत्राशी काडीचाही संबंध नसलेल्या दुसऱ्याच क्षेत्रात वापर करण्याची कल्पकता दाखवता येते, त्या तंत्रज्ञानाचं उपयोजन क्षेत्र विस्तारता येतं, याचंच हे संवेदक बोलकं उदाहरण आहेत.

खरेदी करायची असेल तर

आपण खरेदी करतो, सर्वच जण करतात. काही नित्याची असते. काही नैमित्तिक. दूध, भाजीपाला तर दररोज लागतो. तो ताजा खरेदी करण्याची काहीजणांना सवय असते. ते मग रोजच पुढच्या दिवसाची बेगमी करून ठेवतात. काहींना कामाच्या धगाड्यातून रोजची खरेदी करायला फुरसत मिळत नाही. ते आठवड्याचा माल एकाच वेळी खरेदी करून ठेवतात. ही झाली नित्याची खरेदी. ती टाळता येत नाही. पण काही नैमित्तिक खरेदीही असते. मुलाला नवे बूट घ्यायचे असतात. सणासुदीला कपड्यालत्त्यांची खरेदी होते. कधी ज्याला व्हाइट गुड्स म्हणतात अशा टीव्हीची, वॉशिंग मशिनची खरेदी होते.

खरेदी करताना आपल्याला नेमकं काय खरेदी करायचंय, याची पक्की खूणगाठ मनाशी बांधलेली असली, तरी त्या वस्तूसाठीचेही अनेक पर्याय दुकानात आपल्या समोर मांडलेले असतात. दुकानदार किंवा तिथला सेल्समन आपल्याला निरनिराळ्या पर्यायांच्या गुणवैशिष्ट्यांची माहिती देत असतो. आपण मनात एक विशिष्ट पर्याय धरून दुकानात पाऊल टाकलेलं असतं. पण आपण तिथून घरी परततो तो दुसराच पर्याय पसंत करून. खरंतर तिथले ढेर सारे पर्याय पाहिल्यावर आपल्याला गोंधळल्यासारखं होतं. कोणता घेऊ नि कोणता नाही, हे ठरवता येत नाही. तरीही आपण त्यापैकी एकाची निवड करून त्याची किंमत अदा करतो. आणि आपण योग्य तीच निवड केलीय याविषयी समाधान मानून घरी येतो. तिथं आल्यावरही त्या सेल्समनच्या सांगण्याला आपण कसं बळी पडलो नाही; आपल्याच बुद्धीनं कशी निवड केली, हे एकमेकांना सांगत राहतो.

किराणा मालाची खरेदी करण्यासाठी सुपरमार्केटमध्ये गेलो, की वेगळीच परिस्थिती समोर येते. तिथं कोणी सेल्समन आपलं मन वळवायला नसतो. तिथं मोकळेपणानं फिरून हवी ती वस्तू ट्रॉलीमध्ये टाकतो, पण तिथंही त्याच मालाचे विविध पर्याय आकर्षकपणे मांडलेले असतात. आपलं लक्ष वेधून घ्यायचा प्रयत्न करतात. त्यांनी आपल्याला भुलवून

आपल्या मूळ निश्चयापासून परावृत्त केलं नाही, तरी ज्यांची गणती आपल्या यादीत नव्हती अशाही किती तरी वस्तू तिथं असतात. त्यांचीही खरेदी आपण नकळत करतो. यादीतल्या सामानापेक्षा दीडपट खरेदी होते.

कोणत्याही प्रकारची खरेदी असली, तरी पूर्वी ठरवलेली असो की आयत्या वेळी केलेली असो, सरतेशेवटी निवड आपणच करायची असते. ही निवड कशी केली जाते, कोणत्या निकषांच्या आधारे केली जाते, आपल्या मेंदूत त्यावेळी कोणत्या प्रक्रिया होतात, याचं गूढ चेतावैज्ञानिकांना सतावत होतं. त्याचाच वेध त्यांनी अलीकडे घेतला आहे.

अर्थात याचा संबंध केवळ खरेदीसाठीच्या निवडीपुरताच मर्यादित नाही. कारण आयुष्यात अनेक प्रसंगी आपल्याला किमान दोन पर्यायांमधून निवड करावी लागते. एसएससीनंतर विज्ञान विषयाचा अभ्यास करायचा की मानव्यविद्यांचा? दोन निरनिराळ्या कॉलेजमध्ये प्रवेश मिळत असेल तर कोणाची निवड करायची? सुरक्षित पण कमी पगाराची नोकरी सोडून खासगी क्षेत्रातल्या लठ्ठ पगाराच्या पण बेभरवशाच्या नोकरीच्या पाठी लागायचं की नाही? अनेक प्रकारच्या निवडींचा सामना करावा लागतो. ही निवडीची प्रक्रिया नेमकी कशी पार पाडली जाते, आपला मेंदू कशा प्रकारे ही निवड करतो, याचाच धांडोळा या वैज्ञानिकांनी घेतला आहे.

या संशोधनात त्यांच्या मदतीला संगणकाधारित काही प्रमेयांचीही मदत लाभली आहे. त्यातून एक बाब स्पष्ट झाली. दोन किंवा अधिक पर्यायांमधून एकाची निवड करण्याचा निर्णय घेण्यामध्ये दोन मूलभूत प्रणालींचा प्रभाव पडतो. पहिली प्रणाली आहे काही अंगभूत पूर्वग्रहांची. समजा फळ विकत घ्यायचं आहे. तर काही फळांबाबतीत आपलं मत आधीच कलुषित झालेलं असतं. त्यात आवडीचाही सहभाग असतो. एखाद्याला पपई आवडत नाही. कारण विचाराल तर ते काही सांगता येणार नाही. 'नाही आवडत', असं म्हणत तो खांदे उडवील. किंवा कधीतरी आंबा खाल्ल्यानंतर पोट बिघडलं असेल आणि तो केवळ योगायोग असण्याची शक्यता नाकारता येत नसली तरी मनात आंब्याविषयी अढी निर्माण

होते. आंब्याची ॲलर्जी आहे, अशी समजूत करून घेतली जाते. साहजिकच निवडीच्या प्रक्रियेतून ते फळ बाद तरी होतं किंवा त्याला कमी गुण दिले जातात.

दुसरी प्रणाली आहे ती वस्तू सतत नजरेसमोर असण्याची. ती परिचित असल्याची. त्या वस्तूच्या गुणधर्मांची ओळख पटल्यामुळं किंवा त्यानं प्रभावित झाल्यामुळं त्याच्यावर मेहरनजर केली जाते असं नाही. पण ती वस्तू डोळ्यांसमोर राहिल्यामुळं आपलीशी वाटते. त्याच्याहून सर्वच बाबतीत उजवी असलेली वस्तू केवळ अनोळखी असल्यामुळं डावलली जाते. पिअर प्रेशरचाही काही प्रमाणात सहभाग असतो. हाच मिक्सर का घेतला, तर उमानं तोच घेतला आणि उत्तम चालतोय. जी वस्तू निवडण्याचा निर्णय जास्ती लोकांनी घेतला असेल ती वस्तू आपल्याकडेही असावी, अशी कोणाचीही भावना असते. समाजापासून आपण वेगळे पडू नये, ही माणसाची मूलभूत प्रेरणा या प्रणालीचं अधिष्ठान आहे.

या झाल्या सगळ्या तर्कविसंगत धारणा. पण सर्वच निवडी अशा प्रकारे चिकित्सा न करता घेतल्या जात नाहीत. चिकित्सक निवडीलाही काही प्रमाणात प्राधान्य दिलं जातं. यापैकी दोन किंवा अधिक विचारसंगतींच्या मदतीनं समोर असलेल्या पर्यायांना काही गुण दिले जातात. त्यांची बेरीज करून सरासरी काढली जाते. सर्वोच्च गुण मिळालेल्या वस्तूला मत दिलं जातं. अर्थात काही वेळा हे सगळं चर्वितचर्वण झाल्यानंतरही एखादा मूलभूत आकस डोकं वर काढतो आणि त्याचाच वरचष्मा राहतो.

चेतावैज्ञानिकांच्या या संशोधनाचा फायदा आता उत्पादक तसंच विक्रेते आपला माल खपवण्यासाठी घेत आहेत. ग्राहकाची पसंती आपल्याच मालाला मिळावी या उद्देशानं रणनीती आखत आहेत. सतत किंवा सहज नजरेला पडल्यास त्याची निवड होण्याची शक्यता वाढीस लागते, याचा उपयोग करून घेण्यासाठी फळीवर आपलाच माल पुढं राहील अशी व्यवस्था केली जाते. समजा तुम्हाला एका विशिष्ट ब्रँडचं तूप घ्यायचं आहे पण दुकानदाराला दुसऱ्याच ब्रँडचं तूप विकायचं आहे. तर मग तो त्याला हव्या असलेल्या ब्रँडच्या तुपाचा डबा पुढच्या रांगेत चटकन लक्ष वेधून घेईल असा मांडेल. तुम्हाला हव्या असलेल्या ब्रँडचं तूप कुठं तरी मागच्या रांगेत तेही त्याचं नाव लपलं जाईल अशारितीनं मांडलेलं असेल. मग तो ब्रँड उपलब्ध असूनही ग्राहकानं त्याला डावललं असा दावा दुकानदार करू शकतो.

दुसरी एक शक्कलही एका सुपरमार्केटनं लढवली होती. ग्राहकाच्या ट्रॉलीवरच एक टीव्हीचा पडदा बसवून त्यावर काही निवडक वस्तूंची खरेदी किती जणांनी केली याचा आकडा दाखवला जात होता. तोही त्या क्षणाचा. त्यामुळं मग ग्राहकाचा असा समज होतो, की त्या वस्तूला खूप मागणी आहे. त्यापायी पिअर प्रेशर वाढून ग्राहकही नेगका तोच माल खरेदी करतो. प्रसंगी तो त्याच्या यादीत नसतानाही. तेही ग्राहकावर प्रत्यक्ष दबाव न टाकता!

। २६ ।

कांदे चिरत असाल तर...

आपल्यापैकी अनेकांच्या खाद्यसंस्कृतीत कांद्याला अनन्यसाधारण महत्त्व आहे. नेहमीच्या जेवणातले भात, पोळी यांसारखे काही पदार्थ सोडले तर इतर भाजी, आमटी वगैरे पदार्थ शिजवण्याची सुरुवातच मुळी कांद्यांपासून होते. कांदे पदार्थांना चव देतात. आपल्याकडे तर कांदेनवमीही साजरी होते. आणि त्यादिवशी अनेकजण केवळ कांद्यापासून तयार केलेल्या अनेक चमचमीत पदार्थांवर तुटून पडतात. असा खाद्यानंद देणारा कांदा कापायला घेतला की मात्र रडायला लावतो. डोळ्यांतून अश्रू दाटून येतात. आपण स्वतः कांदे चिरत नसलो तरी शेजारी कोणी ते करत असेल तरी आपले डोळे पाणावतात.

हे का होतं याचं इंगित आता उलगडलं आहे. याही अश्रुधारा असल्या तरी राग आल्यावर, अपमान सहन न झाल्यामुळं, अशा भावनोद्रेकापायी वाहणाऱ्या अश्रूंपेक्षा हे अश्रू वेगळे आहेत. झोंबणाऱ्या रसायनांशी डोळ्यांचा संपर्क आल्यामुळं अनैच्छिक क्रियेपोटी ते आपोआप वाहतात.

कांदे कंदवर्गातली वनस्पती आहे. ते जमिनीखालीच वाढतात आणि पिकतात. त्यांच्या या नैसर्गिक अधिवासात उंदरांच्या जातकुळीतले व्होल नावाचे प्राणीही वावरतात. त्यांना कांद्यांच्या मुळांवर, पात्यांवर आणि कंदांवरही ताव मारायला आवडतं. तसं झाल्यास अर्थातच कांद्याची पूर्ण नासाडी होते. या व्होलपासून बचाव करण्यासाठी निसर्गानंच एक संरक्षण यंत्रणा कांद्याच्या पिकाला बहाल केलेली आहे.

कांद्यांच्या सालीला धक्का पोहोचला आणि ते थोडेसे चिरले गेले, की ते काही विकरं आणि मुख्य म्हणजे सल्फेनिक आम्लाचा फवारा सोडतात. या रसायनांची एकमेकांशी विक्रिया झाली की त्यातून प्रॉपेनेथियाल एस ऑक्साईड या झोंबणाऱ्या वायूची निर्मिती होते. हा अश्रूवाहक आहे. त्यापायीच त्याचा डोळ्यांशी संपर्क झाला की अश्रूग्रंथी डिवचल्या जाऊन त्यांच्यामधून अश्रूंचा प्रवाह सुरू होतो. त्यातल्या प्रॉपेनेथियाल वायूचं डोळ्यांच्या

बुबुळांचं संरक्षण करणाऱ्या पाण्याच्या लहरीशी संघटन झालं की त्यातून सल्फ्युरिक आम्लाची निर्मिती होते.

पण निसर्ग तसा दयाळू आहे. कारण कांद्यांना जसं त्यानं संरक्षण प्रणालीचं वरदान दिलं आहे, तसंच आपल्या डोळ्यांनाही स्वतःचा बचाव करण्याची सोय करून ठेवली आहे. जेव्हा डोळ्यांमधील मज्जातंतूना झोंबणाऱ्या अश्रूवाहक रसायनांची चाहूल लागते, तेव्हा ते लगेच अश्रूंचं उत्पादन करायला चालना देतात. त्यांच्या प्रवाहापायी या झोंबणाऱ्या रसायनांचा निचरा व्हायला मदत होते.

'पिंडे पिंडे मतिर्भिन्ना' म्हणतात तसा या अश्रूंच्या बाबतीतही व्यक्तींव्यक्तीमध्ये फरक आहे. काहीजणांचे डोळे जास्तीच चुरचुरतात. तर इतर काहीजण त्यापायी फारसे विचलित होत नाहीत. त्यांच्या नाकाडोळ्यातून गंगायमुना वाहत नाहीत. पण काहीजणांना त्या रसायनांची ॲलर्जी असते. त्यांच्या बाबतीत परिस्थिती डोळ्यातून वाहणाऱ्या अश्रूंपुरतीच मर्यादित राहत नाही. त्यांच्या शरीरावर रागीट गाठी उठणं, खाज सुटणं यांसारख्या प्रतिक्रियाही संभवतात.

कांदेही निरनिराळ्या जातींचे असतात. कांदा पांढरा असतो, तांबडा असतो, पिवळाही असतो. झालंच तर पातीबरोबरचा कांदा हिरवट पांढरा असतो. प्रत्येकाच्या ठायी असलेली रसायनं वेगवेगळी असतात. त्यामुळं काही जास्ती झोंबतात. काही त्या मानानं कमी. थोडेफार गोडुस असणाऱ्या हिरव्या कांद्यांमध्ये कमी सल्फरयुक्त रसायनं असतात. ते निरताना तेवढे रडवत नाहीत. याशिवाय न रडवणारा कांदा तयार करण्याचे काही प्रयत्न होत आहेत. कांद्यात काही जनुकीय बदल करून त्यांची सल्फरयुक्त रसायनांची निर्मिती करण्याची क्षमता क्षीण केली जात आहे. अर्थात हे कांदे अजून तरी प्रयोगशाळांमध्येच राहिलेले आहेत. ते बाजारात आलेले नाहीत. पण आजउद्या ते येतील आणि मग ते चिरताना डोळ्यांमधून टिपूसही येणार नाही. तोवर या रडण्यावर काही उपाय नाहीन्च का? आहेत. त्यापायी नाउगेद होण्याचं कारण नाही. कांद्यांमधून बाहेर पडणारी रसायनं सहजासहजी वायुरूप धारण करू शकतात. ती हवेत इतस्ततः पसरतात. पण जर आपण कांद्यापासून

जरा दूर राहिलो तर त्यांचा त्रास कमी होतो. हा उपाय तेवढासा व्यवहार्य नाही. कारण कांदे चिरायचे तर त्यांच्यामध्ये आणि आपल्यामध्ये जास्ती अंतर कसं ठेवणार! पण ते कांदे एखाद्या काचेच्या भांड्याखाली ठेवून कापले तर ती रसायनं त्या भांड्यातच अडकून पडतात आणि आपल्या डोळ्यांपर्यंत पोहोचत नाहीत.

ही सल्फरयुक्त रसायनं पाण्यात सहज विरघळतात. त्यामुळं कांदे पाण्यात ठेवून कापले तर त्यांचा त्रास जाणवत नाहीत. कापण्यापूर्वी ते थंड बर्फाळ पाण्यात चांगले भिजवून घेतले तरी कार्यभाग साधला जातो. काहीजणांनी काळा चष्मा वापरून कांदे कापण्याचा उपायही सुचवला आहे. अर्थात असं ध्यान कसं अजब दिसेल याचाही विचार मनात आल्याशिवाय राहत नाही. पण चष्मा काळाच असायला हवा असं नाही. आपला नेहमीचा चष्मा वापरूनही त्या रसायनांना डोळ्यांशी भिडण्यापासून अडवता येतं. वैज्ञानिकांनी केलेल्या काही प्रयोगांमधून असं दिसून आलं आहे, की कांदा जितका ताजा तितकी त्याची सल्फरयुक्त रसायनं उत्सर्जित करण्याची क्षमताही कमी असते. जुना कांदाच जास्ती रडवतो. तेव्हा साठवणीतला कांदा टाळला तर डोळ्यांची जळजळ होणंही टाळता येतं.

कांद्यामधून निघणारी रसायनं डोळ्यांपर्यंत पोचणार नाहीत याची काळजी घेतली, तर अर्थातच त्यांचा त्रासही होणार नाही. तसं करण्याचा कोणताही उपाय डोळ्यांमधून पाणी काढणार नाही. धारदार सुरी वापरणंही फायद्याचं ठरतं. कारण सुरी धारदार नसेल तर मग ती वापरताना कांद्याची जास्ती चिरफाड होते. साहजिकच रसायनांच्या अधिक मात्रेचं उत्सर्जन होतं. डोक्यावर पंखा चालू असला, तर ही रसायनं दुसरीकडेच उडून जातात. डोळे, बचावतात. ती रसायनं डोळ्यांपर्यंत पोहोचण्याआधीच दुसऱ्या कोणीतरी शोषून घेतली तर? त्यासाठीच ओठांमध्ये पावाचा तुकडा धरण्याचा उपाय सुचवला गेला आहे. तो कोरडा पाव त्या रसायनांना आपल्याकडे आकर्षित करतो. वरच्या ओठांखाली लिंबाची फोड धरली, तर त्यात डोळ्यातल्या ओलाव्यापेक्षा जास्ती पाणी असतं. ते प्रॉपँथाईल सल्फॉक्साईडला आपल्याकडे ओढून घेतं. डोळ्यांपासून दूर ठेवतं. अशा प्रकारच्या सर्व उपायांचा उद्देश या झोंबऱ्या रसायनांनी आपला मोहरा डोळ्यांकडे वळवण्याआधीच त्यांचं अपहरण करण्याचाच आहे.

कांदा चिरताना नाकाऐवजी तोंडानं श्वासोच्छ्वास करावा असंही काही वैज्ञानिक सांगतात. त्यापाठची कारणमीमांसाही तशी पटणारी आहे. कारण आपण जेव्हा तोंडान श्वास ओढून घेऊ तेव्हा हवेबरोबर ती रसायनंही तोंडामध्ये येतील, डोळ्यांपासून दूर राहतील. आणि जेव्हा तो श्वास सोडून देऊ तेव्हा त्या फुंकरीनं ती रसायनं डोळ्यांपासून दूर फेकली जातील. अर्थात हा उपाय शंभर टक्के खात्रीचा नाही. कारण रसायनांचा काही भाग तरी डोळ्यांपर्यंत पोहोचेल. पण त्यांच्यापासून होणाऱ्या त्रासात घट होईल यात शंका नाही.

। २७ ।

डासांचा हमला होत असेल तर

नको करू गुंगाट, डासा; नको करू गुंगाट
उघडी केली मच्छरदाणी,
उघडी केली पाठ नको करू गुंगाट...

कानाभवती सतत गुणगुणणाऱ्या डासाच्या त्रासाला कंटाळून कवी केशवकुमार, म्हणजेच प्रल्हाद केशव अत्रे, सरळ सरळ त्याला शरण गेले. त्याच्यापासून बचाव करण्यासाठी लावलेली मच्छरदाणीही उघडी करण्यासाठी सरसावले. केवळ त्या गुंजारवाचा जर एवढा अत्याचार वाटतो तर मग ते चावे घेत असतील, झुंडीनं हमला करायला सज्ज झाले असतील तर काय हाहाकार माजेल!

डास चावतात. मलेरिया, डेंगी, चिकनगुनिया वगैरे रोगांचा प्रसार करतात. सहसा साचलेल्या पाण्यात ते आपली अंडी घालतात आणि तिथंच त्यांची काही वाढ होते. पण जर त्यांना प्रौढावस्था गाठायची असेल तर माणसाच्या रक्तातील एक घटक अत्यावश्यक ठरतो. ते प्रथिन मिळालं नाही तर त्यांच्या अंड्यांची पुढची वाढ खुंटते. अर्थातही कामगिरी मादी डासांची असल्यामुळं माद्याच आपल्याला चावतात. एका चाव्यामधून रक्ताचं भरपेट जेवण मिळालं, की मग त्या आपल्याकडे ढुंकूनही पाहत नाहीत. रक्तातल्या कळीच्या घटकाचा वापर करून त्या अंडी उबवण्याच्या कामात व्यग्र होतात. म्हणून त्या नेहमीच माणसाच्या रक्ताच्या शोधात असतात. नर डास फुलांमधून मिळणाऱ्या मधाचा वापर ऊर्जा मिळवण्यासाठी करतात.

डासांचेही विविध प्रकार आहेत. मलेरियाच्या प्रसाराला कारणीभूत ठरणारे डास अनॉफिलस जातीचे असतात. ते संध्याकाळी आणि रात्रीच चावा घेतात, उजाडलं की ते लपून बसतात. उलट एडिस इजिप्ती जातीचे डास दिवसाच आपल्या लक्ष्याचा वेध घेतात. ते डेंगी, चिकनगुनिया, पिवळा ताप, झिका वगैरे रोगांच्या प्रसारात मोठी भूमिका बजावतात.

आपल्या अळ्यांसाठी ते स्वच्छ पाण्याला पसंती देतात. अनॉफिलस जातीचे डास मात्र गढूळ घाण पाण्यात आपल्या जीवनयात्रेला बढावा देतात. या स्वच्छ आणि अस्वच्छ पाण्यापायीच जगभर डास धुमाकूळ घालतात. सिंगापूरसारख्या अतिस्वच्छ देशातही त्यांनी आपलं बस्तान बसवलं आहे. कोरोनाची जेवढी काळजी सिंगापूरवासियांना वाटत नाही तेवढं या डासांपायी लागण होणाऱ्या डेंगीचं त्यांना भय वाटतं.

तरीही हे डास, दोन्ही प्रकारचे, माणसामाणसांमध्ये फरक करतात. काही जणांच्या ते हात धुऊन पाठीशी लागतात. तर शेजारीच असलेल्या दुसऱ्याला ते मोकळेच सोडतात. 'भला उसका शरीर मेरे शरीरसे मच्छरमुक्त कैसे!', असा सवाल डास चावणाऱ्यांच्या मनात उठला तर नवल नाही. त्याचं उत्तर मिळवायचं तर हे डास आपला वेध नेमके कसे घेतात, याचा विचार करायला हवा. अंधारात डासांनाही नीटसं दिसत नाही. मग ते नेमके मानवी शरीराकडेच कसे पोहोचतात. खरंतर 'आ बैल मुझे मार' असं आपलं शरीरच म्हणत असतं. तेच डासांना आपल्याकडे आकर्षित करतं. सहसा डास आपल्या शिकारीचा वेध घेण्यासाठी दृष्टी, ध्वनी आणि गंध अशा तिन्ही संवेदनांचा वापर करतात. अर्थात फक्त दिवसा चावणाऱ्या डासांनाच दृष्टी संवेदनेचा लाभ उठवता येतो. त्यात रात्री चावणारे डास तर केवळ गंध संवेदनेवरच अवलंबून असतात.

आपल्या उच्छ्वासातून आपण कार्बन डायऑक्साईड वायू हवेत सोडत असतो. आपल्या त्वचेमधूनही काही प्रमाणात हा वायू उत्सर्जित होतो. आपल्या सोंडेसारख्या नाकावाटे डास या वायूच्या गंधसंवेदनाचा वेध घेत आपल्याकडे झेपावतात. त्यांना काही मीटर दूरवरूनही कार्बन डायऑक्साईडचा छडा लागू शकतो. डासांच्या डोक्यावर असलेल्या अँटेनावर तसंच पायांवर या वायूला दाद देणारे संवेदक हजर असतात. हवेत विहरणाऱ्या कार्बन डायऑक्साईडच्या रेणूंशी त्यांची गाठ पडली, की एक विद्युतरासायनिक संदेश त्यांच्या मेंदूकडे झेपावतो. या संदेशाच्या तीव्रतेवरून आपण तो वायू उत्सर्जित करणाऱ्या स्रोतापासून किती दूर आहोत याचा अंदाज डासांना येतो.

पण कार्बन डायऑक्साईड वायू काही केवळ सजीवांकडूनच उत्सर्जित होतो असं नाही. मोटारीमधूनही तो बाहेर फेकला जातो. डिझेल इंजिनही तो वायू हवेत सोडत असतं. तर मग संवेदकाला जाणवलेला वायू सजीवाकडून बाहेर फेकलेला आहे की निर्जीवाकडून, हे ओळखता यायला हवं. त्यासाठी इतर सजीवांकडून उत्सर्जित होणाऱ्या इतर गंधांकडेही डास लक्ष देतात. सजीवांच्या चयापचयाच्या प्रक्रियेपोटी लॅक्टिक आम्ल, अमोनिया आणि स्निग्धाम्ल यांचंही उत्सर्जन होत असतं. त्या सर्वांचा परिपाक मॉदी डासांना मानवी शरीराचा अचूक वेध घेण्यास उपयोगी पडतो.

या सर्व रेणूंची ज्या शरीराकडून जास्ती निर्मिती होते ते शरीर डासांना आपल्याकडे खेचून घेतं. तुमचं शरीर चयापचयाच्या प्रक्रियेत किती अग्रेसर आहे यावर या घटकांच्या निर्मितीचं

प्रमाण ठरतं. काही मंडळींचा चयापचयाचा वेग मुळातच जास्ती असतो. आपण जेव्हा म्हणतो, की अमुक अमुक व्यक्ती हवा खाऊनही तगून राहू शकेल, तेव्हा त्याच्या मूलभूत चयापचयाचा वेग मंद असल्याचीच ग्वाही देत असतो. अशी व्यक्ती कार्बन डायऑक्साईड तसंच इतर वायू अल्प प्रमाणातच हवेत सोडतात. साहजिकच डास त्यांच्याकडे फारसे आकर्षित होणार नाहीत.

पण आपण अनेक प्रकारची कामं करत असतो. त्यापायी आपल्या चयापचयाच्या प्रक्रियेत वधघट होत असते. त्यामुळं मुळात प्रवृत्ती मंद चयापचयाची असली, तरी कामाच्या स्वरूपानुसार त्यात फरक पडतो. मद्यपानानेही हा वेग वाढायला मदतच करते.

धावपटूंचा चयापचयाचा वेगही वाढीव असतो. खास करून असा व्यायाम संपल्यावर जेव्हा शरीरात निर्माण झालेल्या अतिरिक्त उष्णतेचा निचरा होऊन शरीर परत थंड व्हायला लागतं तेव्हा कार्बन डायऑक्साईडच्या उत्सर्जनात वाढ होते. गर्भवती महिलांच्या बाबतीतही हाच प्रकार होतो. काही मंडळींच्या रक्तात लॅक्टिक आम्लाचा साठा होतो. त्याचं प्रमाण वाढीस लागतं. साहजिकच डास त्यांच्याकडे आपोआप चालून येतात. इतर काही जणांच्या पावलांकडूनही विशिष्ट गंधांचं उत्सर्जन होत असतं. तेही डासांना आमंत्रण देतं. डास अशा व्यक्तींच्या पायांचा चावा जास्ती घेतात. शरीराच्या इतर भागाकडे त्या मानानं दुर्लक्ष होतं. दिवसा आणि पहाटे, तसंच सूर्यास्त या वेळांमध्ये आपलं काम करणाऱ्या डासांना दृष्टी संवेदनाही मदत करते. त्वचा आणि अंगावरचे कपडे यांचा रंग डासांना संदेश देतात. पांढरा किंवा फिके रंग परिसराच्या रंगात मिसळून जातात. उठून दिसत नाहीत. उलट गडद किंवा काळसर रंग डासांना लोहचुंबकासारखे आकर्षित करतात. शरीराची होणारी हालचाल हाही एक घटक या प्रक्रियेत सहभागी असतो. डास चावतात त्यामुळं आपली हालचालही जास्ती होते. त्यांना अधिक डास चावतात. परिणामी हालचालही वाढते. अधिक डास चालून येतात. असं एक दुष्टचक्रच तयार होतं.

डासांना दूर ठेवणारी जी औषधं आज बाजारात आहेत ती बहुतांश त्यांच्या अँटेनावरच्या संवेदकांची या निरनिराळ्या रसायनांच्या रेणूशी गाठभेटच होणार नाही, याची योजना करतात. अशी मलमं अंगावर चोपडली, की शरीराच्या उष्णतेपायी त्यांचं वायुरूपात रूपांतर होतं. ते वायूच मग संरक्षक होतात.

तेव्हा जर डासांचा हमला होत असेल तर त्यांची वाढच होणार नाही, त्यांच्या अळ्यांसाठी पाणी साठूच द्यायचं नाही अशाच उपाययोजना करायला हव्यात, तेच अधिक उपयोगाचे!

। २८ ।

जेवणात मीठ नसेल तर

मीठ आपल्या खाण्याचा अविभाज्य भाग आहे. कोणत्याही पदार्थाला चव येण्यासाठी मीठ अनिवार्य मानलं गेलं आहे. निरनिराळ्या पाककृतींमध्ये अनेक वेगवेगळे घटक पदार्थ असतात. पण मीठ मात्र प्रत्येकात असतंच. जर जेवणात मीठ नसेल तर काय होईल? जेवण अळणी आणि म्हणून बेचव भासेल. तरीही काही वेळा डॉक्टर मिठाचं प्रमाण कमी करण्याचा किंवा ते टाळण्याचा सल्ला देतात. अशा वेळी तशा मीठाशिवायच्या जेवणाची सवय व्हायला वेळ लागतो.

मुळात मीठ म्हणजे काय, असा प्रश्न मनात उभा राहतोच. रासायनिक भाषेत बोलायचं तर मीठ म्हणजे सोडियम क्लोराईड. सोडियमच्या एका अणूचं क्लोरिनच्या एका अणूबरोबर मीलन होऊन तयार झालेलं संयुग. यात चाळीस टक्के सोडियम आणि ६० टक्के क्लोरिन असतं. सर्वसाधारणपणे अडीच ग्रॅम म्हणजे अर्धा चमचा मिठात १ ग्रॅम सोडियम तर दीड ग्रॅम क्लोरिन असतं.

निरोगी राहण्यासाठी आपल्याला मिठाची गरज भासतेच. त्यामुळं डॉक्टरही कधी नो सॉल्ट डाएट न म्हणता लो सॉल्ट डाएट म्हणतात. कारण जास्ती मीठ खाल्ल्यानं रक्त दाब वाढतो. मिठात सोडियम असलं तरी मीठ म्हणजे सोडियम नव्हे. त्यात क्लोरिनचा समावेश असतो. तरीही शरीरातली सोडियमची पातळी मर्यादित ठेवण्याची आवश्यकता असते. सोडियम हे शरीरस्वास्थ्य राखण्यासाठी गरजेचं असतंच. पण त्याचं जास्ती झालेलं प्रमाण स्वास्थ्याला घातक असतं. म्हणूनच त्याचं प्रमाण आटोक्यात ठेवायला हवं. आपल्या स्नायूंना व्यवस्थित आकुंचन पावण्यासाठी सोडियम मदत करतं. निरनिराळ्या अवयवांच्या पेशींचं काम बिनबोभाट चालायचं असेल तरीही सोडियमचा हातभार लागतोच. एवढंच काय पण आपल्या मज्जातंतूनाही त्यांचं काम योग्यरित्या करण्यासाठी सोडियमची गरज भासते. पण सोडियमचा सर्वात जास्ती प्रभाव रक्तदाबावर

पडतो. तेव्हा मीठ किंवा खरंतर सोडियम आणि रक्तदाब यांच्यामधलं नातं नेमकं काय आहे, हे समजून घेण्याची आवश्यकता आहे.

शरीरातल्या सोडियम आणि क्लोरिनचा निचरा लघवीतून होतो. घामातूनही होतो. व्यायामापायी जेव्हा जास्ती घाम येतो तेव्हा शरीराची मिठाची भूक वाढते. पण ती किंचितच असते. तसंही आपण जरूरीइतकं किंवा थोडंफार त्याहीपेक्षा जास्ती मीठ आहारातून घेत असतो. त्यामुळं त्याचा काही प्रमाणात निचरा झाल्यास तो फायद्याचा सौदाच ठरतो. सोडियम शरीरातलं पाणी खेचून घेतं आणि ते रक्तात मिसळून देतं. जर त्याचं प्रमाण जास्ती झालं, तर अर्थात ते जास्ती पाणी खेचतं आणि ते रक्तात मिसळून दिल्यामुळं रक्ताच्या साठ्यातही अनावश्यक वाढ होते.

हृदयाकडून संपूर्ण शरीराला रक्ताचा पुरवठा केला जातो. शरीराच्या कानाकोपऱ्यात रक्त पोहोचायचं असेल तर हृदयाला जोर काढावा लागतो. तो किती आहे याचं मोजमाप रक्तदाबाकरवी होतं. याचेही दोन भाग आहेत. जेव्हा हृदय रक्त बाहेर ढकलत असतं, तेव्हा त्यासाठी ते प्रसरण पावतं आणि जोर लावतं. त्यावेळी रक्तदाब उच्च पातळीवर असतो. याला सिस्टॉलिक प्रेशर म्हणतात. त्यानंतर जेव्हा हृदय आकुंचन पावतं, खालच्या पातळीवर येतं, विश्रांती घेतं त्यावेळी रक्तदाब किमान पातळीवर येतो. त्याला डायॅस्टॉलिक प्रेशर म्हणतात. दोन्हींचं मोजमाप पाण्याच्या स्तंभाच्या उंचीच्या माध्यमातून करतात. रक्तदाब मोजताना डॉक्टर जे उपकरण वापरतात त्यात थर्मामीटरसारखा एक भाग असतो. त्यातल्या पाण्याची उंची रक्तदाबाच निदान करतं. पारा घातक असल्यामुळं आता त्याचा वापर कमी झाला आहे. त्याच्या बदली अल्कोहोल किंवा इतर द्रवपदार्थ वापरला जातो. तरीही रक्तदाब पाण्याच्या स्तंभाच्या उंचीच्या प्रमाणातच मोजला जातो. निरोगी व्यक्तीचा रक्तदाब ९०/६० ते १२०/८० या पट्ट्यात असतो.

तसं पाहिलं तर शरीरातलं सोडियम आणि पाण्याचं प्रमाण ताब्यात ठेवण्याचं काम आपली मूत्रपिंडं योग्य प्रकारे करत असतात. पण जर जास्ती मीठ खाल्लं तर हे संतुलन

बिघडतं. त्यामुळं रक्तातल्या सोडियमच्या प्रमाणात नको तितकी वाढ होते. त्याचा परिणाम शरीरातल्या पाण्यावर होतो. तेही जास्ती प्रमाणात साठवलं जातं. शरीरातल्या पेशींच्या अवतीभवती असलेल्या पाण्याच्या प्रमाणात वाढ होते. रक्ताच्या प्रमाणातही तशीच वाढ जाणवते. त्यामुळं हृदयाला अधिक जोर लावून ते बाहेर ढकलावं लागतं. याचाच अर्थ रक्तदाब चढा होतो. हृदयावर त्यापायी जो ताण पडतो तो तसाच राहिल्यास रक्तवाहिन्यांची लवचिकता घटते. त्या अधिक ताठर होत जातात. त्याचा परिणाम हृदयविकाराचा झटका येण्यात किंवा ज्याला स्ट्रोक अथवा पक्षाघाताचा झटका म्हणतात तो येण्यात होतो. शरीरात या सर्व घडामोडी होत असताना त्याची क्वचितच जाणीव होते. पायांना किंवा शरीराच्या इतर भागांना सूज यायला लागली, की समजावं शरीरातलं पाण्याचं प्रमाण जास्ती होत आहे. ते पाणी मग निरनिराळ्या अवयवांमध्ये कातडीच्या खाली साचत जातं. तेच सूज येण्याच्या रूपात दिसतं. पण ती येण्यापूर्वी हृदय, फुप्फुस वगैरेंनाही या अतिरिक्त पाण्यामध्ये वावरावं लागतं. पूर आल्यावर जशी घरांची आणि नागरिकांची अवस्था होते तशातलाच हा प्रकार.

उच्च रक्तदाबाचे अनेक अनिष्ट परिणाम शरीराला भोगावे लागतात. हा रक्तदाब मर्यादित ठेवणं आपल्या हिताचंच असतं. त्यासाठी मिठाचं आहारातलं प्रमाण आटोक्यात ठेवण्याची गरज भासते. दिवसाकाठी साधारणतः अडीच ग्रॅम म्हणजे अर्धा टीस्पून सोडियम पुरेसं ठरतं. अर्थात अनेक पदार्थांमध्ये काही प्रमाणात सोडियम असतंच. त्यामुळं पापड, लोणची वगैरे जास्ती मीठ असलेल्या पदार्थांचा वापर काळजीपूर्वकच करायला हवा. शिजवतानाही मीठ घातलं जातं. तेही जपूनच घालायला हवं. खरंतर मिठाची गरज उपजतच आलेली नसते. ती आपण कमावलेली चव आहे. वैज्ञानिक भाषेत तिला अक्वायर्ड टेस्ट म्हणतात. त्यामुळं कमी मीठ घातलेलं म्हणजेच अळणी जेवणाचीही सवय होऊ शकते. डॉक्टरांच्या म्हणण्यानुसार जर जेवणात मीठ नसेल तर दोन ते तीन आठवड्यात या अळणी जेवणाची सवय होते. त्यानंतर उलट नेहमीसारखं मीठ असलेलं जेवण नकोसंच वाटतं.

प्रक्रिया केलेल्या खाद्यपदार्थांमध्ये अतिरिक्त सोडियम असण्याची शक्यता असते. ते पदार्थ टाळावेतच. फळं, भाज्या, मटण, चिकन किंवा मासे यांच्यामध्ये मिठाचं प्रमाण जास्ती नसतं. त्यांचा समावेश आहारात झाल्यास मिठाचं सेवन आटोक्यात ठेवण्यास मदत होते. अलीकडे लो सोडियम सॉल्ट म्हणजेच ज्यात सोडियमचं प्रमाण कमी केलेलं आहे असं मीठही बाजारात आलेलं आहे. त्याचा वापर उपयुक्त ठरेल. शिवाय जसं साखर नसलेले पदार्थ आज उपलब्ध आहेत तसेच सोडियमचं प्रमाण कमी केलेले पदार्थही उद्या परवा मिळू लागतील. त्यानंतर जर जेवणात मीठ नसलं तरी चव बिघडणार नाही.

। २९ ।

उंचावरून नाणं डोक्यात पडलं तर..!

साठ-सत्तर वर्षांपूर्वी एक मजेशीर कविता शालेय स्तरावर ऐकवली जात होती. 'खल्वाट चंडकिरणे अतितप्त झाला...' आजच्या प्रचलित चारोळीच्या किंवा इंग्रजीतल्या लिमरिकच्या जातकुळीतली ती कविता होती. 'खल्वाट' म्हणजे पूर्ण टक्कल पडलेला गृहस्थ. तर कडक उन्हाच्या तडाख्यानं त्याचं डोकं तापलं. त्यातून सुटका मिळवण्यासाठी आणि क्षणभर विश्रांती घेण्यासाठी तो एका झाडाच्या सावलीत जाऊन बसला. पण ते झाड निघालं नारळाचं. आणि डोळे मिटून शांत बसलेल्या त्या गृहस्थाच्या डोक्यावर एक नारळ पडून त्याचे डोळे कायमचे बंद झाले. त्याला कायमची विश्रांती मिळाली. एका अर्थी थोड्याफार क्रूर विनोदाचीच प्रचिती देणारं ते काव्य होतं. पण मग मनात विचार येतो, की सफरचंदाच्या झाडाखाली बसलेल्या न्यूटनच्या माथ्यावरही सफरचंदाचं पिकलेलं फळ पडलं होतंच की! पण त्यापायी त्याचा कपाळमोक्ष झाला नाही. कदाचित एक टेंगूळ आलं असेल. पण त्याच्या डोक्यात मात्र विचाराचं चक्र सुरू झालं. नवनिर्मितीचं वारं घोंघावू लागलं. त्यातूनच मग त्याला गुरुत्वाकर्षणाचा शोध लागला. आपणही समजा एखाद्या चिकूच्या झाडाखाली बसलो तर वरून एखादा पिकलेला चिकू आपल्याही टाळक्यावर पडायला हरकत नसावी. त्यानं आपल्याला जीवघेणा त्रास होण्याऐवजी उलट अनायासे चिकू खायला मिळाला म्हणून आनंदच होईल.

तर मग प्रश्न असा पडतो, की या तीन घटनांमध्ये असा आमूलाग्र फरक का असावा? एकीत प्राण कंठाशी यावेत, दुसरीत अजरामर शोधाचं श्रेय मिळावं आणि तिसरीत पडत्या फळाची आज्ञा नाही पण प्राप्ती व्हावी.

त्यासाठी आपल्याला पडणाऱ्या वस्तूचं वजन आणि आकारमान, त्याची काठिण्यपातळी आणि किती उंचीवरून ती वस्तू पडली या सर्वांचाच विचार करायला हवा. नारळ तसा वजनदारच. त्यात परत तो चांगलाच टणक. एरवीही नुसता डोक्यावर आपटला तरी

झिणझिण्या याव्यात. हेही नसे थोडके म्हणून की काय तो चांगला तीस चाळीस मीटर उंचीवरून झेपावणारा. त्यापायी मग त्याच्या अंगी तसा चांगलाच वेग भिनलेला. या सर्वांचा परिपाक म्हणून त्याच्या आदळण्यापायी होणारी इजाही तितकीच गंभीर. उलट सफरचंद त्या मानानं हलकं आणि किती तरी कमी उंचीवरून येऊन पडणारं. त्याला मिळणारा वेगही मर्यादित. चिकूची तर बातच न्यारी. वस्तूच्या पडण्यामुळं होणारा परिणाम किंवा इजा म्हणा हवं तर, त्याच्या संवेगावर म्हणजेच वस्तुमान आणि वेग यांच्या गुणाकारावर अवलंबून असते. हे सर्व आठवण्याचं कारण म्हणजे कालच चिंतातूर चिंतू धावतपळत आला होता. तो नुकताच कधी नव्हे तो अमेरिकेच्या सहलीवर जाऊन आला होता. न्यू यॉर्कमधल्या सर्वांत उंच इमारतीला, एम्पायर स्टेट बिल्डिंगला, भेट देऊन आला होता. तिथं सर्वांत वरच्या मजल्यावरच्या संपूर्ण परिसराचं मनोहारी दर्शन देणाऱ्या कक्षात गेल्यावर त्याला एक आख्यायिका ऐकवण्यात आली. त्या कक्षाच्या उंचीचा दाखला देण्यासाठी ती तयार केली गेली होती. तिच्यात म्हटलं होतं, की त्या उंचीवरून एक पेनीचं नाणं खाली टाकलं तरी ते ज्याच्या डोक्यावर आदळेल त्याच्यावर आकाशीची कुऱ्हाडच कोसळेल.

त्यापायी भयभीत होत चिंतूनं पुढची सहल कशीबशी आटपली आणि परतल्या क्षणी तो त्याची चिंता माझ्यावर सोपवण्यासाठी धावत आला होता. त्यात परत आता मुंबई-पुण्यातही पन्नास-साठ मजली इमारती उभ्या राहत आहेत. त्यांची उंचीही लक्षणीय आहे. तेव्हा त्यांच्या सर्वांत वरच्या मजल्यावरच्या खिडकीतून एखादं रुपयाचं किंवा पाच रुपयांचं नाणं हातातून निसटलं, तर त्यापायी रस्त्यावरच्या कोणातरी पादचाऱ्याच्या मृत्यूला ते कारणीभूत होईल. आणि तो खून समजून आपल्याला फाशीच दिली जाईल, ही भीती चिंतूला सतावत होती.

त्याची चिंता अनाठायी होती, हेच मी त्याला समजावून सांगत होतो. त्या इमारतीची उंची चांगलीच ताडमाड असेल यात शंका नाही. पण पाच रुपयाच्या नाण्याचं वजन ते किती! दोन-चार ग्रॅम. त्यात ते उंचीवरून पडतं तेव्हा सरळ जमिनीचा वेध घेत येत नाही. ते गटांगळ्या घेत राहतं. त्यापायी त्याचा हवेशी चांगलाच संघर्ष होतो. त्यामुळं त्याला मिळू शकणाऱ्या वेगात चांगलीच घट होते. तेव्हा त्याच्या अंगी येणारा संवेगही, म्हणजेच वजन आणि वेग यांचा गुणाकार होऊन येणारी राशी, मर्यादितच राहतो. त्याची क्षमता जीव

घेण्याची सोडाच, पण गंभीर इजा करण्याचीही असेल की काय याची शंकाच आहे. पण तेच जर त्या उंचीवरून एखादा पन्नास ग्रॅम वजनाचा नट किंवा बोल्ट हातातून सुटला तर मात्र त्याचं वजन आणि काठिण्य यामुळं डोक्याला चांगलीच खोक पडू शकते. उंची किंवा त्या वस्तूचं वजन जरासं जास्त असेल तर जीवही जाऊ शकतो. म्हणूनच तर जिथं कुठं नवीन बांधकाम होत असतं, तिथं वावरणाऱ्या प्रत्येकाला स्टीलचं हेल्मेट वापरण्याची सक्ती केली जाते. ते हेल्मेट त्या व्यक्तीचं संरक्षण कवच बनतं.

आणि सारा संवेगाचाच खेळ असल्यामुळं उंचीवरूनच कशाला समोरासमोरून येणारी पिस्तुलातून झाडलेली गोळीही अशीच जीवघेणी ठरते. तरीही ब्रिस्बेनला झालेला कसोटी सामना आठवा. त्या बिचाऱ्या पुजारानं अंगावर किती चेंडू झेलले. ताशी तब्बल १६० किलोमीटरच्या भन्नाट वेगानं मिशेल स्टार्क आणि पॅट कमिन्स यांनी टाकलेले अंगवेधी चेंडू पठ्ठ्यानं छातीवर, दंडावर, कमरेवर, कुशीत झेलले. त्यानंतरही गडी ताठ उभा राहिला पुढचा चेंडू खेळायला. तो त्यानं सीमेपारही पिटाळला. त्या चेंडूच्या मारापायी त्याचं अंग काळंनिळं झालं असेल. संध्याकाळी त्याला हळदीचा लेप लावावा लागला असेल. पेन किलरचा स्प्रे मारून घ्यावा लागला असेल. पण त्याहून गंभीर इजा झाली नाही. बंदुकीतून सुटलेल्या गोळीचं वजन असेल जेमतेम पाच ते दहा ग्रॅम. पण पिस्तुलाच्या नळीतून ती सुटते ती ताशी सव्वाशे ते तीन हजार किलोमीटरच्या वेगानं. त्यामुळं तिच्या ठायी भलताच संवेग प्राप्त होतो. आणि अंगी असलेली ऊर्जा तब्बल चारशे न्यूटन मीटरचा पल्ला गाठते. ती कोणाचाही जीव घ्यायला पुरेशी ठरते. पण त्या दोन-चार ग्रॅम वजनाच्या नाण्याच्या अंगी असणारी ऊर्जा सव्वा न्यूटन मीटर एवढी मामुली असते. ती काय इजा करणार!

चिंतूनं उगीचच आपल्या नेहमीच्या स्वभावानं अमेरिकेच्या सहलीचा आनंद लुटण्याची संधी सोडली. पण तुम्ही मात्र तसं करू नका. एम्पायर स्टेट बिल्डिंगमध्ये तुम्हालाही ती कथा ऐकवली जाईल तेव्हा फार फार तर 'असं का!' एवढाच आश्चर्योद्गार काढा.

आरोग्य

व्यायामच केला नाही तर....!

तुमची स्वतःची गाडी आहे. दोन चाकी असेल किंवा चारचाकी. कामावर जाण्यासाठी, बाजारहाट करण्यासाठी किंवा सुटीच्या काळात सहल करण्यासाठी तुम्ही ती वापरता. पण गेल्या दोन वर्षांमध्ये कोरोनाच्या संकटापायी तुम्ही घरातच अडकून पडला आहात. घराचा उंबरठा ओलांडणंही शक्य झालेलं नाही. 'वर्क फ्रॉम होम'मुळं कामावर जाण्याचा प्रश्नच नाही. मुलांची शाळाही ऑनलाइन झाल्यामुळं त्यांना सोडणं, आणणंही बंद पडलं आहे. किराणा माल, भाजीपाला घरच्या घरी मिळण्याची सोय झाली आहे. साहजिकच गाडी आपल्या ठिकाणीच राहिली आहे. तिचा वापरही झाला नाही. अशा परिस्थितीत पेट्रोलची बचत जरूर होत असेल, पण गाडीच्या 'कंडिशन'चं काय! उद्या सगळे निर्बंध दूर झाल्यावर परत गाडी चालवायला गेलात तर ती पूर्वीसारखीच सुरळीत चालेल? होकारार्थी उत्तर देणं कठीणच होईल. कारण गाडी काय किंवा कोणतंही यंत्र काय सतत चालत राहिलं तरच सुस्थितीत राहतं. सुरळीत काम देत राहतं.

आपलं शरीरही एक यंत्रच आहे. सर्वात जास्ती गुंतागुंत असलेलं. त्यालाही निष्क्रिय ठेवून चालत नाही. या गेल्या दोन वर्षांमध्ये गाडीप्रमाणे शरीराच्या चलनवलनावरही मर्यादा पडल्या आहेत. घरून काम करण्याच्या सुविधेचा सुरुवातीला आनंद वाटला असेल. कुटुंबातील व्यक्तींबरोबर अधिक वेळ घालवता येतोय म्हणून आनंद झाला असेल. पण त्यापायी वजनही वाढतंय याकडे फारसं लक्ष गेलं नसेल. व्यायामाला तर सोडचिठ्ठीच दिली गेली असेल. ती तात्पुरतीच असेल अशी अपेक्षा करूया. पण नियमित व्यायामच केला नाही, तर अनेक शारीरिक आणि मानसिक समस्यांना तोंड द्यावं लागतं असंच तज्ज्ञ मंडळी सांगताहेत.

शरीराचं यंत्र कोणत्याही अडथळ्याशिवाय सुरळीत चालू ठेवण्यात आपले स्नायू कळीची भूमिका बजावतात. उठणं, बसणं, वस्तू उचलणं, एवढंच काय पण स्नान करणं,

जेवणं, यांसारख्या नेहमी करायच्या क्रियांसाठीही निरनिराळ्या स्नायूंना आपलं काम बिनबोभाट करावं लागतं. आपल्या सांध्यांची हालचाल नीटनेटकी होण्यासाठीही स्नायूंनाच पुढाकार घ्यावा लागतो. सतत धडधडत आपल्याला जिवंतपणाची जाणीव देणारं हृदय हे तर एक स्नायूच आहे. पण फुप्फुसं, यकृत, मूत्रपिंड, स्वादुपिंड या निरनिराळ्या अवयवांच्या मदतीलाही स्नायूच येतात. या स्नायूंना कार्यक्षम ठेवायचं असेल तर व्यायामाची आत्यंतिक आवश्यकता आहे. दररोजचा रियाज केला नाही तर गायकाचं गाणं रंगत नाही. वादकाचे सूर जुळत नाहीत. सराव न करता मैदानात उतरलेल्या क्रिकेटपटूचा पहिल्याच चेंडूवर त्रिफळा उडतो. तीच गत व्यायामच केला नाही तर तुमच्या आमच्या शरीरस्वास्थ्याची होऊ शकते. विविध व्याधी किंवा आजार आपली पाठ धरतात.

व्यायामच केला नाही तर साहजिकच स्नायू कमजोर होतात. त्यांचा पीळ ढिला पडतो. हृदयाच्या तबलजीचा हात थरथरू लागतो. फुप्फुसं ऑक्सिजन आणि कार्बन-डायऑक्साईड यांची देवाणघेवाण करण्यात कुचराई करतात. सांधे लवचिकपणा हरवून बसतात. डॉक्टरांचं तर असं म्हणणं आहे, की धूम्रपान शरीरस्वास्स्वास्थ्याला जेवढं घातक आहे तेवढंच, किंबहुना त्यापेक्षा कांकणभर अधिकच घातक व्यायामच न करणं आहे.

प्रौढ व्यक्तीनं तीस ते साठ मिनिटांचा व्यायाम आठवड्यातून चार ते सहा दिवस करावा असाच सल्ला डॉक्टर देतात. आठवड्यातून एकूण अडीच तास तरी व्यायाम केल्यानं तंदुरुस्त राहता येतं. तरुण वयापासूनच अशी सवय लावून घेतली तर मग वयोमानानुसार ज्या व्याधींचा सामना करावा लागतो त्यांची तीव्रता कमी होते, असंच त्यासंबंधी केलेल्या सर्वेक्षणातून दिसून आलं आहे.

व्यायामही दोन प्रकारचे आहेत. एरोबिक आणि अॅनेरोबिक. एरोबिक प्रकारात स्नायू आणि हाडं यांचा जास्ती सहभाग असतो. हे व्यायाम तसं संथ गतीनं परंतु जास्त काळ केले जातात. हृदय आणि रक्ताभिसरण संस्था यांना तंदुरुस्त ठेवण्यासाठी या प्रकारच्या व्यायामाचा जास्ती उपयोग होतो. चालणं, जॉगिंग करणं किंवा सायकलिंग करणं याच प्रकारात मोडतात. या व्यायामामुळं हृदय आणि फुप्फुस यांची कार्यक्षमता पर्याप्त स्तरावर राहते.

उलटपक्षी अॅनेरोबिक व्यायाम तुलनेनं कमी काळात पण जलद गतीनं केले जातात.

थोड्या काळाकरताच ते केले जात असल्यामुळं एरोबिक व्यायामासाठी आवश्यक असतो तसा ऑक्सिजनचा पुरवठा जास्ती प्रमाणात लागत नाही. ऊर्जा मिळवण्यासाठी ते रक्तातील ग्लायकोजेन नावाच्या शर्करा पदार्थाचा वापर करतात. वजन उचलणं किंवा वेगानं पळणं ही या प्रकारच्या व्यायामाची उदाहरणं आहेत. सर्वसाधारणपणे दोन्ही प्रकारच्या व्यायामाची माणसाला गरज भासते. परंतु वय होत आलं, की ध्यान एरोबिक व्यायामावरच केंद्रित केलं जातं. त्यामुळं नियमित चालण्याचा व्यायामही पुरेसा ठरतो.

व्यायामाचे अनेक फायदे आहेत. वजन ताब्यात ठेवण्यासाठी केवळ आहारावर नियंत्रण ठेवून चालत नाही. त्याच्या जोडीला व्यायामाचीही आवश्यकता आहे. लठ्ठपणाचा अनेक अवयवांवर अनिष्ट परिणाम होऊन व्याधींचा ससेमिरा पाठी लागतो. व्यायामाच्यावेळी स्नायूंना जी वाढीव ऊर्जेची गरज भासते ती अधिक ऑक्सिजन मिळाल्यानं भागते. त्यासाठी रक्ताच्या पुरवठ्यातही वाढ व्हावी लागते. साहजिकच रक्तवाहिन्या चोंदण्याचा धोका कमी होतो. हृदयविकाराला आळा घालण्यासाठी त्याची मदत होते. हवेतून ऑक्सिजन घेण्याचं प्रमाण वाढवण्यासाठी फुप्फुसांनाही जोमानं काम करावं लागतं. परिणामी त्यांचीही तंदुरुस्ती वाढते.

शरीराला होणारी इजा किंवा त्यातील घटक पेशींची होणारी झीज दुरुस्त करण्याची अंगभूत यंत्रणा निसर्गानं आपल्याला बहाल केलेली आहे. तिलाही सतर्क ठेवण्यासाठी व्यायामाचा उपयोग होतो. तिची कार्यक्षमता व्याधींना थारा देत नाही. खास करून रक्तातील साखरेचं प्रमाण संतुलित ठेवण्यासाठी मदत होते आणि मधुमेह होण्याची शक्यता मावळते.

व्यायाम करतेवेळी जी अनेक रसायनं शरीरातून धावत असतात त्यांचा परिणाम मानसिक स्वास्थ्यावरही होत असतो. मनःशांती देण्यात ही रसायनं अग्रिम भूमिका बजावत असतात. वाढत्या वयापायी आकलनशक्ती, स्मरणशक्ती आणि निर्णयक्षमता ढासळत जातात. याचं कारण मेंदूची होणारी अपरिहार्य झीज असल्याचं दिसून आलं आहे. पण नियमित व्यायामापायी ज्या प्रथिनांचा आणि इतर रसायनांचा पाझर होतो, तो मेंदूला खुराक पुरवतो. त्याची झीज आटोक्यात ठेवतो. शरीराचा तोल सांभाळण्याचंही काम मेंदूच करत असतो. त्याच्या कार्यक्षमतेवर होणाऱ्या अनिष्ट परिणामांची तीव्रता कमी झाल्यामुळं उतारवयात पडण्याची जी भीती असते तिलाही अटकाव होतो.

अनेक प्रकारचे व्यायाम घरच्या घरीही करता येतात. त्यासाठी कोणत्याही जिममध्येच गेलं पाहिजे असं नाही. नित्यनेमानं ते केलेत तर शरीर आणि मन दोन्ही फिट राहण्यास मदत होते. जर व्यायामच केला नाही, तर मात्र या सर्व फायद्यांना मुकून आपण अनारोग्याला आमंत्रण देऊ, याची अटकळ बांधायलाच हवी.

। ३१ ।

उंटाची नक्कल केली तर..!

काही जणांना त्यांचा काहीच दोष नसतानाही सदोदित कुचेष्टा, हेटाळणीच वाट्याला येते. आता उंटाचंच बघा ना. कुरूपतेचा मूर्तिमंत आविष्कार असंच त्याला समजलं जातं. पाठीला आलेलं कुबड, काहींना तर दोन दोन कुबडं, वेडीवाकडी लांबलचक मान, पुढं आलेले लोंबणारे ओठ, शरीराच्या मानानं बारीक, काडीसारखे पाय आणि फतक फतक करत चालणं, एकही आवडावा असा शारीरिक अवयव नाही. उष्ट्राणां विवाहेषु, गीतं गायन्ति गर्दभः। परस्परं प्रशंसन्ति. अहो रूपमहो ध्वनिः।। या श्लोकात तर उंटाला गाढवाच्या पंगतीला बसवून, 'अहाहा काय ते रूप' असं म्हटलं आहे. याहून अधिक अवहेलना ती काय!

पण आपण शेवटी 'वरलिया रंगाला' भुलणारीच माणसं. उंटाच्या बेंगरूळ रूपाकडेच लक्ष देताना आपण त्याच्या अंगच्या काही गुणांकडे साफ दुर्लक्षच करतो. वास्तविक उंटाला 'वाळवंटातलं जहाज' असं म्हटलं जातं. जहाज हे तसं नेहमीच पाण्यातून विहार करतं. पण वाळवंटात तर पाण्याचा टिपूसही नसतो. त्या पर्यावरणातही पाण्यातून प्रवास करणाऱ्या जहाजाइतक्याच सहजतेनं तरंगत गेल्यासारखी पदक्रमणा करण्याची क्षमता असणाऱ्या उंटाला म्हणूनच तर जहाज असं संबोधलं गेलं आहे. वालुकामय प्रदेशातून दिवसेंदिवस प्रवास करताना कितीही तहान लागली, तरी पाणी मिळणं मुश्कीलच नाही तर केवळ अशक्य. तरीही विनातक्रार उंटाची स्वारी चालत राहतं. प्रवासाला निघण्यापूर्वी जे काही पोटभर पाणी पिऊन घेतलेलं असेल त्याचीच साठवण करत त्याचा अपव्यय होणार नाही याची खातरजमा करून घेत उंट चालत राहतो. कारण त्या तापलेल्या उन्हात घाम येणार नाही, अशीच त्याच्या त्वचेची रचना असते. तसंच मूत्रावाटेही शरीरातल्या पाण्यात घट होणार नाही यासाठी त्याचं मूत्रही घनरूपच राहतं. त्याचे स्फटिकच तो शरीराबाहेर टाकतो. अर्थात घाम आणि मूत्र या शरीरातल्या पाण्याचा निचरा करणाऱ्या दोन्ही प्रक्रियांचं त्याच्या

अंगातलं स्वरूप वेगळंच असतं.

तीच गत त्याच्या पावलांची. खरंतर वाळूतून चालणं तसं कठीणच. कारण मऊमऊ वाळू पावलांच्या तिच्यावर पडणाऱ्या दाबाचा कठीण जमिनीसारखा प्रतिकार करू शकत नाही. त्यामुळं पाऊल पुढं टाकण्यासाठी आवश्यक असलेली उचल मिळत नाही. म्हणूनच पाऊल घट्ट रोवतच चालावं लागतं. सर्वसाधारण तापमानालाही वाळूचे चटके पावलांना बसतातच. वाळवंटातली वाळू तर आग ओकत असते. अशा त्या धगधगीत निखाऱ्यांसारख्या वाळूवर पाय घट्ट रोवायचे म्हणजे तर ते भाजूनच निघायला हवेत. पण उंट मात्र मजेत रमतगमत फिरल्यासारखा त्या वाळूतून चालतो. कारण त्याच्या पावलांवर त्वचेचीच चामड्यांसारखी घट्ट आवरणं असतात. त्यामुळं वाढीव तापमान त्या पावलांच्या मऊसूत त्वचेपर्यंत पोहोचतच नाही. ते आवरण तिचं संरक्षण करतं. जणु निसर्गानंच त्याच्याच कातडीचे जोडे करून त्याच्या पावलांवर अडकवले आहेत.

या आणि अशाच नैसर्गिक गुणधर्मांमुळं एरवी ज्याची निंदा केली जाते त्या उंटाचीच आठवण वाळवंटातून आपला कबिला आणि विकावयाचा माल यांची ने-आण करणाऱ्या व्यापाऱ्यांना होते. त्यांच्या त्या काडीसारख्या पायांना वेगही घेता येतो. म्हणून तर जेव्हा टपाल मुख्यत्वे खुष्कीच्या मार्गानंच पाठवलं जात असे, त्या काळात उंटांचा उपयोगही त्यासाठी केला जात होता. सैन्यातही सांडणी दल तैनात असे. खास करून मरुभूमीतल्या युद्धासाठी त्यांचा उपयोग अटळ होता.

याच उंटाच्या आणखी एका वैशिष्ट्यानं आता वैज्ञानिकांना आकर्षित केलं आहे. सतत अतिशय कोरड्या प्रदेशातच वास्तव्य करावं लागत असल्यामुळं, पाण्याचा शोध घेण्याची क्षमता उंटांच्या अंगी उपजतच विकसित झालेली असते. जवळपास कुठं पाण्याचा साठा असेल तर त्याचा सुगावा त्यांना पटकन लागतो. त्यासाठी त्यांचं नाक तयार झालेलं आहे. त्याची रचना आणि त्याचे गुणधर्म त्याला पाण्याचा सुगावा लावण्यात मदत करतात. हे नाक

इतकं तीक्ष्ण असतं, की हवेतल्या बाष्पाचीही त्यांना चटकन ओळख पटते. हवेत आर्द्रता असेल तर त्यांचं नाक त्याची जाणीव करून देतं.

उंटाची नक्कल केली तर, असा एक जगावेगळा विचार चीनमधील झियान विद्यापीठातील वायग्यू हुयांग यांच्या मनात चमकून गेला. त्याचाच पाठपुरावा करत त्यांनी उंटाच्या घ्राणेंद्रियाचा सविस्तर अभ्यास केला. पेयजलाचा शोध लावण्याच्या त्याच्या गुणवैशिष्ट्याचा सखोल उलगडा करून घेतला. त्यावर आधारित एक आर्द्रता संवेदक, सेन्सर, त्यांनी विकसित केला आहे. तो निरनिराळ्या अनेक पर्यावरणाच्या परिस्थितीत आर्द्रतेचं अचूक निदान करू शकतो, असा त्यांचा दावा आहे. अगदी औद्योगिक प्रदूषणग्रस्त पर्यावरणातही त्यांचं हे उपकरण आपली कामगिरी इमानेइतबारे बजावतं. एवढंच काय पण मानवी त्वचेवरच्या बाष्पाचाही छडा लावणं त्याला शक्य होतं.

आजवर आर्द्रता संवेदक अस्तित्वातच नव्हते, अशातली बाब नाही. पण त्यांच्या मर्यादा आहेत. काही संवेदनशील आहेत पण टिकाऊ नाहीत. इतर काही नेमके यांच्या उलट आहेत. बरेचसे संवेदक खुल्या जागेत वापरता येत नाहीत कारण सूर्यप्रकाशात त्यांची क्षमता क्षीण होते. उंटाला सूर्यप्रकाशाचा अजिबातच त्रास होत नाही. म्हणूनच त्याच्या नाकाच्या रचनेवर आधारित हा नवा संवेदक उघड्यावरही तीच अचूकता दाखवतो.

उंटाच्या नाकात लहान लहान अरुंद वाहिन्या असतात. त्यांच्यामध्ये असलेल्या श्लेष्मल त्वचेत अतिशय अल्प प्रमाणातलंही बाष्प शोषून घेण्याची क्षमता असते. त्यात या वाहिन्यांची लांबी जास्त असल्यामुळं या त्वचेचं क्षेत्रफळही जास्त असतं. हुयांग यांनी त्याचीच नक्कल करत पॉलिमर पदार्थापासून असा पडदा तयार केला. त्यात श्लेष्मल त्वचेची नक्कल करणाऱ्या झ्विटरआयन कणांची पेरणी केली. या कणांच्या ठायी असलेल्या विद्युतरासायनिक गुणधर्मामध्ये पाण्याच्या संपर्कापायी मोजता येईल असा बदल होतो. आर्द्रतेत होणारे बदल या कणांनी दाखवलेल्या बदलांमध्ये प्रतिबिंबित होतात.

काही जणांच्या तळहाताला घाम येतो. ते ओलसर होतात. त्यापायी त्यांना संगणकावर सुरळीत काम करता येत नाही. त्वचेवरील बाष्पाचीही चाहूल हुयांग यांच्या उपकरणामुळं लागत असल्यानं त्याचा उपयोग स्पर्शहीन संगणकाची रचना तयार करण्यासाठी करता येईल, असा त्यांचा कयास आहे. त्यासंबंधीचे प्रयोग करून या उपकरणाच्या वापराचा विस्तार करण्याचे प्रयत्न ते सध्या करत आहेत.

प्राण्यांमधील अनोख्या गुणधर्माचा वापर करून इलेक्ट्रॉनिक यंत्रणा विकसित करण्याची ही पहिलीच वेळ नाही. वटवाघळांच्या संदेशवहनाची नक्कल करत रडारचा शोध दुसऱ्या महायुद्धाच्या काळात लावला गेला होता. आता उंटाची नक्कल करून आर्द्रता संवेदक तयार झाला आहे.

। ३२ ।

डोळे कोरडे पडत असतील तर

डोळा हा एक महत्त्वाचा पण तितकाच नाजूक अवयव आहे. शिवाय तो सतत पर्यावरणाचा सामना करत असल्यामुळं त्याची काळजी घेणंही अपरिहार्य ठरतं. विशेषतः त्याचा सर्वांत बाहेरचा भाग, स्वच्छपटल म्हणजेच कॉर्निया स्वच्छ राहील, त्याला कोणत्याही सूक्ष्मजीवाचा उपसर्ग होणार नाही, हे पाहावं लागतं. निसर्गानं काही प्रमाणात त्याची तजवीज केलेली आहे. कारण डोळ्यांच्या आसपास अश्रूग्रंथींची स्थापना केली गेलेली आहे. त्यातून नित्यनेमानं एक प्रकारचे अश्रू पाझरत असतात. आपण डोळ्यांची उघडझाप करतो तेव्हा हा द्रव त्या स्वच्छपटलावरून वाहतो. त्याची स्वच्छता राखतो. या अश्रूंमध्ये जंतुविरोधक घटक असल्यामुळं जीवाणू-विषाणू यांच्यापासून त्या अवयवाचं संरक्षणही होतं.

तरीही काही वेळा या प्रक्रियेत बाधा येते आणि डोळे कोरडे पडतात. यालाच वैद्यकीय भाषेत 'ड्राय आय सिंड्रोम' असं म्हणतात. खरंतर ही तशी क्वचितच होणारी बाधा आहे. पण गेल्या दोन-तीन वर्षांमध्ये या बाधेनं त्रासलेल्या व्यक्तींच्या संख्येत लक्षणीय वाढ झाल्याचा जगभरच्या नेत्रतज्ज्ञांचा अनुभव आहे. त्याची काही कारणंही त्यांच्या ध्यानात आली आहेत. जगालाच ज्यानं विळखा घातला आहे, त्या कोरोनाच्या महासाथीचा यात मोठा प्रभाव असल्याचं त्यांचं निदान आहे.

कोरोनापायी आपली जीवनशैलीच बदलून गेली आहे. लॉकडाउनच्या दिवसात प्रत्येकजण घराच्या उंबरठ्याअलीकडेच अडकून पडला होता. त्यामुळं जे व्यवहार घराची चौकट ओलांडून बाहेर केले जात, ते घराच्या चार भिंतींमध्येच केले जात होते. त्यातही किराणामालाची खरेदी असो, मुलांचं शिक्षण असो, नोकरीधंद्याची कामं असोत, बँकेची कामं असोत, आप्तेष्टांशी संपर्क असो, सगळ्याच व्यवहारांसाठी डिजिटल प्रणालीचा अंगीकार केला गेला. त्यापायीच मग डोळे तिन्हीत्रिकाळ संगणकाच्या वा मोबाईल फोनच्या पडद्याशी खिळलेले राहत आहेत. त्या पडद्याकडे रोखून पाहण्याची सवयच लागली आहे.

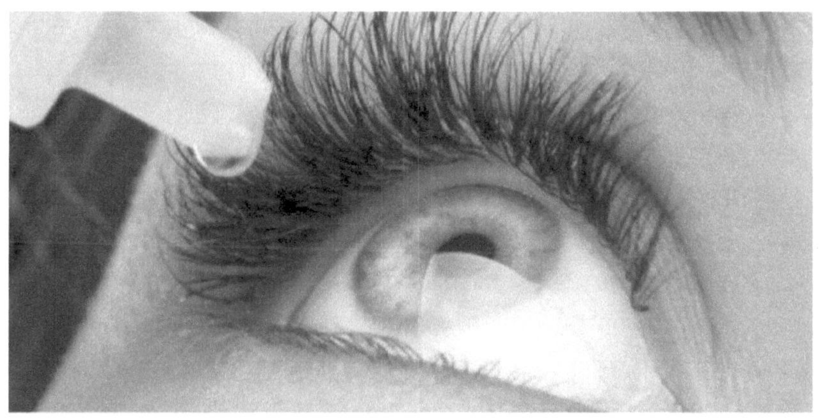

या व्यतिरिक्त मुखपट्टीचा वापरही वाढला आहे. तिनं नाक आणि तोंड झाकलं गेल्यामुळं जो उच्छ्वास नाकातून बाहेर पडत असे त्याला आता त्या मुखपट्टीच्या पडद्याआडून वाट शोधण्याची धडपड करावी लागते आहे. खास करून ज्या मंडळींच्या नाकावर चष्मा विराजमान झालेला असतो त्यांच्या काचा त्या उच्छ्वासापायी सतत धुरकटल्यासारख्या होतात याचा अनुभव त्यांना येतो. त्या काचा क्षणोक्षणी साफ केल्याशिवाय नजर धूसरच राहते. अर्थात त्याचा आनुषंगिक फायदा म्हणजे डोळ्याचं आपोआपच संरक्षण होतं. पण जे चष्मा वापरत नाहीत त्यांच्या डोळ्याच्या बाह्यपटलावर या उष्ण उच्छ्वासाचा सतत मारा होत राहतो. त्यापायी मग तिथल्या पाण्याचं बाष्पीभवन होत राहतं. डोळे कोरडे पडतात. संगणकाशी दिवसभर जखडून राहिल्यानंतर रात्रीच्या झोपेचंही खोबरं होतं. डोळ्यांना आवश्यक असलेली विश्रांती झोपेत मिळते. पण ती झोपच व्यवस्थित न मिळाल्यामुळं डोळ्यांवर ताण पडतो. झोपेतून उठल्यावरही डोळे लाल झाल्याचं दिसतं. याचं कारण त्यांच्या बाह्य आवरणाचा शोथ होतो. डोळे कोरडे पडल्याचं ते स्पष्ट लक्षण असतं.

वास्तविक 'ड्राय आय सिंड्रोम' हे अनेक निरनिराळ्या व्याधींना दिलेलं वळकटीवजा नाव आहे. डोळे चुरचुरणं, अधूनमधून नजर धूसर होणं, डोळ्यांना थकवा जाणवणं, उलट डोळ्यांमधून सतत पाणी वाहणं, एवढंच काय पण समोरच्या दिव्याभोवती आभा पसरल्यासारखी दिसून त्याचा प्रकाश पसरल्यासारखं वाटणं, ही सारी लक्षणं याच ड्राय आय सिंड्रोमची आहेत. त्यांची कारणं थोडीफार निरनिराळी असली तरी 'श्वागोमुबानोगघवानमाह' या पाणिनीच्या उक्तीप्रमाणे त्या सर्वांचाच या एकमेव निदानाखाली समावेश केला गेला आहे.

तरीही ही तेवढी गंभीर बाब नाही. कारण त्यामध्ये त्या नाजूक अवयवाला काही इजा झालेली नसते. परंतु काही व्याधीग्रस्तांच्या बाबतीत अशं नुकसान झाल्याचंही दिसून येतं. सुदैवानं त्यांचं प्रमाण दहा टक्क्यांपेक्षा जास्ती नाही. जेव्हा नाकावरच्या माशीचा बंदोबस्त

करण्यासाठी गोष्टीतल्या त्या राजाचा नोकर तलवारीचा वार करतो, उतावळा होतो; तशीच आपली रोगप्रतिकारयंत्रणा उतावळी, अतिउत्साही बनते, तेव्हा ती डोळ्यांना क्षती पोहोचवते. इतरही काही तशी दुर्मीळ कारणं आहेत. वय होत आलं की डोळे कोरडे पडण्याचं प्रमाणही वाढतं. ऋतुसमाप्तीनंतरही काही स्त्रियांना याचा त्रास होऊ लागतो.

संगणकाच्या पडद्याकडे टक लावून पाहताना डोळ्यांच्या होणाऱ्या नैसर्गिक उघडझापीमध्ये लक्षणीय घट होते. या प्रत्येक प्रक्रियेत जे अश्रू पाझरून डोळ्यांची निगा राखतात तीही विस्कळित होते. सभोवतालच्या अश्रुग्रंथींमध्ये तेल साचून राहतं. उघडे राहिल्यामुळं डोळ्यांना हवेचा जास्ती वेळ सामना करावा लागतो. ही व्याधी तशी मामुली वाटली, तरी त्यापायी व्यक्तींच्या कार्यक्षमतेत होणारी घट लक्षणीय ठरू शकते. तसं झाल्यास त्यांच्या रोजगारावर गदा येते. डोळे सतत चुरचुरत राहिल्यामुळं चिडचिड वाढते. त्यांच मानसिक आरोग्यही ढासळतं. शिवाय माणूस आपल्या हातातल्या कामावर व्यवस्थित लक्ष देऊ शकत नाही. रात्रीच्यावेळी मोटार चालवणंही धोकादायक ठरतं. कारण रस्त्यावरच्या आणि समोरून येणाऱ्या वाहनांच्या दिव्यांमुळे डोळे दिपतात.

जर डोळे कोरडे पडत असतील तर बहुतेक वेळा आपल्या जीवनशैलीत योग्य ते बदल करून या व्याधीपासून मुक्तता मिळवता येते. तसंच घरच्या घरीच करता येण्यासारख्या काही उपायांनीही या व्याधीला अटकाव करता येतो. ज्युलियाना आन्ग यांनी हे दाखवून दिलं आहे. त्या नेत्रतज्ज्ञ असूनही त्यांचे डोळे सतत दुखतात, अधूनमधून नजर धूसर होते. समोरचं दृश्य धुरकट होतं. डोळ्यांच्या कोपऱ्यातून सतत थोडाफार चिकट द्रव वाहत राहतो. प्रयत्नपूर्वक व्यवस्थित झोप मिळवणं तसंच नियमित व्यायाम केल्यानं यावर ताबा मिळवता येतो. संगणकासमोरच काम करावं लागत असलं तरी दर पंधरा मिनिटांनी पडद्यावरची नजर हटवून इकडे तिकडे, शेजारीच खिडकी असेल तर बाहेरच्या दृश्याकडे पाहणं, डोळ्यांचे माफक व्यायाम करणं यापायीही डोळ्यांना आवश्यक तो आराम मिळतो. आणि परत संगणकाच्या पडद्याशी झगडण्यासाठी ते ताजेतवाने होतात. डोळे कोरडे पडण्याची शक्यता मावळते. डोळ्यांना हलकासा शेक देणं, त्यांच्यावर थोडीफार गरम पट्टी ठेवणं यासारख्या सामान्य उपायांनीही डोळे कोरडे पडण्यापासून वाचवता येतात. या व्यतिरिक्त ज्युलियान आन्ग या नियमितपणे डोळ्यांमध्ये विशिष्ट पण सहज उपलब्ध असणारे आय ड्रॉपचे थेंब टाकणं, यातून या व्याधीला अटकाव करू शकल्या आहेत. या व्याधीनं त्यांच्या कामात किंवा नित्याच्या व्यवहारात कोणताही अडथळा आणलेला नाही. जर डोळे कोरडे पडत असतील तर त्याची लक्षणं दिसू लागल्याबरोबर त्याची दखल घेत, तज्ज्ञांच्या सल्ल्याने, सहजसाध्य उपायांपायी डोळ्यांना गंभीर इजा पोचणार नाही, याची व्यवस्था करता येते.

बहिरेपणा घालवायचा असेल तर..

आपल्या पंचेंद्रियांमध्ये उजवं डावं करता येत नाही. सर्वच महत्त्वाची आहेत. त्यातलं एखादं निकामी झालं, की मगच त्याचं आपल्या जगण्यातलं स्थान लक्षात येतं. वयपरत्वे हळूहळू एकेका इंद्रियाची कार्यक्षमता मंदावत जाते. पण कधी कधी एखाद्या संसर्गजन्य रोगामुळं किंवा अपघातात जायबंदी झाल्यानंतरही इंद्रियं आपली कामगिरी पूर्ण क्षमतेनं पार पाडू शकत नाही.

आपलं कर्णेंद्रियही याला अपवाद नाही. वाढत्या वयाबरोबर ते अधू होत असल्याचा अनुभव येतोच. पण आता तर ध्वनीप्रदूषणापायी तरुण वयातही ते निकामी होण्याचा धोका वाढीस लागतो, हे सिद्ध झालं आहे. बरं, त्यावर कायमचा काही औषधोपचार करून ते पूर्ववत करण्याची शक्यताही अजून तरी उपलब्ध झालेली नाही. शस्त्रक्रिया करून नव्यानं श्रवणशक्ती बहाल करणंही अजून तरी जमलेलं नाही.

आमच्या नानांची यामुळं चांगलीच पंचाईत होते. कुटुंबीयांचेही शिव्याशाप त्यांना खावे लागतात. कारण ते टीव्हीवरचा कार्यक्रम पाहत असले, की इतरांना नकोसं होतं. टीव्हीचा आवाज सर्वांत जास्ती ठेवूनही त्यांना नीटसं ऐकू येत नाही. तसं कुटुंबीयांनी त्यांना हिअरिंग एड आणून दिली आहे. पण ते वापरणं त्यांना जमत नाही. कानात काही तरी हुळहुळल्यासारखं होतं अशी त्यांची तक्रार असते.

परंतु नैज्ञानिकांनी यानंतर कायमचा तोडगा काढण्याच्या कामात बरीच प्रगती केली आहे. आपल्या कानाचे दोन भाग आहेत, बाहेरचा कान आणि आतला कान. दोन्ही भागांमधील पेशी एकदा का नाश पावल्या, की त्या पुनरुज्जीवित होत नाहीत. बाह्य उपायांनी त्यांना जीवनदान देणंही शक्य होत नाही. इतरही असे अवयव आहेत. हृदयाच्या किंवा मेंदूच्या पेशींचा काही कारणांनी मृत्यू झाला, तर त्या परत नव्यानं तयार होत नाहीत. म्हणूनच तर हृदयविकाराचा झटका आला, की हृदयाचा काही भाग कायमचा निकामी होतो. त्याला परत जीवित करता

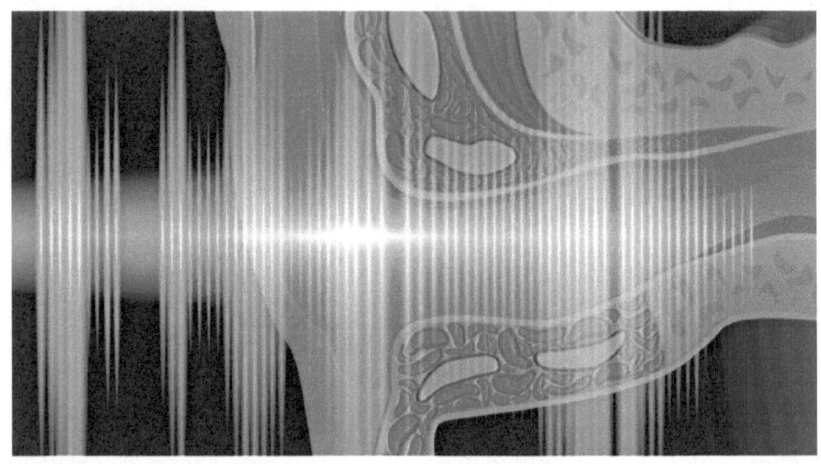

येत नाही. तरीही जनुकविज्ञानात झालेल्या प्रगतीमुळं जर त्या पेशींचा मूळ आराखडा ज्यामध्ये आहे त्या जनुकांचा पत्ता लागला तर त्यांना प्रयोगशाळेत कार्यान्वित करून त्या पेशी तयार करता येतात, असा सर्वसाधारण अनुभव आहे. त्याच्याच अनुषंगानं इन्सुलिनसारख्या काही जैवरसायनांचं उत्पादन आता प्रयोगशाळांमध्ये किंवा कारखान्यांमध्येही करता येत आहे. याच प्रक्रियांचा पाठपुरावा करत नॉर्थवेस्टर्न विद्यापीठातील वैज्ञानिकांनी आतल्या तसंच बाहेरच्या कानांमधील पेशींच्या निर्मितीला चालना देणाऱ्या आदिजनुकाचा शोध लावला आहे. त्याला कार्यान्वित करून या पेशींचं उत्पादन करण्यातही ते यशस्वी झाले आहेत. एवढंच नाही तर आपल्याला हवं तसं या जनुकाला वाकवत फक्त एकाच प्रकारच्या पेशींचं उत्पादन करायला लावणंही त्यांना जमलं आहे. शिवाय एका प्रकारच्या पेशींची निर्मिती करत असताना ते थांबवून दुसऱ्या प्रकारच्या पेशींचं उत्पादन करायला लावणारं बटणही त्यांना गवसलं आहे. जेम्स गार्सिया यांच्या मते तर 'ही मोठीच मजल मारली आहे. कारण यापूर्वी कधीही उपलब्ध न झालेलं बहिरेपणावर मात करण्यात मदत करणारं एक नवीनच साधन आता हाती आलं आहे.'

साठी उलटून गेलेल्या व्यक्ती आजवर निवृत्त जीवन जगण्यातच धन्यता मानत असत. पण आज परिस्थिती बदलली आहे. एकतर सरासरी आयुर्मान वाढलं आहे. सत्तर, ऐंशी वर्षांची मर्यादा ओलांडणाऱ्या किती तरी व्यक्ती आपल्या आसपास आढळतात. त्या वयातही समाजोपयोगी काम करणाऱ्यांची संख्याही लक्षणीयरित्या वाढली आहे. म्हणूनच आजवर बहिरेपणाकडे जे दुर्लक्ष होत असे ते आता राहिलेलं नाही. अधिकाधिक कार्यक्षम असणारी श्रवणउपकरणं तंत्रज्ञानानं उपलब्ध करून दिली आहेत. तरीही तो थोडाफार अडथळाच वाटत राहतो. हृदय, फुप्फुस, यकृत यांचं प्रत्यारोपण करणं जर शक्य आहे तर कर्णेंद्रियाच्या बाबतीतही त्या प्रक्रियेनं हात आखडता का घ्यावा, असाच प्रश्न विचारला

जात आहे. त्यालाच या वैज्ञानिकांनी हे उत्तर शोधून काढलं आहे.

वयाच्या पन्नाशीपासून या व्याधीचा ससेमिरा पाठी लागतो. अलीकडेच केलेल्या एका सर्वेक्षणानुसार सत्तरीनंतर तर जवळजवळ दर दोन व्यक्तींमधील एकाला, म्हणजेच पन्नास टक्के जनतेला श्रवणऱ्हासाचा त्रास होतो. यातलं मुख्य कारण म्हणजे कॉखिलया या नावानं ओळखल्या जाणाऱ्या आतल्या कानातील पेशींचा ऱ्हास हेच आहे. या पेशींची निर्मिती गर्भावस्थेच्या सुरुवातीच्या काळातच होत असते. ज्या पेशी आपली आयुष्यभराची साथ करतात त्या या कालावधीतच जन्म घेतात. त्यानंतर त्यांच्या संख्येत किंवा कार्यक्षमतेत घट झाली तर ती भरून निघत नाही. त्यांची पुनर्निर्मिती होत नाही. बाह्य कानातल्या पेशींवर ध्वनीचा दाब पडला, की त्या प्रसरण पावतात किंवा आकुंचन पावतात. त्याचा परिणाम त्या आवाजाची पातळी वाढण्यात होतो. अशा वृद्धिंगत झालेल्या ध्वनिलहरी आतल्या कानातल्या पेशींपर्यंत पोहोचतात. या पेशींशी जोडले गेलेले मज्जातंतू त्या लहरींना वाहून नेतात आणि मेंदूच्या संबंधित केंद्रातील चेतापेशींपर्यंत पोहोचवतात. तिथं त्या संदेशाची उकल होत आपल्याला आकलन होईल अशा स्वरूपात त्या रूपांतरित होतात. त्या आवाजाची ओळख आपल्याला पटवून देतात. त्यांचा अर्थ समजावून देतात. एखादं समूहनृत्यच जणू होत असतं. उंच उडी घेणाऱ्या खेळाडूसारख्या बाह्य कानातील पेशी वाकतात आणि उडी घेत कॉखिलयामधील पेशींना अधिक उंचीवर पोहोचवतात. या दोन प्रकारच्या पेशींमधील हा ताळमेळ अचूकपणे व्हावा लागतो. सर्कशीतले झोक्यावरचे कसरतपटू कसे नेमका क्षण पकडतात आणि आपल्याला श्वास रोखून धरायला लावणाऱ्या उड्या घेत एकमेकांचे हात पकडतात तसाच हा या दोन पेशींमधला खेळ खेळला जातो.

वैज्ञानिकांनी शोधून काढलेलं हे जनुक, 'टीबीएक्सटू' असं त्याचं बारसं केलं गेलं आहे, विलक्षणच आहे. जेव्हा ते कार्यान्वित होतं तेव्हा केसांच्या मुळांना धक्का देत ते त्यांना कॉखिलयामधील पेशी तयार करतात, पण त्या जनुकाची मुस्कटदाबी केली तर त्याच केशमुळांना ते बाह्य कानामधील पेशींना तयार करण्याची आज्ञा देतं. सीसॉसारखंच या जनुकाला एका दिशेतून दुसऱ्या दिशेत ढकलणाऱ्या बटणाचीही ओळख पटली आहे. आणि त्याला आपल्या इच्छेनुसार काम करायला लावणाऱ्या गुरुकिल्लीचीही.

केशमूळ नसलेल्या पेशींपासून केशमूळ पेशींची निर्मिती करू शकणारी दोन जनुकंही शोधून काढली गेली आहेत. ती अलग करून त्यांचा वापर करत केशमूळ पेशी तयार करण्यासाठीचे प्रयोग सध्या पूर्णत्वाच्या दिशेनं वाटचाल करत आहेत. ते पूर्ण होऊन त्यातून केशमूळपेशी हाती लागल्या की त्यांच्यावर टीबीएक्सटूचा प्रभाव पाडून आतल्या तशाच बाहेरच्या कानातील पेशींना प्रयोगशाळेत जन्माला घालता येईल. जर बहिरेपणा घालवायचा असेल तर मग या पेशींचं प्रत्यारोपण करता येईल.

पक्षाघाताचा झटका टाळायचा असेल तर....

पक्षाघात हा शब्द तुमच्या आमच्या भाषेत रूढ झाला असला, तरी वैद्यकीय भाषेत त्याला स्ट्रोक असंच म्हणतात. हृदयविकाराचा झटका जसा येतो तसाच हा स्ट्रोक म्हणजे मेंदूला आलेला झटका असतो. हृदयविकाराच्या झटक्यात हृदयाच्या स्नायूंना रक्ताचा पुरवठा करणाऱ्या वाहिन्या चोंदतात. परिणामी त्या स्नायूंना रक्तपुरवठा पुरेशा प्रमाणात होत नाही. तो अजिबातच झाला नाही तर त्या पेशी मृत होतात. आपलं नेमून दिलेलं काम करू शकत नाहीत. हृदयक्रिया बंद पडण्याचीही वेळ येते. ती वेळ येऊ नये म्हणून काही उपाययोजना करता येतात. त्या रक्तवाहिन्या चोंदू नयेत म्हणून आहारात, जीवनशैलीत काही बदल करण्याचा सल्ला डॉक्टर देतात. तरीही त्या वाहिन्यांमध्ये अडथळा आलाच तर बायपास, किंवा अँजिओप्लास्टी करून, स्टेंट घालून चिमटलेल्या वाहिन्या रुंदावून रक्तप्रवाहाला मोकळी वाट देण्याच्या उपाययोजना केल्या जातात.

ब्रेनस्ट्रोक आला तर त्याचा दृश्य परिणाम म्हणून पक्षाघात होऊ शकतो. त्यामुळं मग शरीराच्या काही अवयवांच्या हालचाली सुरळीत होत नाहीत. एका हाताची हालचाल नीट न होण्यापायी वस्तू उचलता येत नाहीत. पाय लुळे पडल्यामुळं चालता येत नाही. जीभ लुळी पडल्यास नीट बोलता येत नाही. वाचा जाण्यापर्यंतही परिस्थिती बिघडू शकते. त्यावर मर्यादित प्रमाणातच उपचार होऊ शकतात. मेंदूच्या कामात अडथळा निर्माण झाल्यामुळं ही विकलांगावस्था येत असल्यामुळं, त्याच्या सीटी स्कॅन, एमआरआय यांसारख्या चाचण्यांमधून असा झटका येण्याची पूर्वसूचना मिळू शकते. हृदयाकडून होणाऱ्या रक्तपुरवठ्यात काही अनियमितता आल्यास असा झटका येण्याची शक्यता वाढीस लागण्याचीही चिन्हं दिसू लागतात. अशा वेळी काही उपचार केले जाऊ शकतात.

तरीही जसा हृदयविकाराचा झटका टाळण्यासाठी काही उपाययोजना करता येतात, तशाच या मेंदूविकाराचा झटका टाळण्यासाठी काही उपाययोजना का नाही करता येणार,

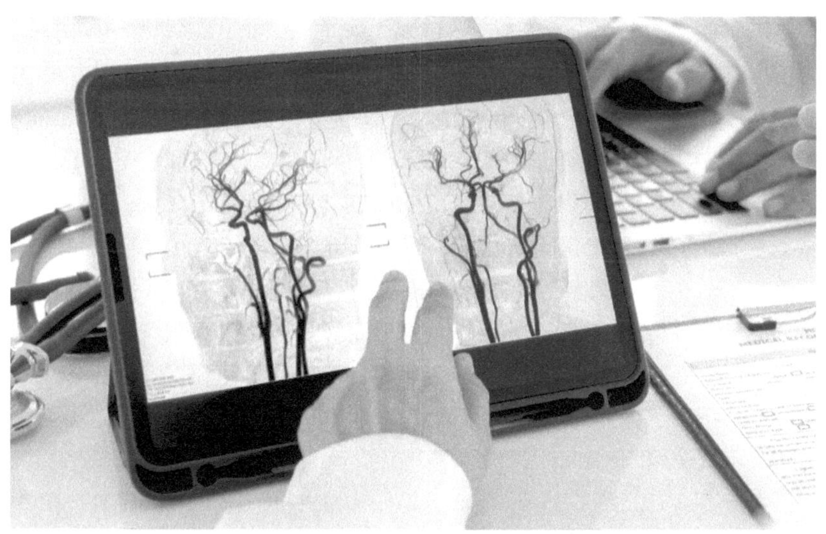

असा विचार करून सॅन दिएगो विद्यापीठातील काही चेतातज्ज्ञांनी त्या दिशेनं संशोधन सुरू केलं आहे. असा झटका येण्याचं एक प्रमुख कारण प्रभावी पद्धतीनं सांगण्यासाठी त्यांनी एक नामी उपमा सांगितली. ते म्हणाले, की कल्पना करा तुम्हाला सध्या चर्चेत असलेला बॅटमॅन हा लोकप्रिय चित्रपट सुरुवातीपासून शेवटापर्यंत सलग चार वेळा पाहायला सांगितलं किंवा दिवसातून घरापासून कामाच्या ठिकाणापर्यंतच तब्बल साठएक किलोमीटरचं अंतर चालत जायला सांगितलं तर तुमची प्रतिक्रिया काय होईल? बोअरिंग किंवा अशक्य असंच तुम्ही म्हणाल ना! पण ही कामं करण्यासाठी जो बारा तासांचा वेळ लागेल तेवढा वेळ तुम्ही निष्क्रियपणे एका जागी बसून घालवता, हे तुमच्या लक्षात येत नाही. शरीराची काहीच हालचाल न करता असं नुसतंच पडून राहिल्यानं तुम्ही अनेक व्याधींना आमंत्रण देत असता.

अशाच निष्क्रिय अवस्थेत बसून राहण्यानं तुम्ही हृदयविकार जडवून घेता. टाइप-२ मधुमेह, नैराश्य यांसारख्या सततच्या दुखण्यांना तर आपला जम बसवायची ही नामी संधी मिळते. अनेक जणांना त्यांच्या व्यवसायापोटी अशी बैठी जीवनशैली अंगीकारणं अनिवार्य झालं आहे. त्याला प्रतिबंध करण्यासाठी आठवड्याभरात दीडशे मिनिटांचा व्यायाम करणं अत्यावश्यक आहे. दर दिवशी अर्धा तास भरभर चालणं, जॉगिंग करणं, पोहणं, एरोबिक व्यायाम करणं, प्राणायाम यासारखा व्यायामही या विकारांना तुमच्यापासून दूर ठेवू शकतो. तेही करणं जमत नसेल तर घरातली झाडलोट करणं, कपडे वाळत घालणं, मजेसाठी फेरफटका करणं यासारख्या हलक्या व्यायामानंही तुम्ही पक्षाघाताला दूर ठेवू शकता. याशिवाय फुरसतीच्या वेळेत सुडोकू खेळणं किंवा गुंतागुंतीची शब्दकोडी सोडवण्यानं मेंदूलाच व्यायाम होतो. तोही करणं फायद्याचं ठरतं. हा अर्थात बैठा व्यायाम होतो. पण

शारीरिक आणि बैठे, दोन्ही प्रकारचे व्यायाम उपयुक्त ठरतात, असंच या संशोधकांचं सांगणं आहे. हे निष्कर्ष त्यांनी ४५हून अधिक वय असलेल्या साडेसात हजार व्यक्तींवर केलेल्या निरीक्षणातून काढले आहेत. त्यांना असं आढळून आलं, की जी मंडळी दिवसातून तेरा तास किंवा त्याहूनही अधिक काळ अशा बैठ्या अवस्थेत घालवतात त्यांना पक्षाघात होण्याची शक्यता ४४ टक्क्यांनी वाढते. ही निरीक्षणं करण्यासाठी त्यांनी ऑक्सिलरोमीटर उपकरणाचा आधार घेतला होता. आपण जेव्हा चालतो, धावतो किंवा अशीच काही कृती करत असतो तेव्हा शरीर चल अवस्थेत असतं. आपला वेग सतत बदलत असतो. वेगात होणारा बदल म्हणजेच त्वरण किंवा ऑक्सिलरेशन. तेच या यंत्राकडून मोजलं जातं. हे उपकरण या सर्वेक्षणात सहभागी झालेल्या व्यक्तींच्या कंबरेला बांधलं गेलं होतं. त्यामुळं शरीराची प्रत्येक हालचाल त्या यंत्रातील संवेदनशील मापकाकडून नोंदवली जात होती. माणूस जेव्हा बैठ्या अवस्थेत असतो तेव्हा त्याच्या त्वरणात काहीच बदल होत नाही. तेच त्या यंत्राकडून वस्तुनिष्ठपणं नोंदवलं जातं. त्यामुळंच या संशोधनाला वजन प्राप्त झालं आहे. त्याची विश्वासार्हता वाढली आहे.

गेल्या काही वर्षांपासून तुमच्या शरीरस्वास्थ्यावर लक्ष ठेवणारी स्मार्ट घड्याळं बाजारात आली आहेत. ती तुमचा रक्तदाब, रक्तातल्या ऑक्सिजनचं प्रमाण, हृदयाच्या ठोक्यांची नियमितता वगैरेंचं २४/७ मोजमाप करत राहतात. अगदी तुम्ही झोपलेले असतानाही ते काम करतच असतात. एवढंच नाही तर तुम्ही किती वेळ झोपला होतात, ती झोप सलग होती की तिच्यात व्यत्यय आला होता याचीही नोंद ठेवतात. तसंच तुम्ही कोणत्या प्रकारचा व्यायाम किती वेळ करावा, याचं लक्ष्यही ठरवून देतात. त्याचा वापरही आता बरीच मंडळी करतात. पण तीच घड्याळं दिवसभरात एक लाख पावलं चालण्याचं उद्दिष्ट ठेवतात. ते पूर्ण करणं अनेकांना अवघड जातं. त्यामुळं मग कोणताही व्यायाम न करण्याकडेच कल होतो. शिवाय त्यामुळं आपण अपुरे पडत आहोत असा न्यूनगंड निर्माण होण्याची शक्यता असते. म्हणूनच डॉ. हूकर म्हणतात की असं शिवधनुष्य उचलण्याची काहीच गरज नाही. आपल्याला जमेल तेवढंच लक्ष्य तुम्हीच ठरवा. मात्र इमानेइतबारे नियमितपणे ते पूर्ण करण्याचा निर्धार करा. एका वेळी कोणतातरी सौम्य व्यायाम करण्यात फक्त दहा मिनिटं घालवलीत आणि तीन चार वेळा त्याची पुनरावृत्ती केलीत तरी उद्दिष्ट साध्य होऊ शकतं. तसं केल्यानं पक्षाघाताचा झटका टाळण्याची शक्यता लक्षणीय प्रमाणात वाढीस लागते.

एवढ्या सोप्या, सहजसाध्य उपायांनी जर पक्षाघाताच्या झटक्याला दूर ठेवणं शक्य होत असेल तर मग त्या उपायांकडे दुर्लक्ष का करायचं? आपल्याच पायावर कुऱ्हाड का मारून घ्यायची? करा विचार.

आठवणी नकोशा झाल्या तर...

आयुष्यात आपण हरघडी कोणता ना कोणता अनुभव घेत असतो. तो काही वेळा दीर्घकाळ चालतो. काही वेळा तो क्षणिक असतो. कशाही प्रकारचा असला तरी त्याची आठवण पाठी रेंगाळत राहते. सगळ्याच आठवणी दीर्घकाळपर्यंत स्मृतिकोशात साठवल्या जात नाहीत. काही थोड्या वेळानंतर पुसल्या जातात. त्या जाग्या करून त्या अनुभवाची अनुभूती परत घेता येत नाही. पण काही मात्र दीर्घकाळ, काही तर आयुष्यभर साथ करतात. त्या जाग्या करून परत परत त्यांची अनुभूती घेता येते. सुखद आठवणींबरोबर तर असा खेळ नेहमीच खेळला जातो.

अशा आठवणींचा ठसा आपल्या मनावर स्पष्टपणे उमटतो. वेळोवेळी आपल्याला तो जाणवत राहतो. काही आठवणी आपण जाणूनबुजून जाग्या करतो. काही एखादा संकेत मिळाल्याबरोबर आपणहून जाग्या होतात. प्रथम तो अनुभव आला त्यावेळी ऐकलेली एखाद्या गीताची धून, आसमंतात पसरलेला सुगंध, पाहिलेली एखादी विशिष्ट वस्तू पुसटशीही दिसली तरी नेमकी ती आठवण फडा काढून उभी राहते. पुनःप्रत्ययाचा आनंद देते.

अर्थात ती आठवण सुखद असेल तर. वर्गात आपला निबंध सर्वात उत्तम असल्यामुळं सरांनी तो जाहीरपणे वाचला होता, कौतुक केलं होतं, शाबासकीची थाप पाठीवर मारली होती तो प्रसंग परत आठवून त्यावेळी झालेल्या आनंदात डुंबत राहावंसं वाटतं. पहिलं प्रेम, प्रेयसीचा झालेला पहिला स्पर्श, मुलाचा जन्म अशा अनेक प्रसंगांच्या आठवणी सुखद असतात. म्हणून तर त्या प्रदीर्घ काळ स्मृतिकोशात जपून ठेवल्या जातात.

पण अनेक कटू, दुःखद प्रसंगांच्या आठवणीही अशाच साठवल्या जातात. त्या अस्वस्थ करून सोडतात. एखादा जीवघेणा अपघात आपण पाहिलेला असतो. आपल्या हातून तो झाला असला तर त्याची टोचणी असह्यच असते. पण त्यात आपला हात नसला तरी त्यात जीव गमावलेल्यांच्या आप्तेष्टांच्या आक्रोशाचे पडसाद मनावर कधीही न पुसला

जाणारा ओरखडा उठवून जातात. त्यांची आठवण नकोशी असते. ती जागृत करण्याचे प्रयत्न आपण जाणूनबुजून करत नाही. पण त्या आपोआप वेळोवेळी डोकं वर काढतात. आपल्या मनाचा ताबा घेत अस्वस्थ करून सोडतात. त्यांना दूर लोटण्याचा कितीही प्रयत्न केला तरी लोचटासारख्या परत परत आपल्याला वेढा घालू पाहतात. त्यांची कायमची विल्हेवाट करण्याचा काहीच मार्ग नाही का, हा प्रश्न छळत राहतो.

अशा नकोशा झालेल्या आठवणींचा जाच सहन करायलाच हवा का ? त्यांची कायमची हकालपट्टी करण्याचे मार्ग शोधण्याचे प्रयत्न चेतावैज्ञानिक करत आहेत. खरंतर आपल्या स्मृतिकोशाची जडणघडण कशी होते हेच अजून पुरतं उमगलेलं नाही. त्याची माहिती अजूनही तुटकतुटक आणि म्हणूनच अपुरी आहे. शिवाय एखाद्या कटू आठवणीवरची सर्वांचीच प्रतिक्रिया एकसारखी नसते. जबरदस्त मानसिक धक्का देणाऱ्या प्रसंगातून वाचल्यानंतर त्यातून सावरायला काही जणांना बराच वेळ लागतो. शिवाय त्याच्या तणावापोटी त्यांच्या वागणुकीतही चांगलाच फरक पडतो. काही वेळा तर त्यांच्या स्वभावात एकदम टोकाचं परिवर्तन घडून येतं. वैज्ञानिक भाषेत त्याला पोस्ट ट्रॉमॅटिक स्ट्रेस डिसऑर्डर (पीटीएसडी) असं म्हणतात.

आपल्या मनाविरुद्ध आपण करत असलेल्या प्रयासांना न जुमानता आपल्या स्मृतिकोशात बस्तान ठोकून बसलेल्या अशा आठवणी विसरायच्या कशा, याचाच शोध चेतावैज्ञानिक घेत आहेत. त्याचीच काही फळं त्यांच्या हाती लागली आहेत.

या कटू आठवणी आपण खुशीनं जाग्या करत नाही. त्या सुप्तावस्थेतच पडून राहतील अशीच धडपड करतो. पण आपल्याही नकळत आठवणींना उजाळा देण्याचं काम काही सूचक संकेत करत असतात. ती आठवण हवीहवीशी आहे, सुखद आहे की नकोशी आहे, असा भेदभाव हे संकेत करत नाहीत. त्यापायीच मग या नकोशा आठवणींचा ससेमिराही पाठी लागतो. आपल्या आसमंतातली एखादी घटना त्या आठवणींना सुप्तावस्थेतून ओढून आपल्या समोर सादर करते. अशा संकेतांना टाळण्याचा कसोशीचा प्रयत्न करणं हा एक उपाय आहे. अर्थात काही आठवणींना जागृत व्हायला एखादाच संकेत उद्युक्त करतो. एखादा भीषण अपघात घडताना तो टाळण्यासाठी गाडीनं जोरानं मारलेल्या ब्रेकपायी चाकांच्या रस्त्यावर झालेल्या घर्षणाचा कर्णकर्कश आवाज. तो कानावर पडला तरी मनावर काजळी धरणारी एखादी आठवण अस्वस्थ करून सोडते. असा एकमेव स्पष्ट संकेत असेल तर तो टाळण्याचा कसोशीचा प्रयत्न आपण करू शकतो. परत परत तसा प्रयत्न केला तर कालांतरानं तो सूचक संकेत बोथट होतो. तो आवाज कानावर पडला तरी ती आठवण छळत नाही.

हे सांगणं तसं सोपं आहे. पण त्याचा अवलंब करणं अवघड आहे. कारण काही आठवणींना उजाळा देणारा एकमेव संकेत नसतो. दहशतवाद्यांच्या बॉम्बहल्ल्यात

सापडलेल्या काही व्यक्तींनी दिलेली साक्ष बोलकी आहे. कारण ती दुर्घटना घडली त्यावेळी त्या स्फोटाचा कानठळ्या बसवणारा आवाज झाला होता. पाठोपाठ त्यात सापडलेल्या व्यक्तींच्या किंकाळ्या कानावर पडल्या होत्या. जिकडेतिकडे धूरच धूर झाला होता. कडवट वासानं आसमंत भरून गेला होता. आगीच्या बंबांच्या घंटांचा ठणठणाटही त्यात मिसळला होता. हे सगळेच संकेत त्या आठवणीला जागृत करायला पुरेसे ठरत होते. मग त्यापैकी कितींची मुस्कटदाबी आपण करू शकणार होतो? 'एकैकमप्य अनर्थाय किमु यत्र चतुष्टयम्' या संस्कृत वचनाचा प्रत्यय मिळत असतो.

म्हणूनच यापेक्षाही प्रभावी ठरतील अशा वेगळ्या उपायांचा शोध घेतला जात आहे. अशा संकेतापायी जो नकारात्मक प्रतिसाद उमटतो त्याचं सकारात्मक प्रतिसादात रूपांतर करण्याचे प्रयत्नही यश देऊन जातात, असं दिसून आलं आहे. तसाच ब्रेक मारत रस्त्याचा मध्यावरून चालत जाणाऱ्या निरागस बालकाचा जीव वाचवल्याची घटना जर आठवली तर त्यातला कटूपणा टाळत त्या बालकाचा जीव वाचल्याची किंवा आपण तो वाचवल्याची सुखद आठवणच मनाचा ताबा घेईल, असा प्रयत्न करता येतो. त्यापायी त्या नकोशा वाटणाऱ्या आठवणीची स्मृतिकोशातून कदाचित कायमची गच्छंती झाली नाही, तरी ती त्या सुखद आठवणीच्या ओझ्याखाली दबून राहते. मनोविकार तज्ज्ञ अशा प्रकारे आठवणीच्या प्रकारात अदलाबदल करण्यात मोलाची मदत करतात.

स्वीडनमध्ये केलेल्या एका प्रयोगात पीटीएसडीची शिकार झालेल्या साठजणांना सामील करून घेतलं होतं. त्यांना उच्च रक्तदाब नियंत्रणात ठेवण्यासाठी वापरलं जाणारं एक औषध दिल्यानंतर नव्वद मिनिटांनी त्यांची ती दुःखद आठवण जागी करणारे संकेत दिले गेले. पन्नास टक्क्यांहून अधिक जणांचा त्या आठवणींचा जाच कमी झाला होता. तोही उपाय अधिक परिणामकारक करण्याचे प्रयत्न आता होत आहेत.

प्रायोगिक स्तरावर असे नवनवे उपाय सापडत आहेत. त्यामुळं नजीकच्या काळात अशा नकोशा वाटणाऱ्या आठवणींचा कायमचा बंदोबस्त करता येईल अशी आशा आहे.

भुवयाच नसत्या तर..!

आपल्या शरीरात निरनिराळे अवयव आहेत. या प्रत्येक अवयवाचं काही निश्चित प्रयोजन आहे अशी व्यवस्थाही निसर्गानं केली आहे. आपल्या जगण्याच्या वेगवेगळ्या प्रक्रियांमध्ये योगदान देण्यासाठी त्यांच्यावर काही महत्त्वाचं काम सोपवलेलं आहे. याला अपवाद असलाच तर तो ॲपेंडिक्सचा. त्या अवयवाचं नेमकं काय काम आहे, याचं गूढ अजून तरी उकललेलं नाही. त्यामुळं ते एक अनावश्यक शुक्लकाष्ठ आहे, असाच समज आहे. काही उपयोग होण्याऐवजी काही वेळा त्याचा त्रासच व्हायला लागतो. आणि मग शस्त्रक्रिया करून तो कापून काढण्याशिवाय पर्याय उरत नाही. आणि तसं केल्यावर तो अवयव नसल्यानं कोणतीही अडचण संभवत नाही.

ॲपेंडिक्सच्याच पंगतीला काहीजण भुवयांना बसवू इच्छितात. कशासाठी आहेत या भुवया? जर भुवयाच नसत्या तर काय आभाळ कोसळणार आहे? असाच सवाल ही मंडळी करत आहेत. त्याचं उत्तर मिळवायचं तर मुळात या भुवया आहेतच कशासाठी, हे शोधायला हवं. त्यासाठीच वैज्ञानिकांनी आदिमानवाच्या काळातल्या जीवाश्मांचा अभ्यास केला. लक्षावधी वर्षांपूर्वी धरतीवर भटकणाऱ्या, आपल्या त्या पूर्वजांच्या शरीराच्या ठेवणीत आणि आज वावरणाऱ्या तुमच्या आमच्यासारख्या आधुनिक माणसाच्या शरीरयष्टीत अनेक साम्यस्थळं त्यांना दिसून आली. अर्थात काही फरकही होतेच. खास करून डोक्याच्या आणि चेहरेपट्टीच्या रचनेत. त्यातही नाकाची ठेवण, डोळ्यांची खोबण, ओठांची महिरप जवळजवळ तशीच्या तशीच असल्याचं त्यांना दिसलं. नाही म्हणायला एक अपवाद होता. तसा तो असायलाच हवा. त्याच्याशिवाय नियम कसा सिद्ध व्हावा!

हा अपवाद मात्र ठळक आहे. त्या आदिमानवाच्या डोळ्यांच्या खोबणीला वरच्या बाजूनं हाडांचा जाडजूड बांध होता. नजर पडताच लक्ष वेधून घेईल असा. उत्क्रांतीच्या ओघात आपल्या चेहऱ्यामधून तो गायब झाला आहे. त्या जागी तुलनेनं नाजुकशा भुवयांची

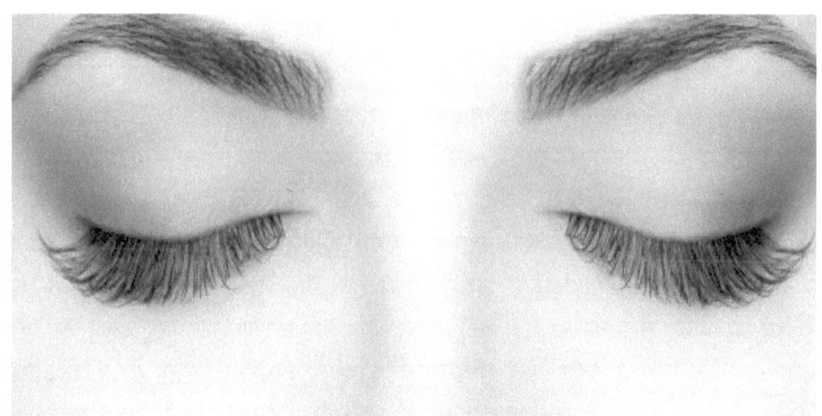

स्थापना झाली आहे. साहजिकच त्या हाडांच्या भक्कम वाटणाऱ्या कमानींचं काय प्रयोजन होतं, हा प्रश्न या वैज्ञानिकांच्या मनात फडा काढून उभा राहिला होता. अनेक कल्पना पुढं आल्या. सुरुवातीला वाटलं, की आपल्या कवटीच्या आकृति बंधाला आधार देण्याचं काम त्या करतात. पण त्याची पुष्टी करणारा पुरावा मिळाला नाही. काही जण म्हणाले की जबड्याची हालचाल, खास करून खाताना होणारी, नीटसपणे होण्यात त्यांची मदत होते. पण तो सिद्धांतही पचनी पडला नाही. म्हणजे मग ॲपेंडिक्स सारखंतेही एक निरुपयोगी उपांग होतं की काय? पण मग त्याचं रूपांतर या नाजूक भुवयांमध्ये कशासाठी झालं?

काहींच्या मते चेहऱ्याच्या सौंदर्याला उठाव देण्यासाठी त्यांची योजना केली गेली आहे. म्हणूनच ही मंडळी भुवयांकडे जास्त लक्ष देऊन त्यांचा आकार, जाडी, रंग अधिक खुलून दिसावेत, यासाठी धडपड करत असतात. कोणी त्या कापून कोरीव करतात. कोणी त्यांचा आकार डोळ्यांचा घाट नजरेत भरावा यासाठी प्रयत्न करतात. तसं पाहिलं तर भुवया प्रत्येकाच्या चेहरेपट्टीला अधिक आकर्षक बनवतातच असं नाही. शिवाय ही काही भुवयांची निसर्गदत्त कामगिरी असण्याची शक्यताही तशी कमीच.

पण आपल्या मनातील विचार आणि भावना मूकपणे व्यक्त करण्यात मात्र भुवया निश्चित उपयोगी ठरतात यात शंका नाही. भुवयांच्या हालचालीतून मनातील राग, कुतूहल यांसारख्या भावना प्रकट होत असतात. अलीकडे टीव्हीवर एक जाहिरात दाखवण्यात येते. एक प्रौढ स्त्री आपल्या मुलाबाळांना रेस्टॉरंटमध्ये बोलावून घेते. सर्वजण जमतात. पण ती आणखी कोणाची तरी वाट पाहत असते. ती व्यक्ती दारात दिसताच ती उठून उभी राहते. ती व्यक्ती कोण आहे हे कुटुंबातील सदस्यांना माहिती नसतं. अर्थात मग ती इथं का आली आहे हा प्रश्न सर्वांच्याच मनात उभा राहतो. सगळेजण एकमेकांकडे पाहत राहतात. त्यांच्या भुवया उंचावलेल्या असतात. त्या पाहताच त्यांच्या मनात काय खळबळ गाजली आहे, हे समजायला वेळ लागत नाही. भुवया नुसत्याच उंचावल्या जात नाहीत. त्या आक्रसूनही

घेतल्या जातात. आश्चर्य वाटत असेल तर एकच भुवई उंचावली जाते. कित्येक वेळा आपण इतरांपेक्षा श्रेष्ठ आहोत हे सांगण्यासाठीही भुवया विशिष्ट प्रकारे उंचावण्यात येतात. 'उच्चभ्रू' या शब्दप्रयोगाचा उगम तिथंच आहे. शब्दाविण संवादू साधण्याचं भुवया एक प्रमुख साधन आहे हे ध्यानात यायला मग वेळ लागत नाही. जर भुवयाच नसत्या तर हे कसं शक्य झालं असतं!

माणसाच्या सांस्कृतिक अभिव्यक्तीमध्ये भुवया कळीची भूमिका बजावतात यात शंका नाही. तरीही उत्क्रांतीच्या ओघात शरीराच्या बहुतेक बाह्यांगावरचे केस नष्ट झाल्यानंतर हे इवलंसं शेपूट तरी का राखलं गेलं, याचा वेध मानववंशशास्त्रज्ञ घेत आले आहेत. आपल्याला घाम येतो तेव्हा किंवा पावसामध्ये आपण सापडलेले असतो तेव्हा जी ओल कपाळावरून ओघळत डोळ्यांकडे झेपावत असते तिला अटकाव करून तिच्या प्रवाहाची दिशा बदलण्याचं काम भुवया करतात. त्यामुळं डोळ्यांवर येऊन ती ओल दृष्टीला अटकाव करू शकत नाही. डोळे कोरडेच राहतात. भुवयांच्या कमानीसारख्या घाटामुळं त्या पाण्याचा ओघ डोळ्यांच्या कडांकडे वळवला जातो. तिथून तो गालांवरून पुढं जातो. आदिमानवाच्या काळात शिकारीपाठी धावताना त्याला घाम येत असणार. किंवा उघड्या वर पावसात तो भिजत असणार. अशा वेळी त्याच्या डोळ्यांचं त्या पाण्यापासून संरक्षण करण्याची कामगिरी भुवया पार पाडत होत्या. त्यामुळं त्याच्या दृष्यमानात खोट आली, तर ती शिकार हातून निसटण्याची किंवा उलटी अंगावर धावून येण्याची भीती होती. नजर साफ राहिल्यास तो धोका टाळणं शक्य होतं. भुवया त्यात मदतच करत होत्या. शिवाय घाम जर डोळ्यात गेला तर त्यातील क्षारापायी डोळे चुरचुरायला लागतात. तेही टाळलं जातं.

स्वसंरक्षण ही प्रत्येक सजीवाची आदिम प्रवृत्ती आहे. मानवप्राणीही त्याला अपवाद नाही. त्यासाठी आपली सर्व ज्ञानेंद्रियं सदैव तय्यार असणं आवश्यक असतं. दृष्टी तर सर्वांत महत्त्वाचं काम करते. ती काही कारणांनी कमजोर झाली, तर वन्यप्राण्यांपासून स्वतःचा बचाव कसा करायचा? पावसाच्या माऱ्यापासून सुटका करून घेण्यासाठी निवारा कसा शोधायचा? पर्यावरणाशी जुळवून घेत तगून राहण्यासाठी सजीवाला ज्या उपांगांची किंवा शरीरक्रियांची मदत होते, ती बहाल करून त्यांची उपयुक्तता वाढवण्याचंच ध्येय निसर्ग बाळगतो. भुवयाच नसत्या तर त्याची पूर्तता कशी झाली असती!

औषध दुतोंडी असेल तर...

साठ सत्तर वर्षांपूर्वींची गोष्ट. युरोपातल्या अनेक देशांमध्ये एकाएकी भयानक व्यंग असलेली मुलं जन्माला येऊ लागली. काही गर्भवतींचा तर प्रसूतिपूर्व गर्भपातही झाला. व्यंग या शब्दानं त्या मुलांच्या भयाण परिस्थितीचं खरं वर्णन होत नव्हतं. कुणाला पायच नाहीत, तर कुणाला हातच नाहीत. कुणाला दोन्ही हातपाय नाहीत, केवळ धडच आहे. कुणाच्या कोपरालाच बोटं फुटलेली. तीही लहानखुऱ्या पंजासहित. काही दिवसांनी हे लोण अमेरिका, कॅनडा इथंही पसरत असल्याचं दिसून आलं. सर्वत्र हाहाकार माजला. हे असं होण्याचं कारण काय, या प्रश्नानं सर्वांनाच सतावलं.

काहीजणांनी याचा संबंध हिरोशिमा, नागासाकी इथं झालेल्या अणुबॉम्ब हल्ल्याशी लावला. त्याचाच हा प्रताप असावा, असं त्यांनी जाहीर केलं. पण एक तर तो हल्ला झाल्याला जवळजवळ तीस वर्ष उलटली होती. इतक्या दीर्घ अवधीनंतर किरणोत्सर्गाचा असा प्रभाव पडण्याची फारशी शक्यता नव्हती. शिवाय जिथं त्या अण्वस्त्रांचा हल्ला झाला होता त्या जपानमध्ये अशी मुलं सापडली नव्हती. तर तिथपासून हजारो किलोमीटर दूर असलेल्या युरोपमध्येच हे अघटित का घडावं? मग कोणतं कारण असेल, याचा विचार सुरू झाला. ज्या मातांच्या पोटी अशी मुलं जन्मली होती, त्यांची गर्भधारणेच्या काळात काय हालहवाल होती, याचा तपास सुरू झाला. त्यातून निदर्शनाला आलं, की या सर्व मातांना त्या काळात थॅलिडोमाईड हे औषध देण्यात आलं होतं. गर्भधारणेच्या काळात स्त्रियांची मनोवस्था काही वेळा सैरभैर होते. त्या अस्वस्थ राहतात. त्यांना आश्वस्त करण्यासाठी, त्यांना मनःशांती लाभावी यासाठी या औषधाचा वापर केला गेला होता. पण त्याहूनही अधिक वापर झाला होता तो या स्त्रियांना जो कोरड्या उलट्यांचा त्रास होतो, याला मॉर्निंग सिकनेस म्हणतात, त्यापासून वाचवण्यासाठी हे औषध दिलं गेलं होतं. सर्वानुमते तेच कारण असावं, असा निष्कर्ष निघाला. त्या औषधावर बंदी घालण्यात आली.

तरीही त्या औषधापायी असा अनर्थ का व्हावा, हा मूलभूत प्रश्न अनुत्तरितच राहिला होता. त्याचं उत्तर शोधताना रेणूंच्या गुणधर्माविषयी अनोखी माहिती मिळाली. थॅलिडोमाईड हे बहुसंख्य औषधांप्रमाणे सेंद्रिय रसायन होतं. या प्रकारच्या रसायनांच्या रेणूंचे रचनाबंध खास प्रकारचे असतात. या रेणूंमध्ये कार्बनच्या रेणूंची लांबलचक साखळी मेरुदंडाप्रमाणे असते. या साखळीच्या दोन्ही बाजूंना असणाऱ्या सुट्या अणूंशी हायड्रोजन, ऑक्सिजन, सोडियम, क्लोरिन वगैरे द्रव्यांचे रेणू बांधलेले असतात. त्यामुळं या रेणूंची दोन रूपं तयार होतात. कारण कार्बनच्या साखळीतील सुटे अणू त्याच्या उजव्या बाजूलाही असू शकतात किंवा डाव्या बाजूलाही. कोणत्या बाजूला हे दुसरे रेणू बांधले गेले आहेत त्यानुसार एकमेकांचं आरशातलं प्रतिबिंब असल्यासारखी रेणूंची दोन रूपं तयार होतात. एक उजवं आणि एक डावं. एकमेकांची प्रतिबिंब असलेले हे दोन रेणू जणू वेगवेगळे असल्यासारखेच वागतात. त्यांचे गुणधर्म एकमेकांपेक्षा संपूर्ण भिन्न असू शकतात. एक बहुपयोगी आणि उपकारक असतो, तर त्याचा जुळा भाऊ असलेला प्रतिबिंबासारखा दुसरा विघातक आणि हानिकारक असू शकतो. बहुतेक औषधं या दोन्हींची मिश्रणं असतात. म्हणजे त्या औषधात दोन्ही रेणू उपस्थित असतात. त्यामुळं कोणत्या रेणूचा प्रभाव पडतो त्यावर अंतिम स्थिती ठरते. अनेक वेळा असं दिसून आलं आहे, की यातला दुष्ट रेणू सुष्ट रेणूच्या परिणामाला नष्ट करतो. त्यामुळं जरी चांगला परिणाम व्हावा या उद्देशानं औषध दिलं गेलं असलं, तरी प्रत्यक्षात त्याचा हानिकारक परिणामच मात करतो.

थॅलिडोमाईडच्या बाबतीत हेच झालं होतं. त्याचं एक रूप खरोखरीच मॉर्निंग सिकनेसवर उतारा देणारं होतं. मनोवस्था शांत करणारं होतं. मात्र दुसरं रूप भ्रूणाच्या अवयवांच्या जडणघडणीत बाधा आणणारं होतं. त्यानंच धसमुसळेपणानं आपला इंगा दाखवला होता आणि ती भयाण व्यंग असलेली बालकं जन्माला आली होती.

जर औषधं नेहमीच अशी दुतोंडी असतील तर मग भविष्यात याहूनही भयानक अनर्थ होण्याची शक्यता नाकारता येत नव्हती. या वेळी तसं शेपटावरच निभावलं होतं. वेळीच थॅलिडोमाईडचं दुभंग व्यक्तिमत्त्व ध्यानात आल्यामुळं त्यापायी होणाऱ्या नुकसानीला आळा घालता आला होता. औषधाच्या वापरावर तसंच उत्पादनावरही बंदी घालता आली होती. पण यापुढं तयार होणाऱ्या औषधांच्या बाबतीत होणाऱ्या संभाव्य नुकसानीचा अंदाज आल्यानंतरच काही कारवाई करणं बेजबाबदारपणाचं झालं असतं. म्हणूनच यावर काय उपाययोजना करता येईल, यावर संशोधन सुरू झालं.

एक बाब स्पष्ट झाली होती. निदान या रेणूंचं एक रूप तरी उपायकारकच होतं. तेव्हा अपायकारक रूपाला बगल देऊन फक्त उपयोगी रूपाचंच उत्पादन करता आलं, तर मग 'साप भी मरे और लाठीभी न टूटे', अशी योजना करणं शक्य होतं. त्या दृष्टीनं प्रयत्न सुरू झाले. अशा तऱ्हेच्या केवळ एकच रूप, मग ते उजवं असो वा डावं, असलेल्या

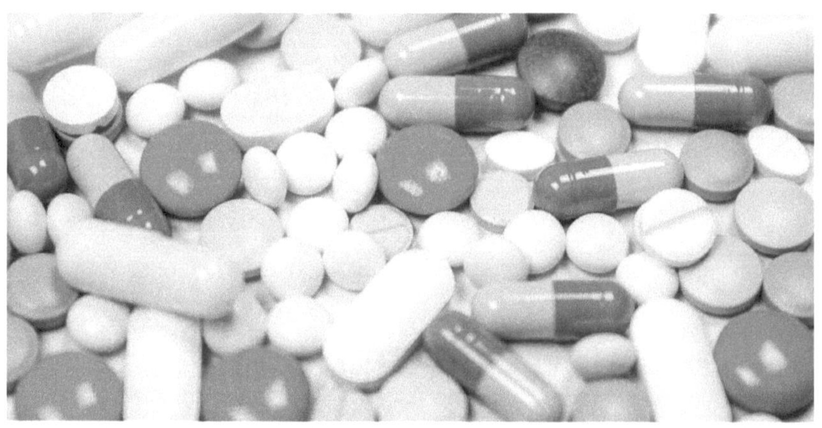

औषधाच्या निर्मितीवर लक्ष केंद्रित करण्यात आलं. अशा औषधांना कायरल ड्रग्ज म्हणतात. त्यासाठीची निर्मिती प्रक्रिया विकसित करण्यात आली. तिचा अवलंब करून तयार झालेल्या औषधामध्ये रेणूचं केवळ एकच रूप आणि तेही उपकारक असल्याची खातरजमा करून घेण्यात आली. त्यानंतरच मग ते बाजारात आणण्यासाठीचा परवाना मिळवण्याची खटपट सुरू झाली. देशोदेशींच्या औषध निगंत्रकांनी अशा कायरल ड्रग्जचंच उत्पादन व्हावं, अशी कायद्यात तरतूदही केली. तेव्हापासून या कायरल औषधांचाच बोलबाला आहे. तरीही त्यात त्याचं प्रतिबिंब असलेल्या जुळ्या रूपाचा चुकूनही शिरकाव होत नाही, याकडे डोळ्यात तेल घालून लक्ष देण्यात येत आहे. त्यापायीच गेल्या साठ वर्षांमध्ये थॅलिडोमाईडच्या उत्पाताची पुनरावृत्ती झालेली नाही.

थॅलिडोमाईड हे एक दुःस्वप्न होतं, हे निःसंशय. पण त्याच्यामुळेच रेणूंच्या एकमेकाविरुद्ध गुणधर्म असणाऱ्या रूपांच्या अस्तित्वाचा थांगपत्ता लागला होता. त्यामुळंच कायरल औषधनिर्मितीला चालना मिळाली होती. वाईटातून चांगलं निघतं याची प्रचिती देणारीच ती घटना होती.

औषध कालबाह्य झालं तर

'जातस्य हि ध्रुवो मृत्यू ध्रुवम् जन्म मृतस्य च' हे गीतेतलं वचन सर्वच सजीवांना लागू पडतं. प्रत्येकाचं कमाल आयुर्मान त्याच्या वा तिच्या जनुकांनी निर्धारित केलेलं असतं. जर सर्वसाधारण काळजी घेतली तर ती व्यक्ती तितकी वर्षं निरोगी आयुष्य जगते. काहीजण तर त्याहूनही जास्ती वर्षं या धरतीवर नांदतात. प्राणी असो वा वन-स्पती सर्वांच्या बाबतीतच हे वचन खरं उतरतं.

पण काही निर्जीव वस्तूही याला अपवाद नसतात. आपण राहतो त्या इमारतीचंच उदाहरण घ्या ना. तिची बांधणी करताना तिचं एक आयुर्मान निश्चित करून मगच तिचा आराखडा तयार केला जातो. जर वेळोवेळीची डागडुजी करत राहिलं तर ती इमारत तितका काळ, कदाचित त्याहूनही जास्ती काळ, ताठ उभी राहतो. पण तशी डागडुजी केली नाही, सुरक्षिततेची काळजी घेतली नाही, तर ती अपेक्षित आयुर्मर्यादा गाठू शकत नाही. त्यापूर्वीच ती कोसळते. वर्तमानपत्रांमध्ये ज्या इमारती किंवा पूल कोसळण्याच्या बातम्या येतात त्यावरून हे स्पष्ट होतंच.

मानवनिर्मित वास्तूंसारखीच त्यांनंच तयार केलेल्या औषधांनाही आयुर्मर्यादा असते. ती किती आहे, किती काळानंतर ते औषध कालबाह्य होणार आहे, मृत ठरणार आहे हे त्या औषधाच्या पाकिटावरच स्पष्ट शब्दांमध्ये निर्देशित करण्याचा आदेश नियामक संस्था देतात. औषधनिर्मात्या कंपन्याही ती आज्ञा प्रामाणिकपणे पाळतात.

पण औषधांची पाकिटं ठरावीक मात्रेतच बाजारात दाखल होतात. काही गोळ्या दहांच्या पाकिटात असतात, काही पंधरांच्या वगैरे वगैरे. ज्यावेळी डॉक्टर आपल्याला ते औषध घ्यायला सांगतात, तेव्हा ती कालमर्यादा त्या पाकिटातल्या सगळ्या गोळ्या संपेपर्यंतची असतेच असं नाही. त्यामुळं डॉक्टरांनी सांगितलेली मात्रा घेऊन झाल्यावर त्यातल्या काही गोळ्या शिल्लक राहतात. त्या आपण ठेवून देतो. काही काळ उलटल्यावर परत एकदा

त्याचीच जरूरी भासते. त्यावेळी त्या साठवणीतल्या गोळ्या आपण बाहेर काढतो. त्यावर लिहिलेली त्या औषधाची कालमर्यादा, एक्स्पायरी डेट काही वेळा उलटून गेलेली असते. अशा वेळी काय करायचं असा प्रश्न आपल्या समोर आ वासून उभा राहतो.

औषधाला कालमर्यादा का असते? तर ते एक रसायन असतं. ज्या परिस्थितीत आणि काटेकोर अवस्थेत ते तयार केलेलं असतं तेव्हा त्याची कार्यक्षमता शंभर टक्के असते. पण ते तयार केलेल्या क्षणापासून त्या रसायनात आजूबाजूच्या पर्यावरणाच्या प्रभावामुळे छोटे मोठे बदल होत जातात. त्यामुळं त्याची कार्यक्षमता मंदगतीनं का होईना खालावत जाते. ती गती किती आहे याचं मोजमाप निर्मिती करणाऱ्या कंपनीला कळतं. त्यानुसार त्या औषधाच्या मरणाची तारीख निश्चित केली जाते. त्या तारखेनंतर ते कार्यक्षमच राहील याची ग्वाही कंपनी देत नाही. पण कंपनी अधिक सावध पवित्राही घेते आणि वास्तव तारखेच्या आधीच तिची कार्यक्षमता आटणार असल्याचं सांगून टाकते. थोडक्यात त्या पाकिटावर छापलेल्या कालमर्यादिनंतर ते औषध खरोखरच टाकाऊ होतंच असं नाही. जर ते थंड वातावरणात, प्रकाशहीन ठिकाणी आणि सुटं न ठेवता त्याच्या पाकिटातच ठेवलेलं असेल तर ते त्या तारखेनंतरही उपयोगी ठरू शकतं.

याची प्रचिती अमेरिकी सेनादलाला मिळाली आहे. ते सेनादल कोट्यवधी डॉलरची औषधं खरेदी करतं. त्यांच्यातली डोंगरभर महागडी औषधं न वापरता टाकून देणं त्या अमेरिकनांच्याही जिवावर आलं. त्यांनी १९८५ साली त्या कालबाह्य, मृत्यू पावलेल्या औषधांमध्ये अजूनही धुगधुगी आहे की काय याचा शोध घेतला. त्या प्रकल्पातून त्यांना असं दिसून आलं, की तब्बल ८४ टक्के औषधं शिक्क्याची तारीख उलटून गेल्यावरही किमान ९० टक्के काम करत होती. हे ध्यानात आल्यानंतर त्यांनी साठवणीचा कालावधी वाढवायचा प्रकल्प हाती घेतला. मृत समजलेल्या अनेक औषधांना पुनर्जन्म दिला. त्यांचं आयुष्य काही वर्षांनी वाढवलं. पैशाची प्रचंड बचत झाली.

याचा अर्थ असा नव्हे, की त्या नोंदवलेल्या कालमर्यादिला काही अर्थ नाही. तसा समज करून घेतल्यास ते चुकीचंच नाही, तर प्रसंगी घातकही ठरू शकतं. १९६३-६५च्या सुमारास कालबाह्य झालेलं टेट्रासायक्लिन नावाचं एक प्रतिजैविक, अँटीबायोटिक, घेतल्यामुळं अनेक लहान मुलांच्या मूत्रपिंडांवर दुष्परिणाम झाला, त्यांना मृड्डस झाला. कालबाह्यतेमुळं त्या टेट्रासायक्लिनमध्ये घातक पदार्थ तयार झाले होते. ते का झालं याविषयी बराच ऊहापोह झाल्यानंतरच कालमर्यादिची जाणीव झाली. औषधनिर्मित्यानं त्यांनी तयार केलेल्या औषधांच्या कालमर्यादिचं निदान करणं आवश्यक होऊन बसलं. एवढंच नाही तर त्यांनी त्या कालमर्यादिचा निर्देश औषधांवर करणं नियामकांनी अनिवार्य केलं.

दक्षिण ध्रुवावर गेलेल्या ब्रिटिश वैद्यकीय पथकाच्या जहाजाच्या पोटात काही औषधं होती. ती तीन आठवडे उष्ण कटिबंधात २५ ते ३० अंश सेल्सियस तापमानात राहिली.

नंतर ती ध्रुवावर पोहोचल्यानंतर हाडं गोठवणाऱ्या थंडीत राहिली. कालबाह्यतेची तारीख ओलांडल्यानंतरही ती औषधं काम करायला तत्पर आणि सक्षम होती. २०१३मध्ये एका रुग्णवाहिकेत बंदिस्त राहून गेलेलं, उकाड्या गारठ्यात भटकलेलं, कालबाह्य झालेलं एपिनेफ्रिन ठणठणीत कार्यक्षम असल्याचं सिद्ध झालं. जोएल डेव्हिस हे अमेरिकेच्या अन्न औषध नियंत्रक विभागाच्या कालबाह्यतेच्या उपविभागाचे प्रमुख होते. त्यांनी मांडलेलं अभ्यासपूर्ण मत ध्यानात घेण्यासारखं आहे. त्यांच्या मते मोटारगाडीत, न्हाणीघरात, उन्हापावसात उघडी ठेवलेली औषधं लवकर खराब होतात. मधुमेहासाठी घ्यायचं इन्सुलिन कालबाह्यतेच्या तारखेनंतर वापरणं धोकादायक ठरू शकतं. हृदयाच्या तीव्र वेदनांसाठी घ्यायचं नायट्रोग्लिसरिन एकदा उघडलं की झपाट्यानं खराब होतं. प्रतिबंधक लशी, रक्त किंवा इतर रक्तद्रव सांगितलेल्या तारखेनंतर वापरण्यायोग्य राहत नाहीत. प्रतिजैविकांची द्रावणं म्हणजेच लिक्विड अँटिबायोटिक्स आणि इंजेक्शनद्वारे द्यायची बहुतेक ओषधं लवकर कामातून जातात. डोळ्यात घालायची द्रवरूप औषधं एकदा उघडली की फार दिवस वापरता येत नाहीत. तसं केल्यास जंतूसंसर्ग होण्याची दाट शक्यता असते. म्हणून कालबाह्येतच्या नियमाचं शक्यतो आणि तारतम्य बाळगून काटेकोर पालन केल्यास त्या औषधाचं मूल्य वाढतं यात शंका नाही.

जोएल डेव्हिसच्या मते शीतकपाटात किंवा थंड कोरड्या जागेत घट्ट झाकणानं बंदिस्त ठेवली तर बहुतेक औषधांचा दर्जा फार धीम्या गतीनं घसरतो. अशी औषधं आत्यंतिक गरजेच्या वेळी घ्यायला हरकत नाही. ते मार्गदर्शन लक्षात ठेवून तारतम्य बाळगलं तर कालबाह्य झालेल्या औषधाचाही उपयोग होऊ शकतो.

। ३९ ।

मेंदूचं वय अजमावयाचं असेल तर

मेंदूचं वय? हा काय प्रश्न आहे? मनुष्य जेव्हा जन्माला येतो त्यावेळीच त्याचा मेंदूही शरीरात असतो. शरीराचा तो एक अविभाज्य भाग आहे. सर्व शरीरक्रियांचं नियंत्रण तो करतो. तेव्हा त्याचं वय शरीराच्या वयापेक्षा वेगळं कसं काय असू शकतं? शरीराचं वय आपल्याला सहज ओळखता येतं. मातेच्या गर्भाशयातून जेव्हा जीव या दुनियेत प्रवेश करतो ती वेळ, तारीख यांची अचूक नोंद ठेवली जाते. ती त्या नवीन जिवाची सुरुवात असते. तिथपासून मग त्याचं वय मोजता येतं. मोजलं जातं. त्यामुळं शरीराचं वय जाणून घेण्यासाठी वेगळे प्रयास करावे लागत नाहीत. मग मेंदूचं वय वेगळं असावं आणि ते जाणून घ्यायचं तर काय करायला हवं हा प्रश्नच मुळी अप्रस्तुत नाही का वाटत?

पण वैज्ञानिकांना तसं वाटत नाही. कारण शरीराच्या निरनिराळ्या अवयवांची झीज एकाच वेगानं होत नाही. त्यामुळं कोणत्याही एका क्षणी निरनिराळ्या अवयवांचं कार्यक्षम वय वेगळं असू शकतं. मेंदूचाही याला अपवाद नाही. शरीराची वाढ कशी होत आहे याचं निदान उंची आणि वजन यांची वेळोवेळी मोजदाद करून काढलेल्या आलेखांवरून स्पष्ट होतं. तशा प्रकारचे आलेख मेंदूच्या वाटचालीसंबंधी सहजासहजी उपलब्ध नाहीत. याचं कारण जरी जन्माच्या वेळीच मेंदूतील मज्जापेशींची संख्या निर्धारित केली जात असली, तरी त्यांची एकमेकींशी होणारी देवाणघेवाण आणि जुळणी ही त्यानंतर किती तरी काळ चालू राहते. त्यातूनच मग मेंदूच्या कार्यक्षमतेची निश्चिती होत असते.

या होणाऱ्या बदलांचा धांडोळा घेत मेंदूच्या वाढीचं व्यवस्थित निदान व्हावं या उद्देशानं वैज्ञानिकांच्या एका आंतरराष्ट्रीय चमूनं तब्बल एक लाखाहून अधिक मेंदूंचा आढावा घेतला. हे मेंदू निरनिराळं शारीरिक वय असणाऱ्या व्यक्तींचे होते. केवळ १६ आठवड्यांचं वय असलेला गर्भ हा सर्वांत लहान होता, तर शंभरी पार केलेल्या एका व्यक्तीचा मेंदू सर्वांत जास्ती वय असलेला होता. या अभ्यासातूनच मेंदूच्या प्रवासातल्या काही मैलाच्या दगडांचा

पत्ता लागला आहे.

मेंदूच्या बाहेरच्या भागात जो सुरकुतलेला भाग असतो, ज्याला सेरेब्रल कॉर्टेक्स म्हणतात तो आकलन, भाषा आणि आत्मभान या कामांवर देखरेख करतो. वयाच्या दुसऱ्या वर्षीय तो आपली कमाल कार्यक्षमता दाखवतो. त्यानंतर ती त्याच स्तरावर स्थिर तरी राहते किंवा घटत जाते.

जिला ग्रे मॅटर म्हणतात, त्या मेंदूतील एकूण मज्जापेशींची म्हणजेच न्यूरॉनची संख्या सातव्या वर्षांपर्यंत वाढत जाते. त्यानंतर तिच्यात वाढ होत नाही. आणि या मज्जापेशींची आपापसात जुळणी होत जी मंडलं तयार होतात त्या व्हाईट मॅटरमध्ये तिसाव्या वर्षांपर्यंत वाढ होते. ती कमाल पातळी गाठल्यानंतर तिच्यात हळूहळू घट होऊ लागते. या विभागाचं काम एकमेकांशी अर्थपूर्ण संवाद साधण्याचं असतं. याचाच अर्थ असा की शारीरिक वयाच्या तिसाव्या वर्षांनंतर ही संवाद साधण्याची आणि त्यातून एकमेकांना समजून घेण्याची क्षमता हळूहळू का होईना ढासळत जाते. मेंदूमध्ये काही पोकळ्याही असतात. त्या द्रवपदार्थानं भरलेल्या असतात. त्यांना व्हेंट्रिकल म्हणतात. उतारवयात त्यांची झपाट्यानं वाढ होत जाते. त्यामुळं मज्जासंस्थेची झीज झाल्यामुळं होणाऱ्या व्याधींचा ससेमिरा पाठी लागतो.

हा अर्थात एक ढोबळ आराखडा झाला. प्रत्येक व्यक्तीच्या मेंदूचं वय जाणून घेण्यासाठी एक उपयुक्त संदर्भ म्हणून त्याचा वापर होऊ शकतो. आपल्या रक्तातलं साखरेचं प्रमाण, कोलेस्ट्रॉलचं, सोडियमचं प्रमाण किंवा रक्तदाब जेव्हा मोजला जातो तेव्हा निरनिराळ्या व्यक्तींच्या बाबतीत निरनिराळी आकडेवारी मिळते. पण ती सर्वसामान्य पातळीत आहे, की तिच्यात विघातक अशी वधघट झाली आहे, याची ओळख पटवण्यासाठी संदर्भ दिलेले असतात. तसाच मेंदूचं वय जाणून घेण्यासाठी हा संदर्भ उपयोगी पडेल, असंच या वैज्ञानिकांचं म्हणणं आहे.

त्या दृष्टीनं पाहता मेंदू हा अतिशय गतिशील अवयव आहे. त्याच्या रचनाबंधात सतत बदल होत असतात. मज्जापेशींच्या नव्या जुळण्या होतात. जुन्यांची मोडतोड होते. काही पेशी काम करेनाशा होतात. त्यापायी काहीजणांच्या मेंदूचं वय झपाट्यानं वाढत जातं. उलटपक्षी काही जणांच्या वयातला बदल मंद गतीनं होतो. एवढंच नाही तर मेंदूच्या निरनिराळ्या उपांगांची वाटचालही वेगवेगळ्या गतीनं होत असते. त्यामुळंही मेंदूचं वय जाणून घेणं महत्त्वाचं ठरतं.

शिशुवयात मेंदू स्पंजसारखा असतो. अनेक निरनिराळे संदेश तो ओढून घेतो. म्हणूनच वयाच्या पहिल्या दोन वर्षांमध्ये मूल कोणतीही भाषा शिकू शकतं. पण वय वाढतं तसं आसपासचे जे आवाज कानावर पडतात किंवा आईवडील जी भाषा बोलतात त्यांचा वरचष्मा होत ही सक्षमता कमी होत जाते. या काळात मज्जापेशींच्या नवनवीन जुळण्या होत नवनवीन मंडलं तयार होत असतात. त्याची ही परिणती असते.

पुढच्या आठदहा वर्षांमध्ये मेंदूचा कल अधिकाधिक शिकण्याकडे असतो. त्यासाठी मग मज्जापेशींच्या आवश्यक त्या जुळण्या करण्यावर भर दिला जातो. ज्या जुळण्या उपयुक्त असल्याची जाणीव होते त्या अधिक बळकट केल्या जातात, त्या दीर्घकालीन होतील याची दक्षता घेतली जाते. उलट ज्यांचा फारसा उपयोग नाही असा अनुभव येतो, त्या मोडून टाकण्याकडे कल असतो. इलेक्ट्रॉनिक उपकरणांमध्ये जसं संदेशांना बळकटी आणून इतर गोंगाटी आवाजाला कात्री लावण्याला महत्त्व दिलं जातं तशाच प्रकारची ही प्रणाली असते.

पौगंडावस्थेत भावनाविश्व समृद्ध करण्यावर भर असतो. तसंच येणाऱ्या प्रत्येक अनुभवाचं व्यवस्थित विश्लेषण करून त्याचे निष्कर्ष अंगीकृत करण्याचीही सवय लागते. अनेक प्रकारच्या प्रेरणांचंही संकलन याच काळात होत असतं. स्वत्वाची जाणीव या काळात प्रबळ असते. त्यामुळं स्वतःची ओळख निर्माण करण्याची निकड या काळातच भासते. साहजिकच मेंदूही त्याचीच तजवीज करण्याच्या कामगिरीला प्राधान्य देतो. त्यासाठी नवनवे अनुभव घेण्याची, त्यासाठी तऱ्हेतऱ्हेचे प्रयोग करण्याची तयारी तो करायला लागतो. इतरांना ते वेडेचाळे वाटले तरी मेंदूची आयुष्याला सक्षमपणे तोंड देण्याची तयारी तो करत असतो.

विशी ओलांडली की मेंदूच्या आकारमानात जरी फरक पडत नसला तरी शिकण्याची ऊर्मी कमी झालेली नसते. पण त्याच्या कार्यपद्धतीत अधिक शहाणपण येऊ लागतं. कोणत्या जुळण्या प्रदीर्घ काळासाठी आवश्यक आहेत याची फेरतपासणी करून त्यांना जास्ती बळकटी देण्याची तजवीज या काळात केली जाते. अर्थात या काळात अनोख्या अनुभवांना सामोरं जावं लागतं. त्यांचं विश्लेषण करून योग्य ती कारवाई करण्याची तयारी मेंदू या कालखंडात करत असतो.

यानंतर मात्र मेंदूची लवचिकता कमी कमी होत जाते. बदलांना सामावून घेण्याची त्याची क्षमता मंदावते. मेंदूचं वय होत जातं. जुन्या उपयोगी आठवणींनाच जागृत ठेवलं जातं. नव्या आठवणींसाठीच्या जुळण्या करायची तयारी कमी होत जाते.

उतारवयात मेंदू आक्रसू लागतो. त्याचं आकारमान कमी होत जातं. काही मज्जापेशी कायमच्या बेकार होतात. त्या ज्या मंडलांमध्ये जोडलेल्या असतात ती मंडलंही निष्काम होण्याच्या मार्गाला लागतात. विसरभोळेपणा वाढीस लागणं किंवा काही शारीरिक हालचाली करणं कठीण होऊन बसणं ही या मेंदूत होणाऱ्या झीजेचीच परिणत असते.

मेंदू गतिशील असल्याचंच या निरीक्षणांवरून दिसून येतं. त्याचं वय अजमावायाचं असेल तर त्याची कामगिरी कशी होत आहे यावरच लक्ष द्यावं लागेल. त्याचं आकारमान किंवा रचनाबंध यांच्या तपासणीवरून त्याचं अचूक निदान करणं योग्य होणार नाही.

डोळा आळशी झाला तर..!

'डोळा आळशी झाला तर..?' हा काय प्रश्न झाला, असंच तुम्हाला वाटेल ना! म्हणजे माणूस आळस करतो. तो आळशी होतो. पण फक्त डोळाच कसा काय आळशी होईल! खरं तर तुम्हाआम्हाला समजेल अशा भाषेतलं हे एका व्याधीचं वर्णन आहे. डॉक्टर त्याला 'ॲम्ब्लायोपिया' असं भरभक्कम नाव देतात. ते आपल्याला समजणार नाही म्हणून मग त्याचं 'आळशी डोळा' असं बारसं केलं गेलं आहे.

दोन भाऊ शेजारी, भेट नाही संसारी, असे जरी नाकाच्या तटबंदीनं दोन डोळे विभक्त केले असले, तरी त्यापायी दृष्टीला तसं एक वरदानच लाभलेलं आहे. कारण कोणत्याही वस्तूकडे पाहताना हे दोन भाऊ वेगवेगळ्या कोनातून आपल्या लक्ष्याकडे नजर वळवतात. त्यामुळंच तर आपल्याला लांबी आणि उंची या व्यतिरिक्त समोरच्या दृश्याची खोलीही अजमावता येते. त्यासाठी मग या दोन डोळ्यांमध्ये सहकार्य असावं लागतं. त्यांच्याकडून उमटलेल्या प्रतिमा जरी थोड्याफार वेगळ्या असल्या तरी दोन्ही स्पष्ट असतात. धूसर असत नाहीत. पण काही वेळा काय होतं, एक डोळा जरा आळस करतो. त्याच्याकडून तेवढी स्पष्ट प्रतिमा उमटत नाही. तिचे कंगोरे सुस्पष्ट नसतात. त्या दोन प्रतिमांमध्ये मग विसंवाद होतो. जो डोळा स्पष्ट प्रतिमा देत आहे, त्याच्या कामाकडेच मेंदू लक्ष देतो. दुर्लक्ष करत राहिल्यामुळं दुसरा डोळा अधिकच आळशी बनतो. असंच होत राहिलं की आपली दृष्टीच अधू बनते. काहीवेळा तर कायमचीच.

याची सुरुवात बालवयातच होत असल्याचं डॉक्टरांना आढळलेलं आहे. साधारण सहा ते नऊ या वयात ही बाधा होते. त्याचं निदान करणं आता डॉक्टरांना सहज साध्य झालं आहे. त्यामुळं वेळीच उपचार केले, तर त्याचा कायमचा बंदोबस्त करता येतो. तरीही एक डोळा आळस करतो आहे हे ओळखायचं कसं? तर मूल एखादी वस्तू किती जवळ आहे किंवा किती दूर आहे हे सांगू शकत नसेल, तर तशी शंका यायला हवी. वस्तूचं आपल्यापासूनचं

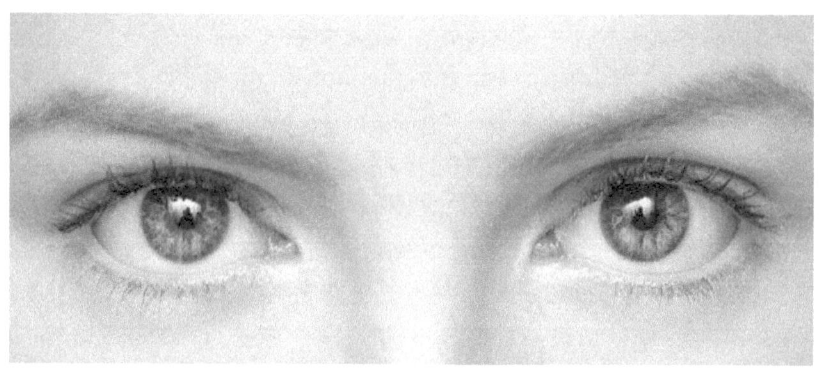

अंतर आपण एरव्ही सहज आणि बहुतांशी अचूकपणे सांगू शकतो. पण दोन डोळ्यांमधलं सहकार्य हरपलं असेल तर ते शक्य होत नाही. तसंच मूल तो आळशी डोळा मिटून, एका डोळ्यानंच समोरचं दृश्य पाहत असेल किंवा त्याच्याकडे पाहताना आपलं डोकंच एका बाजूला झुकवत असेल तर मग डॉक्टरांकडे जाऊन निदान करून घेणंच श्रेयस्कर. चकणेपण हेही एक या व्याधीचं लक्षण आहे.

असं होण्याची कारणं मात्र वेगवेगळी आहेत. आपल्या डोळ्यांमध्ये समोरच्या वस्तूवर लक्ष केंद्रित करण्याची क्षमता असते. त्यांचा फोकस निश्चित असतो. मग ती वस्तू जवळ असो की दूर. हातात धरलेल्या पुस्तकातला मजकूर जितक्या स्पष्टपणे वाचता येतो, तितकंच आकाशात उडणाऱ्या पतंगाच्या शेपटाचं वर्णनही अचूक करता येतं. पण काही वेळा एक डोळा दुसऱ्या इतक्या स्पष्टपणे पाहू शकत नाही. त्याला एक तर जवळची वस्तू नीट दिसत नाही किंवा दूरची तरी. वेळीच त्याची ओळख पटली, तर चष्म्याच्या मदतीनं ही विसंगती दूर करता येते. पण तसे उपाय केले नाहीत तर मग मेंदूकडे पोहोचणारी एक प्रतिमा स्पष्ट तर दुसरी धूसर असते. मेंदू धूसर प्रतिमेकडे दुर्लक्ष करत राहतो. व्याधी अधिकच गंभीर होऊ लागते. डोळ्यांमधील भिंग लवचिक असतं. जवळच्या असो की दूरच्या, दृश्यावर लक्ष केंद्रित करण्यासाठी डोळ्यांना जोडलेले स्नायू त्या भिंगांना मदत करतात. काही वेळा एका डोळ्याचे स्नायू कमकुवत झालेले असतात, किंवा त्यांना इजा झालेली असते. अशा वेळी अशी विसंगती उद्भवण्याची शक्यता असते.

पाहताना दोन्ही डोळे बरोबर मध्यावर येतात. पण एक डोळा जर आतल्या बाजूला म्हणजे नाकाकडे किंवा बाहेरच्या बाजूला म्हणजे कानाकडे झुकू लागला, तर त्यांच्याकडून उमटणाऱ्या प्रतिमांमध्ये विसंवाद उत्पन्न होतो. तेही या आळशी डोळ्याच्या व्याधीचं कारण असू शकतं. एखाद्या वेळी एकाच डोळ्यात मोतीबिंदू झाला असेल तर साहजिकच एक प्रतिमा धूसर आणि दुसरी स्पष्ट असते. त्यापायीही मोतीबिंदूनं ग्रासलेला डोळा आळस करायला लागतो. प्रौढ वयातल्या आळशी डोळ्यापाठी बहुतांशी हेच कारण असतं. पण

मोतीबिंदूची शस्त्रक्रिया करून त्या डोळ्याचा आळस घालवता येतो.

मोतीबिंदू झालेला असल्यास त्या डोळ्यातील भिंगातून प्रकाशकिरण व्यवस्थितरित्या पाठीमागच्या पडद्यावर पडत नाहीत. साहजिकच मग प्रतिमा धूसर होते. काही वेळा डोळ्यातल्या भिंगाचं नियंत्रण करणारे स्नायू ठाकठीक असतात पण पापणीचे नसतात. अशा वेळी ती पापणी सदा झुकलेलीच राहते. प्रकाशकिरणांच्या मार्गात अडसर उभा राहतो. त्या डोळ्यातून मेंदूला पोहोचलेली प्रतिमा अस्पष्ट असते, धुरकट असते. मेंदूनं त्याच्याकडे दुर्लक्ष केल्यामुळं मग तो डोळा आळशी होतो. पण हे तरी का होतं? स्नायूंच्या कामात अशी ढिलाई का उत्पन्न होते? मूल जर अपुऱ्या वाढीचं जन्माला आलं असलं किंवा त्यानंतरची त्याची वाढ सुदृढपणे झाली नसेल, तर मग स्नायूंच्या कामात असा असमतोल तयार होतो. लहान वयातच सहसा आळशी डोळ्याचा त्रास होण्याचं हे मुख्य कारण आहे. वाढत्या वयात होणारा त्रास बालवयात त्याच्याकडे काणाडोळा केल्यामुळं, वेळीच उपचार न केल्यामुळं उद्भवतो. त्यानंतर त्यावर कायमचा उपाय करण कठीण होऊन बसतं.

लहान मुलांना आपल्याला काय होतंय हे नीट सांगता येत नाही. त्यामुळं डॉक्टरांचं निदान करण्याचं कामही अवघड होऊन बसतं. तरीही काही क्लृप्त्या त्यांनी लढवल्या आहेत. गतिशील वस्तूकडे मुलाला पाहायला सांगून त्याची काय प्रतिक्रिया होते हे अजमावलं जातं. किंवा एक डोळा बंद करून समोरच्या वस्तूसंबंधीची त्याला मिळणारी माहिती पडताळली जाते. एकदा का निदान झालं, की मग त्यावरच्या उपायांचा विचार करावा लागतो. या व्याधीमध्ये दोन डोळ्यांवाटे उमटणाऱ्या प्रतिमांमधील समतोल ढळलेला असतो. तो परत साधण्याचं उपाययोजनांचं उद्दिष्ट असतं. त्यासाठी मग जो डोळा चांगला आहे त्याच्यावर पडदा ठेवला जातो. त्यापायी मग मेंदूला फक्त कमकुवत डोळ्यातल्या संदेशावरच अवलंबून राहावं लागतं. मेंदू मग त्या डोळ्याला आधार देत त्यातला कमकुवतपणा घालवण्याचा प्रयत्न करतो. सुरुवातीला मुलाची नजर बावचळल्यासारखी होते. पण हळूहळू त्याच्या कमकुवत डोळ्यात सुधारणा झाली, की मग तो पडदा सतत वापरावा लागत नाही.

दुसरा उपाय जरा विचित्र वाटेल. त्यासाठी मग दमदार डोळ्यातली प्रतिमाही धूसर होईल अशी तजवीज केली जाते. त्यापायी ढळलेला समतोल परत सांधला जातो. त्याचवेळी योग्य असा चष्मा देऊन दोन्ही डोळ्यातल्या धूसर प्रतिमा सुस्पष्ट केल्या जातात.

तेव्हा जर डोळा आळशी झाला तर हाय खाण्याची गरज नाही. वेळीच उपचार करून दृष्टी कायमची अधू होण्याचा धोका पूर्णपणे टाळता येतो.

। ४१ ।

रक्त गोठलंच नाही तर..!

भाजी चिरताना बोट कापतं. रक्त येतं. दाढी करताना हात थरथरतो आणि हनुवटी कापली जाते. रक्त वाहायला लागतं. पण ते वाहतच राहतं का? नाही. थोड्या वेळानं ते थांबतं. रक्ताची गुठळी तयार होते आणि ती कापल्या गेलेल्या रक्तवाहिनीच्या तोंडाशी बुचासारखी बसते. अर्थात जखम मोठी असेल, अधिक गंभीर असेल तर मात्र रक्तस्राव होत राहतो. तो प्रमाणाबाहेर गेला तर बाहेरून रक्त द्यावं लागतं. ते वेळेवर दिलं गेलं नाही तर अतिरक्तस्राव होऊन मृत्यूही ओढवू शकतो. तसा अनवस्था प्रसंग साध्यासुध्या खरचटण्यासारख्या इजांपायी ओढवत नाही. रक्त गोठण्याची नैसर्गिक प्रक्रिया त्यापासून बचाव करते. तसं झालं नसतं तर? जर रक्त गोठलंच नसतं तर काय झालं असतं? हा विचार थरकाप उडवणारा आहे. कारण काही व्यक्तींच्या बाबतीत निसर्गाच्या या तटबंदीला कुठं तरी खिंडार पडतं, साधं खरचटलं तरी जे रक्त वाहायला लागतं ते थांबतच नाही. त्या व्यक्तीला हिमोफिलिया किंवा रक्तगळाची बाधा झालेली असते. ही एक उपजत विकृती आहे.

मुळात रक्त गोठतं कसं, ती प्रक्रिया काय आहे, हे समजून घेतलं तर मग या रक्तगळाच्या विकृतीचा लेखाजोखा आपल्याला मांडता येईल. रक्तात अनेक प्रकारच्या पेशी असतात. तांबड्या पेशी किंवा एरिथ्रोसाईट्स, श्वेत पेशी किंवा व्हाइट ब्लड सेल्स, प्लेटलेट्स, या त्यातल्या मुख्य. त्यातही व्हाइट ब्लड सेल्सचे निरनिराळे प्रकार आहेत. त्यातला लिम्फोसाइट्स हा महत्त्वाचा. कारण रोगजंतूविरुद्ध लढण्याची, आपल्याला संरक्षण देण्याची कळीची भूमिका या पेशी बजावतात. या सगळ्या पेशी प्लाझ्मा या रक्तद्रवात विहरत असतात.

जेव्हा एखाद्या रक्तवाहिनीला इजा होते तेव्हा तिच्यातून रक्ताला गळती लागते. त्याबरोबर एक रासायनिक संदेश तातडीनं पाठवला जातो. त्याला दाद देत रक्तातल्या प्लेटलेट्स पेशी तिकडे धाव घेतात. त्या एकत्र येतात, एकमेकींशी हातमिळवणी करतात

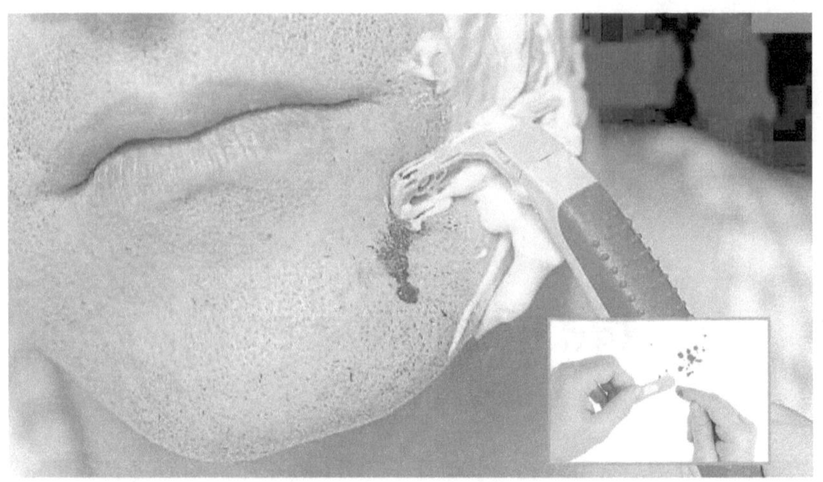

आणि त्यांचा एक गठ्ठा तयार होतो. हा गठ्ठा रक्तवाहिनीला पडलेलं भोक बुजवण्याचं काम करतो. प्लेटलेट्सच्या मदतीला रक्तातच उपस्थित असलेले अनेक रासायनिक घटक येतात. ते प्लेटलेट्सना एकमेकींशी जोडून घ्यायला मदत करतात.

रक्ताची गुठळी होण्याची साखळी प्रक्रिया असते. साखळीच्या प्रत्येक कडीवर स्वतंत्र घटक काम करतो. पहिली कडी जुळली, की दुसऱ्या कडीवर काम करणाऱ्या घटकाला आमंत्रण दिलं जातं. तो आपली कामगिरी चोख पार पाडून पुढच्या घटकाला खो देतो. असे एकूण तेरा घटक सापडले आहेत. आणि त्यांची ओळख त्यांना दिलेल्या अंकांनीच केली जाते. उदाहरणार्थ फायब्रिनोजेन हा घटक क्रमांक एक आहे. प्रो थ्रॉम्बिन हा घटक क्रमांक दोन आहे. असे इतरही आहेत. प्रत्येक घटक आपापल्या ठिकाणी योग्य कामगिरी करतो तेव्हाच रक्त गोठून ते सांडून जाणं थांबतं. 'क' जीवनसत्त्वाच्या मदतीनं यकृत यापैकी काही घटकांची निर्मिती करतं आणि ते रक्तात सोडून देतं. आपल्या आतड्यांमध्ये नेहमी वास्तव्यास असणारे आणि आपल्या अन्नाचं पचन करण्याच्या प्रक्रियेत मोलाची भूमिका वठविणाऱ्या काही जीवाणूंकडून 'क' जीवनसत्त्वाचा पुरवठा होत असतो. जर 'क' जीवनसत्त्वाची कमतरता शरीरात उद्भवली तर रक्ताची गुठळी होण्यासाठी आवश्यक असलेल्या या घटकांचं आवश्यक तेवढं उत्पादन होत नाही. अशा वेळी रक्त गोठण्याच्या प्रक्रियेत अडथळा निर्माण होऊ शकतो.

पण उपजतच रक्तगळीचा, हिमोफिलियाचा दोष असणाऱ्या व्यक्तींच्या जनुकातच ही विकृती असते. त्यामुळं आठ क्रमांकाच्या घटकाच्या उत्पादनाचा आराखडाच या व्यक्तींच्या शरीरात नसतो. साहजिकच मग तो घटक शरीरात तयारच होत नाही. रक्त गोठण्याची साखळी त्या घटकाची कामगिरी व्हायच्या पायरीवर येऊन तिथंच अडकून पडते. परिणामी रक्त गोठतच नाही. जराशी इजा झाली तरी ते वाहतच राहतं. काही वेळा तर वरवर मुका

मार लागल्यासारखं दिसलं तरी शरीराच्या आत कुठं तरी एखादी वाहिनी फुटलेली असते. तिच्यातून रक्त गळत राहतं. ते न गोठल्यामुळं बहुतांशी गुडघा, किंवा कोपर यासारख्या अवयवात साचून राहतं. अशा व्यक्तींच्या आयुष्याची दोरीही दुबळी असते. बहुतेकजण अल्पवयातच जगाचा निरोप घेतात. खरंतर घेत असत, असं म्हणायला हवं. कारण आता या आठव्या घटकाचं उत्पादन औषधनिर्माण कारखान्यात होतं. डॉक्टरांच्या सल्ल्यानुसार तो नियमित घेत राहिल्यास हिमोफिलियापासून बचाव होऊन निरोगी आयुष्य जगता येतं.

माणसाचं लिंग निर्धारित करणारी दोन गुणसूत्रं असतात, 'एक्स' आणि 'वाय'. स्त्रीच्या शरीरात दोन्ही एक्स या प्रकारचीच असतात. तर पुरुषांमध्ये एक 'एक्स' आणि एक 'वाय' अशी विषम जोडी असते. आठ क्रमांकाच्या घटकाच्या उत्पादनाचा आराखडा असलेलं जनुक 'एक्स' या गुणसूत्रावर असतं. ते दूषित झालं तर मग तो घटक शरीरात तयारच होत नाही. परंतु यापायी एक विचित्र परिस्थिती निर्माण झाली आहे. स्त्रियांच्या शरीरात दोन 'एक्स' गुणसूत्रं असल्यामुळं एक दूषित झालं तरी दुसरं त्याला सांभाळून घेतं आणि आठव्या घटकाचं उत्पादन निर्विघ्नपणे पार पडतं. पण तसं संरक्षण पुरुषांना मिळत नाही. कारण त्यांच्या दूषित एक्सचा जोडीदार 'वाय' असतो. त्यामुळं या व्याधीची प्रकट बाधा फक्त पुरुषांनाच होते. स्त्रियांना प्रकट हिमोफिलियाची बाधा होत नाही. मात्र त्या वाहक असतात. आपल्याकडचं दूषित 'एक्स' गुणसूत्र त्या आपल्या संततीला बहाल करतात. अर्थातच ती स्त्री जरी हिमोफिलियापासून मुक्त असली, तरी तिच्या पुरुष संततीच्या कपाळी मात्र त्या विकृतीचा ससेमिरा लागतो. स्त्री संतती परत वाहकच राहते.

महाराणी व्हिक्टोरियाच्या शरीरात या दूषित 'एक्स' गुणसूत्राची उत्पत्ती झाली असल्याचं निदान केलं गेलं आहे. कारण तिच्या मुलांपैकी एक राजपुत्र लिओपोल्ड हिमोफिलियाग्रस्त होता. अल्पवयातच त्यानं अखेरचा श्वास घेतला होता. तिच्या दोन मुली, व्हिक्टोरिया आणि ऑलिस, या वाहक झाल्या होत्या. त्यांच्याकरवी मग हा रोग युरोपातल्या अनेक राजघराण्यांत पसरला. रशियाच्या राजघराण्यातही तो शिरला. शेवटचा झार निकोलस याची पत्नी अलेक्झांड्रा ही व्हिक्टोरियाची नात होती. ती वाहक असल्यामुळं तिच्या पोटी आलेल्या झारेविच अॅलेक्सिस याला त्याचा वारसा मिळाला. त्यातूनच मग रशियन राज्यक्रांतीला चालना मिळून रशियन साम्राज्याचा अंत झाला, असं इतिहासकारांचं म्हणणं आहे. किंबहुना युरोपातल्या अनेक राजघराण्यांच्या अस्तात हिमोफिलियानं महत्त्वाची भूमिका वठवली होती. म्हणूनच त्याला शाही रोग असंही म्हटलं गेलं आहे.

जर रक्त गोठलंच नाही तर काय गंभीर परिस्थिती उद्भवू शकते याचं हा 'शाही रोग' हे बोलकं उदाहरण आहे.

हाताचा अंगठाच नसता तर..!

तो एकलव्य आठवतो? तोच, ज्याला द्रोणाचार्यांनी धनुर्विद्या शिकवण्याचं नाकारलं होतं. पण त्यापायी नाऊमेद न होता पठ्ठ्यानं 'गुरुदेवो महेश्वरः' म्हणत द्रोणाचार्यांचा पुतळा तयार करून त्याच्या साक्षीनं धनुर्विद्येचा अभ्यास सुरूच ठेवला होता आणि त्यात प्रावीण्यही मिळवलं होतं. ते पाहून, आपला पट्टशिष्य असलेल्या अर्जुनाला हा कदाचित वरचढ ठरेल या धास्तीनं द्रोणाचार्यांनी गुरुदक्षिणा म्हणून त्यांच्या या अनोख्या शिष्याकडे कशाची मागणी करावी? त्याच्या अंगठ्याची. एकलव्यही धन्य. त्यानं तत्काळ कशाचाही विचार न करता ती अभूतपूर्व गुरुदक्षिणा देऊन टाकली. अंगठ्याशिवाय चार बोटांच्या हातांनी त्यानं नंतर तिरंदाजी कशी केली असेल, या प्रश्नाचं उत्तर काही महर्षी व्यासांनी दिलेलं नाही. खरंतर त्यांनी त्याहीपेक्षा मूलभूत असलेल्या प्रश्नाचं सरळ सरळ उत्तर दिलेलं नाही. द्रोणाचार्यांनी नेमका अंगठाच का मागावा? अंगठ्याचं एवढं काय महत्त्व आहे? ते धनुर्विद्येपुरतंच मर्यादित आहे, की इतर मानवी व्यवहारांसाठीही आहे? जर अंगठाच नसला तर काय होईल?

महाभारतकारांनी भलेही त्याचं उत्तर दिलं नसेल. पण आधुनिक महर्षी सर आयझॅक न्यूटन यांनी मात्र ते दिलं आहे. त्यांनी अंगठ्याचं माहात्म्य अधोरेखित करत म्हटलं आहे, की 'इतर कोणताही पुरावा नसेना का, मला विचाराल तर माणसाच्या हाताचा अंगठा हीच साक्ष आहे या विश्वातल्या ईश्वराच्या अस्तित्वाची.'

वैज्ञानिकांनी मानवप्राण्याच्या हाताच्या अंगठ्याचं प्रमुख वैशिष्ट्य केव्हाच ओळखलं आहे. खरंतर हाताला, पायांना पाच पाच बोटं असतात. हाताचाच विचार केला, तर इतर चार बोटं सारखीच असतात, फक्त लांबीतला फरक सोडला तर. सडसडीत, तीन तीन हाडांची पेरं असलेल्या या इतर बोटांमध्ये अंगठा उठून दिसतो. त्याची जाडीही सगळ्यात जास्ती आहे. हाडांची दोनच पेरं आहेत. त्याचं टोकही चांगलं घसघशीत आहे. पण त्याहूनही महत्त्वाची आहे ती त्याची हालचालीची पद्धत. हाताला असलेला त्याचा जोड इतर बोटांपेक्षा

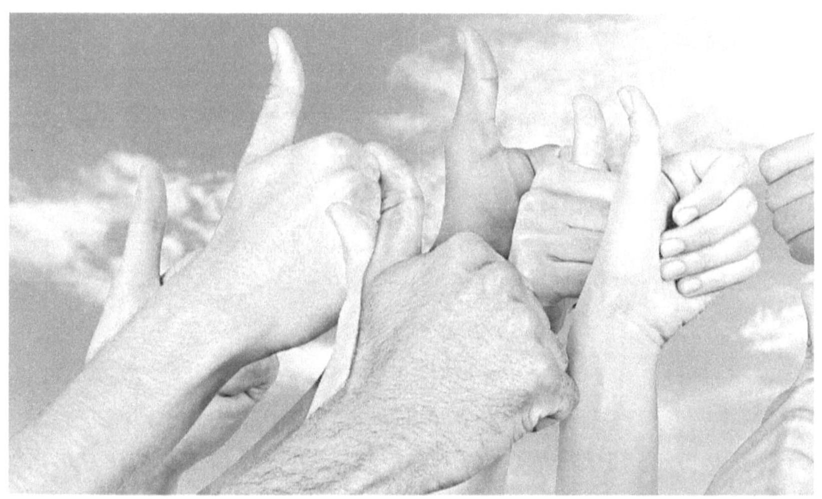

वेगळा आहे. त्यामुळं त्याची हालचाल अधिक मोकळी आहे. मुख्य म्हणजे अंगठ्यानं इतर चारही बोटांना समोरासमोरून स्पर्श करता येतो. यालाच वैज्ञानिक भाषेत 'ऑपोझेबल थम्ब' म्हणतात. असा ऑपोझेबल थम्ब हे उत्क्रांतीच्या ओघात शिखरस्थानावर असलेल्या सर्वच वानर जातीच्या प्राण्यांना मिळालेलं वरदान आहे. तरीही चिंपांझी, गोरिला वगैरे वानरकुळातल्या इतर प्राण्यांपेक्षाही मानवप्राण्याचा अंगठा अधिक कार्यक्षम आहे. या समोरासमोरून इतर बोटांना स्पर्श करण्याच्या गुणधर्मामुळं तो हाताची भक्कम पकड घेऊ शकतो. वानर आपल्या मुठीत फांद्या घट्ट पकडून लोंबकळू शकतात, एका फांदीवरून दुसऱ्या फांदीवर उड्या मारू शकतात. पण माणसानं आपल्या प्रबळ बुद्धिमत्तेच्या जोरावर त्याच गुणधर्माचा उपयोग करून निरनिराळी अवजारं, शस्त्रं तयार करून त्यांचा वापर सुरू केला. त्यापायी मग त्याचा विकासही भरभर होत गेला. नेहमीच्या व्यवहारातली अनेक कामं करणं सुलभ झालं. असा वैशिष्ट्यपूर्ण अंगठा नसता तर ते शक्य झालं नसतं.

या अंगठ्याचं आणखी एक वैशिष्ट्य आहे. त्याच्या तळाशी, जिथं तो तळहाताला जोडला जातो, तिथल्या हाडांच्या सांध्यावर कुल्चेचा एक थर आहे. त्यामुळं त्या सांध्याची हालचाल सुलभ होते. हाडावर हाड घासलं जात नाही. त्यापायी ती हालचाल वेदनारहित होते. शिवाय या अंगठ्यापायीच हाताची मूठ वळवणं सोपं झालं आहे. म्हणूनच उटाह विद्यापीठातील जीवशास्त्रज्ञ डेव्हिड कॅरिअर यांनी असं प्रतिपादन केलं आहे, की इतर प्राणी हातांनी ओरबाडू शकतात, पण ठोसा मारणं त्यांना जमत नाही. महंमद अली म्हणा किंवा आपली मेरी कोम म्हणा, त्यांना मुष्टीयुद्धासाठी या अंगठ्याची फार मोठी मदत होते. मुठीला वेगळीच ताकद तर मिळतेच, पण तुलनेनं नाजूक असलेल्या इतर बोटांना संरक्षणही मिळतं. त्यांना इजा होण्याची भीती न बाळगता स्वैरपणे ती मूठ उगारता येते. नेमका लक्ष्याचा वेध

घेता येतो.

दगडाचा मारा करणं हे माणसानं उचललेलं पहिलं शस्त्र होतं. ते शक्य झालं कारण अंगठा आणि तर्जनी किंवा मध्यमा यांच्या चिमटीत तो दगड पकडून उचलणं शक्य झालं. ऑपोझेबल थम्ब असल्यामुळंच अशी चिमूट तयार करणं शक्य झालं. त्या चिमटीत मग दगड पकडा, एखादं फळ पकडा किंवा आजच्या जमान्यातल्या स्वयंपाकात आवश्यक असलेलं चिमूटभर मीठ घ्या. सर्वांसाठी तो अंगठाच मदतीला येतो. नुसता तो दगड उचलूनही भागत नाही तर तो नेम धरून फेकावा लागतो. त्यासाठीही तो प्रथम व्यवस्थित पकडता यायला हवा. अंगठ्याशिवाय अशी पकड घेणं अशक्यच आहे.

अंगठ्याची करामत अजमावण्यासाठी इंग्लंडमधल्या नॅशनल सायन्स टीचर्स असोसिएशन या विज्ञान शिक्षकांच्या संघटनेनं वीस मिनिटांचा एक प्रयोगच सुचवला आहे. त्यानुसार प्रथम अंगठा हाताच्या कडेला चिकटपट्टीनं किंवा दोरीनं घट्ट बांधून टाकायला सांगितलं आहे. इतर चारी बोटं मात्र मोकळी सोडलेली राहतील आणि त्यांच्या हालचालीत कोणताही अडथळा येणार नाही, याची खातरजमा करून घ्यायची आहे. तेवढी तयारी झाली की आता या 'अंगठ्याशिवाय'च्या हातानं पुढच्या क्रिया करायच्या आहेत.

पेन्सिलीनं किंवा बॉलपेननं तुमची सही करा, जमत नसेल तर फक्त नाव लिहिण्याचा प्रयत्न करा. पायात पायमोजे घालून बूट चढवा. ते करता आलं तर त्या बुटाची नाडी बांधा. नाडीचाच विषय निघालाय तर पायजम्यात नाडी घाला. ती कोणी घालून दिलेली असेल तर तो पायजमा चढवून तीच नाडी घट्ट बांधा. शर्टचं, पँटचंही चालेल, बटण लावा. त्याच पँटला असलेली झिप उघडा किंवा बंद करा. झिप कशाला, दरवाजा बंद करण्यासाठी किल्लीनं कुलूप लावा किंवा लावलेलं कुलूप उघडा. जमिनीवर पडलेलं रुपयाचं नाणं उचला. हे काही जमलं नाही तर ब्रशनं दात घासण्याचा प्रयत्न करा. करून बघा आणि मग सांगा अंगठा नसता तर यापैकी दररोजच्या व्यवहारातली किती कामं तुम्ही व्यवस्थित आणि विनासायास करू शकला असता.

टोकियो ऑलिंपिक स्पर्धेत तिरंदाजी, नेमबाजी, भालाफेक यासारखे अनेक खेळ होते, जिथं हाताची मूठ व्यवस्थित वळवता येण्याची आवश्यकता आहे. अगदी जिम्नॅस्टिकसारखा कसरतीचा खेळ घेतला तरी तिथंही कठड्याला किंवा खांबांना व्यवस्थित पकडता यायला हवं. अंगठ्याशिवाय ते शक्य होईल? आज संगणकाचा कळफलक वापरायचा झाला तरी अंगठ्याची मदत नसेल तर दोन शब्दांमध्ये अंतर ठेवण्यासाठी इतर बोटांचा वापर वेळखाऊ होईल. लिहीत असाल तर लक्ष विचलितही होऊ शकतं.

तेव्हा अंगठ्याला गृहीत धरू नका. त्याचा आदर करायला शिका. जर अंगठा नसेल तर काय होईल याचा विचार सतत करा.

। ४३ ।

आपण झोपलोच नाही तर...!

चिंतूची झोप उडवायला काही खरोखरीचीच घटना घडायला हवी असं नाही. काही तरी ऐकून, वाचून तो आपल्या कल्पनेचा भस्मासुर असा काही मोकाट सोडतो की त्याचीच काय, पण त्याच्या बरोबरच्या इतरांचीही झोप उडावी. परवा असंच झालं. स्लीप ॲप्निया नावाच्या एका व्याधीबद्दल त्यानं कुठंतरी काहीतरी वाचलं.

चिंतूला स्लीप ॲप्नियाबद्दल व्यवस्थित समजलं की नाही हे सांगता येणं कठीण आहे. पण त्यातली एक बाब मात्र त्याच्या मनात पक्की रूजून बसली. या व्याधीची बाधा झालेल्या व्यक्तीचा श्वासोच्छ्वास झोपेमध्ये खंडित होतो. काही वेळा बंदच पडतो. बस्स. चिंतूला काळजी करायला एवढं पुरेसं होतं. उद्या आपण झोपलो आणि आपला श्वासोच्छ्वासच बंद पडला तर आपण जिवंत कसे राहणार, या प्रश्नानं त्यानं स्वतःला छळायला सुरुवात केली. त्यावरचा एकच उपाय त्याला सापडला होता. तोच घेऊन तो घाईघाईनं आला. 'जर मी कधीही झोपलोच नाही, तर माझी या व्याधीपासून सुटका होईल की नाही? कायमचा झोपी जाण्यापेक्षा कधीच न झोपणंच चांगलं, काय!' त्याचा हा सवाल सयुक्तिक वाटला, तरी एक तर त्याला जिच्या वाचनानं सतावलं होतं ती व्याधी हा एक अपवाद आहे. फारच थोड्या व्यक्तींना तिची बाधा होते. त्यामुळं तुमच्याआमच्यासारख्यांना तिची भीती बाळगण्याचं कारण नाही. पण चिंतूला हे सांगून उपयोग होणार नाही. कारण तो म्हणेल मीच तो अपवाद कशावरून नसेन? त्यापेक्षा त्याला झोपेचं आपल्या आयुष्यात नेमकं काय स्थान आहे, तिचे काय फायदे आहेत, ते सांगणंच योग्य ठरेल.

माणूस जन्माला येतो तेव्हा त्याचा बराचसा काळ झोपेतच जातो. नुकतंच जन्मलेलं मूल दिवसातून वीस बावीस तास झोपलेलंच असतं. त्याची ती गरज असते. जसजसं वय वाढत जातं तशी ही झोपेची गरज कमी कमी होत जाते. चार वर्षं उलटली, की साधारण बारा तासांची झोप पुरेशी उरते. आणखी सहा वर्षांनी वाढ झाली, की वयाच्या दहाव्या वर्षी तोच

काळ दहा तासांवर येतो. प्रौढ वयात सात ते नऊ तासांची झोप पर्याप्त ठरते. उतार वयात तर नैसर्गिकरित्याच झोप कमी होते. पाच सहा तासांची झोप झाली, की जाग येतेच. ही अर्थात सरासरी झाली. तसं पाहिलं तर आपल्याला किती झोपेची आवश्यकता आहे हे प्रत्येकाला समजतंच. कारण तेवढी झोप मिळाली, की उठल्यावर कसं ताजंतवानं वाटतं.

पण तसं का वाटावं? म्हणजे आपण झोपलेलो असतो तेव्हा असं काही घडतं का, की त्यापायी आपण परत उत्साहित व्हावं? वैज्ञानिकांनाही या प्रश्नानं छळलं आहे. त्याचं उत्तर मिळवण्यासाठी मोठ्या प्रमाणावर संशोधन होत आहे. त्यातून निश्चितपणे असं दिसून आलं आहे, की लहान मुलांची व्यवस्थित वाढ होण्यासाठी ज्या संप्रेरकाचा, ग्रोथ हार्मोनचा, पाझर शरीरात होणं आवश्यक असतं तो मूल झोपेत असतानाच होत असतो. थोडक्यात चांगली झोप मिळणं त्याच्या निकोप वाढीसाठी गरजेचं आहे. तसंच त्याची रोगप्रतिकारशक्ती वाढण्यासाठीही झोप आवश्यक आहे. कोरोनाच्या काळात हीच रोगप्रतिकारयंत्रणा अधिक मजबूत करण्यासाठी अनेक उपाय सुचवले जात आहेत. कोणी काही विशिष्ट औषध घ्यायला सांगतं, कोणी काही खास आहार घेण्याचा सल्ला देतं, कोणी काही तर कोणी काही. पण चांगली मस्त झोप मिळाली तर इतर काही उपायांची कदाचित काहीच गरज भासणार नाही, हे कोणीच सांगत नाही. म्हणून तर व्यवस्थित आणि पुरेशी झोप मिळाली नाही तर रोगबाधा होण्याची शक्यता बळावते. खास करून उतार वयातल्या व्यक्तींना तिची जास्त गरज

असते. तसं पाहिलं तर त्यांची झोपेची गरज कमीच असते. पण तेवढीही पूर्ण झाली नाही तर मग रोगजंतूना मैदान मोकळं मिळतं. झोपेसंबंधी आजवर बरंच संशोधन झालं आहे आणि अजूनही होतं आहे, तरीही हे झोपेचं गूढ काही वैज्ञानिकांना पुरेसं उलगडलेलं नाही. तसे आडाखे आणि सिद्धांत बरेच आहेत. आणि त्यांची चाचपणी करण्यासाठी प्रयोगही केले जात आहेत. काहींच्या मते जागेपणी आपल्या शरीराची, खास करून निरनिराळ्या स्नायूंची, झीज होत असते. कारण त्यांचा आपण सतत वापर करत असतो. झोपेमध्ये ही झीज भरून काढली जाते. तसंच या सततच्या वापरामुळं काही पेशी जर मृतप्राय झाल्या असतील, तर त्या काढून टाकून त्यांच्या जागी ताज्या दमाच्या पेशींची स्थापना करण्याचं काम शरीर झोपेमध्ये करत असतं. रेल्वे नाही का दुरुस्तीचं काम करण्यासाठी मेगा ब्लॉक घेतात, तसंच!

याहूनही महत्त्वाचं काम आपल्या मेंदूशी संबंध असणारं आहे. दिवसभरात आपल्या मेंदूवर अगणित माहितीचा मारा होत असतो. ती सगळीच जर जशीच्या तशी साठवली गेली तर मेंदूवर असह्य भार पडेल. झोपेत मेंदू या सगळ्या माहितीची व्यवस्थित छाननी करतो. जी माहिती फुटकळ किंवा अनावश्यक आहे तिचा निचरा करतो. जी उपयुक्त आहे तिची कायमची साठवून ठेवण्याची व्यवस्था करतो. निचरा करण्यात म्हणा किंवा कायमची साठवण करण्यात म्हणा स्वप्नांची फार मोठी भूमिका असते. पोलिस कसे गुन्ह्याचा शोध लावण्यासाठी जिथं गुन्हा घडला त्या स्थळाला भेट देतात किंवा त्या घटनेची नाट्यमय पुनरावृत्ती करतात, तसाच आपला मेंदू काही घटनांची किंवा सुप्त इच्छांची, विचारांची पुनरावृत्ती स्वप्नांमध्ये करत असतो. झोपच घेतली नाही तर स्वप्नंच पडणार नाहीत आणि मेंदूला स्वतःला परत ताजंतवानं करण्याची संधीच मिळणार नाही. संगणकांची किंवा मोबाईल फोनची बॅटरी जशी नियमितपणे रिचार्ज करावी लागते, तशीच झोप ही मेंदूची रिचार्ज करण्याची व्यवस्था आहे. जागेपणी आपण जी वेगवेगळी कामे करतो त्यासाठी आपल्याला सतत ऊर्जेची गरज भासते. या ऊर्जेचा पुरवठा करण्यासाठी आपण आहार घेत असतो. दिवसभरात सहसा तीन वेळा आपण जेवतो. जागेपणी लागणारी ऊर्जा निर्माण करण्यासाठी तेवढा आहार सहसा पुरेसा असतो. झोपेमध्ये श्वासोच्छ्वास आणि रक्ताभिसरण यासाठीच ऊर्जेची गरज भासते. जागेपणीच्या गरजेपेक्षा ती कितीतरी कमी असते. थोडक्यात झोपेमुळे आपण ऊर्जेची बचत करत असतो. ती झोप मिळाली नाही तर साहजिकच ऊर्जेचा पुरवठा कमी पडेल आणि त्याची भरपाई करण्यासाठी आपल्याला जास्तीचा आहारही घ्यावा लागेल. चार किंवा पाच वेळा जेवावं लागेल.

झोप न घेण्यानं चिंतू कदाचित त्या स्लीप ॲप्नियाची बाधा टाळू शकेल पण मग इतर व्याधींचा ससेमिरा त्याच्या पाठी लागेल त्याचं काय.

अश्रू आटले तर..!

दुःख किंवा वेदना अनावर झाल्या, की डोळ्यातून घळाघळा आसवं वाहायला लागतात हे खरं. हे भावनोद्रेकापायी झरणारे अश्रू आहेत. खरंतर अश्रूंचे तीन मुख्य प्रकार आहेत. पहिला सातत्यानं वाहणारे अश्रू. त्यांना बेसल अश्रू म्हणतात. कांदा कापताना किंवा डोळ्यात केर कचरा गेला की जे वाहतात ते रिफ्लेक्स प्रकारचे अश्रू. आणि तिसरा प्रकार आहे भावनाश्रूंचा. दुःख झालं किंवा आनंद झाला म्हणजेही डोळे भरून आणणारे हे इमोशनल अश्रू.

डोळ्यांच्या वरच्या भागात असणाऱ्या अश्रूग्रंथी म्हणजेच लॅक्रिमल ग्लँडमधून हे अश्रू डोळ्यांच्या वरच्या कोपऱ्यात उतरतात. तिथून मग हे सगळीकडे पसरतात. अनावर झाले, की डोळ्याच्या खालच्या कोपऱ्यातून बाहेर पडतात. गालांवर ओघळतात. पण काही नाकाजवळच्या कोपऱ्यातून नाकाघशातही उतरतात.

ज्यापायी त्यांचा उगम होतो ती कारणं या तीन अश्रूंमध्ये वेगवेगळी तर असतातच, पण त्यांच्या घटकांमध्येही काही फरक असतात. तरीही अश्रूंमध्ये प्रामुख्यानं सोडियम, बायकार्बोनेट, क्लोराईड आणि पोटॅशियम ही रसायनं सापडतात. काही अश्रूंमध्ये मॅग्नेशिअम आणि कॅल्शिअमही दिसून आली आहेत. सोडियम आणि क्लोराईड असल्यामुळंच आसवांना खारटपणा येतो. पण तीन प्रकारच्या अश्रूंमधलं या रसायनांचं प्रमाण वेगवेगळं असू शकतं. बेसल अश्रू सतत वाहत असतात. तीन वेगवेगळ्या थरांनी त्यांची बांधणी होते. पहिला थोड्याफार बुळबुळीत द्रवाचा थर. अळूच्या पानावरून ओघळून जाणाऱ्या पाण्यासारखी आसवं नुसतीच इकडून तिकडे जाणार नाहीत याची तो खातरजमा करतो. डोळ्याच्या त्वचेला पकडून ठेवण्याची कामगिरी या स्तरावर सोपवलेली असते. दुसरा थर असतो पाण्याचा. याची जाडी सर्वात जास्ती असते. त्यावरही असतो तो तेलकट थर. आसवांमधल्या पाण्याचं बाष्पीभवन होऊन ते उडून जाणार नाही याची काळजी हा थर घेतो. हे सतत वाहणारे अश्रू डोळे ओलसर ठेवायला मदत करतात. तुमची नजरही साफ

राहील हेही पाहतात. शिवाय डोळ्यात जर काही केरकचरा जमा झाला असेल किंवा काही घातक रसायनांनी बस्तान बसवण्याचा प्रयत्न केला असेल तर त्यांना घालवून देऊन डोळे सतत स्वच्छ राहतील याची खबरदारी हे बेसल अश्रू घेतात. जर अश्रू संपूर्ण आटले तर हे सतत साथ करून आपल्या डोळ्यांचं आरोग्य राखणारे मदतनीसही आपण गमावून बसू. डोळ्यांसारखा नाजूक आणि अत्यंत उपयोगी अवयवच जर रोगग्रस्त झाला, तर त्याला आटलेले अश्रूच नाही का कारणीभूत असणार!

या कोरड्या डोळ्यांचीही एक गंमत आहे. डोळे कोरडे पडल्यामुळं हवेतून येणारे धुळीचे कण त्यांना सतत डिवचत राहतात. त्या त्रासापासून वाचण्यासाठी मग डोळ्यातून एकसारखं पाणी वाहत राहतं. ते पाणी त्या धूलिकणांची हकालपट्टी करायला सरसावतं, पण अश्रूंची कमतरता मात्र ते भरून काढू शकत नाही.

डॉक्टरांना विचाराल तर अश्रू आटण्याची शक्यता तशी नगण्यच असल्याचं ते सांगतील. म्हणजे वय झालं, की काही वेळा हा अश्रूंचा ओघ कमी होतो. किंवा डोळ्यांना काही इजा झाली असेल तरीही तसं होऊ शकतं. वय जसजसं वाढत जातं तसतसं बेसल अश्रू ढाळण्याचं प्रमाणही कमी होत जातं. खास करून मासिक पाळी थांबल्यानंतर स्त्रियांच्या शरीरात जी हार्मोन्सची स्थित्यंतरं होतात त्याचाही परिणाम अश्रूंच्या प्रमाणावर होत असतो. पण अश्रू साफच आटले अस होत नाही. आपण दिवसाकाठी किती अश्रू ढाळतो या प्रश्नाचं उत्तर ऐकून तर तुम्ही तोंडात बोटच घालाल. तब्बल पंचावन्न ते एकशे दहा मिलि लिटर. त्या मानानं अनावर रडू कोसळल्यावर त्यात पडणारी भर तशी कमीच असते. 'गंगा यमुना डोळ्यात उभ्या का...' असं म्हणत लेकीची रासरी पाठवणी करताना माय-लेकीच्या रडण्याचं वर्णन ही तशी कविकल्पनाच आहे. अर्थात हे खरं की, पुरुषांपेक्षा स्त्रियांमध्ये

भावनोद्रेकापायी ढाळलेल्या अश्रूंचं प्रमाण जास्ती असतं.

तरीही भावनांच्या उमाळ्यापोटी आपण का रडतो, असा प्रश्न उपस्थित होतोच. त्याचं नेमकं उत्तर शोधण्याचे प्रयत्न अजूनही सुरूच आहेत. तरीही त्यावर जैविक, सामाजिक आणि मानसिक प्रभावांचा परिणाम होतो, असं दिसून आलं आहे. ज्यावेळी माणसाला अतीव दुःख होतं किंवा असह्य वेदना होतात किंवा हतबल झाल्यासारखं वाटतं अशा वेळी समाजातल्या इतरांचं लक्ष वेधून घेऊन त्यांच्याकडून मदत मिळावी ही अपेक्षा अश्रूपाताकडून व्यक्त होत असते. आणि मग त्या व्यक्तीचं सांत्वन करत त्याला किमान पक्षी मानसिक आधार द्यायला इतर पुढं सरसावतात. त्यामुळं मग त्या वेदनेची टोचणी कमी व्हायला मदत होते. तसंच या प्रकारच्या अश्रूंमध्ये इतर दोन प्रकारच्या अश्रूंमध्ये नसलेली काही वेदनाशामक प्रथिनं असतात. लहान मुलाला भूक तहान लागते, किंवा मलमूत्र विसर्जन झाल्यामुळं शरीर स्वच्छ करण्याची गरज भासते अशा वेळी ते आक्रोश करतं. पण त्यात फक्त रडण्याचा आवाजच येतो. अश्रूंचा पाझर फारसा होत नाही. याचं कारण त्यांच्या अश्रुग्रंथींची पुरती वाढ झालेली नसते. काही वेळा ती झालेली असली, तरी त्या ग्रंथींमधून डोळ्याकडे अश्रू वाहून नेणाऱ्या नलिका चोंदलेल्या असतात. कांदा कापतानाही अश्रूंचा पाझर सुरू होतो. खरंतर डोळ्यांना काहीही खुपायला लागलं, की अश्रुग्रंथी आपली उत्पादनक्षमता वाढवतात. कांद्यांमधल्या काही रसायनांचा मारा डोळ्यांना सहन होत नाही. पण तीव्र गंध, मग तो भले सुगंध का असेना; तेज प्रकाश, हवेतली धूळ, धूर, फरशी साफ करण्यासाठी वापरण्यात येणारी रसायनं एवढंच काय पण जास्ती वेळ कॉम्प्युटरच्या पडद्याकडे पाहणं यापायी डोळे चुरचुरतात. त्यापासून मोकळीक देण्याचं कामही अश्रूच करतात.

शेवटी राहिले नक्राश्रू. आपल्याला दुःख झाल्याचं नाटक करण्यासाठी ते ढाळले जातात असा समज आहे. तो तसा चुकीचा नाही. कारण सतत पाण्यात राहिल्यामुळं शरीरात साचलेले क्लोरिन बाहेर टाकण्याचा मगरीचा तो हमखास उपाय असतो. ते सोडले तर इतर तिन्ही प्रकारचे अश्रू आपली मदतच करत असतात. तेच जर आटले तर त्यांची जागा कशी भरून काढता येईल?

| ४५ |

लस घेतली नाही तर..!

चिंतूला धावतपळत येताना पाहून मी समजलो, की काहीतरी शंका त्याला छळते आहे. श्वास घेण्यासाठी मी त्याला वेळ देतो तोच तो म्हणाला, 'मी नाही घेतली ती लस तर काय होईल?'

चिंतूनं न सांगताच मी समजलो, की काही आरोग्य कर्मचाऱ्यांनी लस घेण्याचं नाकारल्याची बातमी त्यानं वाचली होती. त्यामुळं त्याला थोडा हुरूप आला होता. कारण चिंतू कोणतंही इंजेक्शन घ्यायला भलताच घाबरतो. त्यातून वाचण्यासाठीचा उपाय त्या बातमीत त्याला सापडला होता. 'हे बघ लस घेण्याची सक्ती नाही. ती घेणं ऐच्छिक आहे. तुला वाटलं तर तू घे, नाही तर नको घेऊस. पण जो काही निर्णय घेशील तो पूर्ण माहिती मिळाल्यानंतरच घे. लस म्हणजे काय हे आधी समजून घे. रोगजंतूंपासून बचाव करण्यासाठी निसर्गानं आपल्याला एक अतिशय योजनाबद्ध आणि मजबूत अशी प्रतिकारयंत्रणा बहाल केलेली आहे. कोणत्याही देशाच्या संरक्षण दलापेक्षाही ती अधिक सुसज्ज आहे, असं म्हणता येईल. पण कोणताही देश काही सतत युद्धात गुंतलेला नसतो. त्याचा बहुतांश वेळ शांततेतच जातो. निदान तशी धडपड प्रत्येकजण करत असतो. तरीही कोणत्याही क्षणी युद्धाचा भडका उडू शकतो. ते लक्षात घेऊन संरक्षण दलाला कायम सतर्क राहावं लागतं. त्यासाठी मग वेळोवेळी लुटुपुटीच्या लढाया खेळाव्या लागतात. त्यांना वॉर गेम्स म्हणतात. त्यातून मग खरोखरच शत्रूनं हल्ला केला तर त्याला तोंड देण्यासाठी आपण सज्ज राहतो.

लस म्हणजे शरीराच्या संरक्षण दलाला तयार ठेवण्यासाठी केलेला सरावच असतो. आपली रोगप्रतिकार यंत्रणा ही आप-पर भावावर काम करते. म्हणजे आपला कोण आणि परका कोण, हे ती ओळखू शकते. त्यासाठी शरीरात येऊ पाहणाऱ्या प्रत्येक निर्जीव पदार्थाच्या किंवा सजीवाच्या बाह्यांगावरच्या प्रथिनांचं ओळखपत्र ती वाचते. आपला असेल तर त्याला सुखेनैव येऊ देते. पण दुष्ट हेतूनं कोणी परका येऊ पाहत असेल, तर

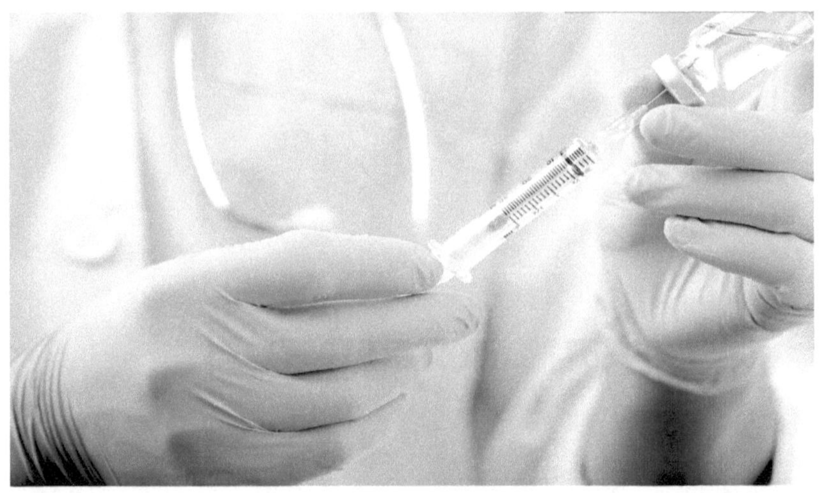

त्याच्या ओळखपत्रावरून त्याचा सुगावा लागल्याबरोबर ती यंत्रणेला त्याची माहिती देऊन त्याच्या विरुद्ध रामबाण ठरणारी अँटिबॉडीरूपी क्षेपणास्त्रं तयार करण्याची सूचना देते. ती शस्त्रं मग त्या रोगजंतूला पिटाळून लावत शरीराचं स्वास्थ्य कायम राखण्याची तजवीज करतात.

लस म्हणजे या रोगजंतूची ओळख पटवण्यासाठी केलेली लुटुपुटूची लढाईच म्हण ना. त्यासाठी मग त्या रोगजंतूला निष्प्रभ करून तो रोगबाधा तर करू शकणार नाही पण त्याचं ओळखपत्र मात्र शाबूत असेल, अशी व्यवस्था केली जाते. दात काढलेल्या सिंहासारखीच त्या रोगजंतूची अवस्था होते. तो शरीरात शिरू तर शकतो पण रोगबाधा करू शकत नाही. त्यामुळं त्याच्या ओळखपत्राचं निवांत वाचन करता येतं. आणि त्याचा नेमका प्रतिकार करणाऱ्या शस्त्रांची बांधणी करून ती योग्य त्या प्रमाणात तैनात ठेवता येतात. ती शस्त्रं निर्माण करण्याचा आराखडा, निर्माण करण्याची पद्धत, त्यासाठी लागणारी सारी सामग्री तयार ठेवली जाते.

या रोगप्रतिकार यंत्रणेची आणखी एक खासियत आहे. तिची जबरदस्त स्मरणशक्ती. एकदा का एखाद्या रोगजंतूचं ओळखपत्र तिनं वाचलेलं असलं, की ते दीर्घकाळ लक्षात ठेवते. आपण नाही का परदेशातून आलेल्या प्रत्येकाच्या पासपोर्टची माहिती संगणकात साठवून ठेवतो. त्यामुळं तो परत आला, की त्याचा पासपोर्ट वाचून त्या साठवून ठेवलेल्या माहितीशी ती पडताळून पाहता येते. मग येणारा प्रवासी आपलाच नागरिक आहे, की कोणी परदेशी आहे हे तर ओळखता येतंच. पण त्याचा दहशतवाद्यांशी, तस्करांशी, गुन्हेगारांशी काही संबंध आहे, की काय हेही चटसारी ओळखता येतं. त्यानुसार मग जी काही कारवाई करायची ती तातडीनं करता येते.

शरीराच्या रोगप्रतिकारयंत्रणेची कामगिरी याच तत्त्वावर बेतलेली आहे. कारण लस देताना त्या ओळखपत्राचा ठसा उमटलेलाच असतो. त्यामुळं आता जिवंत रोगजंतूनं कुहेतूनं घुसखोरी करण्याचा प्रयत्न केलाच, तर त्याच्या ओळखपत्राची आठवण जागी होते आणि त्याच्या विरोधात वापरायच्या शस्त्रांची निर्मिती वेगानं होते. आणि तीही भरघोस प्रमाणात. त्या रोगजंतूला आपलं बस्तान बसवायची संधीच दिली जात नाही. शिवाय नुसतीच क्षेपणास्त्रं नाहीत तर ती ज्याच्यावर बसवलेली आहेत असे पेशीरूपी रणगाडेही तयार केले जातात. दुसऱ्या महायुद्धात जपानी सैन्यानं हाराकिरी तुकड्या तयार केल्या होत्या. अशी विमानं मग शत्रूवर चालून जात आणि स्वतःचा बळी देत शत्रूची दाणादाण उडवत. अशा किलर सेल्स, संहारक पेशीही, तयार केल्या जातात. सर्व बाजूंनी रोगजंतूची कोंडी करण्याची योजना आखली जाते. लस घेतली नाही तर मग या शरीराच्या संरक्षण दलाला युद्धाचा सराव कसा करता येईल? आणि तो नाही केला तर मग रोगजंतू जेव्हा खरोखरच हमला करेल तेव्हा त्याचा मुकाबला कसा करता येईल? उलट त्याला मोकळं रान मिळून तो मोकाट सुटेल. शरीराला खिळखिळं करेल. एरवी रोगाची बाधा झाल्यावरही काही रामबाण औषधांचा मारा करून त्याला जेरीला आणता येतं. पण कोरोनाच्या बाबतीत म्हणशील तर अशी तेजतर्रार औषधंही उपलब्ध नाहीत. त्यामुळं शेवटी अंगभूत रोगप्रतिकारयंत्रणेवरच भिस्त ठेवावी लागते. तिला मदत करण्यासाठी, तिचं काम सोपं करण्यासाठीच तर लस घ्यायची. ती न घेतल्यानं उलट त्या रोगप्रतिकारयंत्रणेवरचा भार वाढण्याचीच शक्यता जास्ती.

लस न घेण्याची कारणंही तशी पटण्यासारखी नाहीत. टोचल्याजागी थोड्या वेदना, क्वचित प्रसंगी सौम्य ताप, डोकेदुखी, माफक अंगदुखी यासारखा त्रास काहीजणांना होतो. सर्वांनाच नाही. पण पुढं रोगाची बाधा होण्यापेक्षा तो परवडला. काही जणांना इतर काही व्याधी असतात. त्यामुळं लसीकरणापायी त्यांना फायदा होण्याऐवजी तोटाच सहन करावा लागण्याची शक्यता असते. पण अशा व्यक्तींना लस दिली जात नाही. पण ज्यांना अशा कोणत्याही नकारात्मक बाबींचा अडथळा नाही त्यांनी लस न घेण्यानं आपणहून अरिष्टाला आमंत्रण देण्यासारखंच होईल. शिवाय लस न घेतल्यामुळं जर रोगजंतूचा शरीरात शिरकाव झाला तर मग त्याचा प्रसाद अशी व्यक्ती इतरांनाही देऊ शकते. रोगप्रसाराला ती मदतच करते. सामाजिक स्वास्थ्याच्या दृष्टीनंही ते अयोग्य आहे. एकाअर्थी अशी व्यक्ती समाजविघातक कामच करते, असं म्हणता येईल. लस घेतली नाही तर असे गंभीर परिणाम संभवतात. तेव्हा चिंतू, भलतीसलती शंका मनात न आणता आणि सुई टोचण्याची भीती काढून टाकून लस घ्यायला तयार हो पाहू.''

विभाग : चौथा

खगोल

लघुग्रह पृथ्वीवर कोसळला तर..!

आमचा चिंतू म्हणजे चिंतातूर जंतू. परवा असाच सकाळचं वर्तमानपत्र फडकावत आला. घाबराघुबरा झालेला. क्षणभर तोंडून शब्दच फुटत नव्हता. पाणी प्यायला दिलं. थोडासा सावरल्यावर विचारलं, की काय झालंय तर तेच वर्तमानपत्र माझ्या डोळ्यासमोर नाचवत म्हणाला, 'तू हे वाचलं नाहीस?' मी वाकून पाहिलं तर बातमी होती की एक मोठा लघुग्रह पृथ्वीवर आदळणार आहे. हे प्रसारमाध्यमवालेसुद्धा काहीवेळा थोडंसं तिखट मीठ वापरूनच बातमी देतात.

बातमीत उल्लेख असलेला तो लघुग्रह म्हणजेच ॲस्टरॉईड खरोखरच धरतीवर येऊन पडणार नव्हता, तर पृथ्वीच्या सूर्याभोवती प्रदक्षिणा घालण्याच्या कक्षेवर आदळणार होता. पृथ्वीच्या जवळून जाणार होता. जवळून म्हणजे किती? तर एकवीस लाख किलोमीटर अंतरावरून. त्यापायी काही नुकसान होण्याची शक्यता नव्हती.

पण समजा चिंतूला वाटणारी भीती खरी ठरली तर? म्हणजे खरोखरीच असा एखादा लघुग्रह धरतीवर कोसळला तर? तर नेमकं काय होईल हे त्या लघुग्रहाचा आकार किती आहे आणि तो किती उंचीवरून पडणार आहे यावर अवलंबून राहिल. कारण असे लघुग्रह, अशनी नेहमीच धरतीवर कोसळत असतात. उल्कापात तर दर महिन्याला होत असतो. आणि तो गोल कितीही मोठा असला तर पृथ्वीच्या वातावरणातून येत असताना होणाऱ्या घर्षणापायी जळत जातो, त्याचा आकार आकसत जातो.

आजवरच्या अशा किमान तीन घटना आपल्याला माहिती आहेतच. पहिली ज्यातून चंद्राचा जन्म झाला ती. पृथ्वीचाही जन्म होण्याच्या त्या काळात अशाच एका लघुग्रहाशी झालेल्या टकरीतून धरतीचा एक टवका उडाला आणि तोच चंद्र म्हणून आपल्या भोवती घिरट्या घालत राहिला आहे. बुलढाणा जिल्ह्यातल्या लोणार सरोवराचा उगमही अशाच घटनेतून झाला आहे. आणि तिसरी घटना सर्वांत महत्त्वाची, साडेसहा कोटी वर्षांपूर्वी

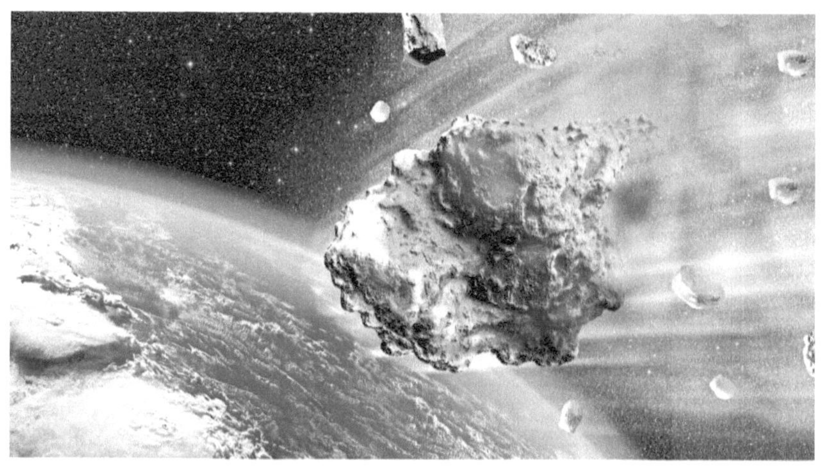

घडलेली. त्यावेळी चांगलाच मोठा लघुग्रह येऊन आदळला होता. त्यापायी जो धुरळा आणि वाफ आकाशात उडाली त्यामुळं सूर्यच झाकोळला गेला. त्याचे किरण जमिनीपर्यंत पोहोचूच शकले नाहीत. उष्णता न मिळाल्यानं तापमान चांगलंच घसरलं. वातावरणातून ऑक्सिजन मिळणंही अवघड झालं. त्यापायीच मग त्यावेळी संपूर्ण धरतीवर आपलं साम्राज्य वसवलेल्या डायनोसॉरंचा वंशनाश झाला. इतर सस्तन प्राण्यांच्या उत्क्रांतीला वाव मिळाला. त्याचीच परिणती म्हणजे आपलं, मानवजातीचं, आधिपत्य धरतीवर प्रस्थापित झालं.

तेव्हा लघुग्रह किती मोठा आहे, म्हणजेच त्याचा जो भाग खरोखरच जमिनीवर येऊन आदळणार आहे त्याचं आकारमान किती आहे, यावर नेमका काय उत्पात घडणार आहे ते अवलंबून असेल. तरीही या भरकटलेल्या लघुग्रहांकडे प्रचंड ऊर्जा असते. कारण त्यांचा भन्नाट वेग. तो जवळजवळ ताशी पन्नास हजार किलोमीटर एवढा असू शकतो.

आता विचार करा, की एक बस आहे. ती नुसतीच तुम्हाला येऊन टेकली तर काय होईल? तुमचा पारा चढेल. कदाचित शरीराच्या ज्या भागाला ती टेकली आहे तो काही वेळ हुळहुळेल. त्यापेक्षा काही फारशी मोठी इजा होणार नाही. पण तीच बस जर ताशी पन्नास किलोमीटरच्या वेगानं धावत असेल तर तुम्ही उडवले जाल, उंचावरून जमिनीवर येऊन आदळाल, तुमची हाडं मोडतील, डोक्याला इजा झाली तर ती गंभीर असण्याची शक्यता आहे. थोडक्यात काय तर जिच्याशी टक्कर होणार आहे, त्या चीजेच्या आकारमानापेक्षाही तिच्या ठायी असलेल्या वेगाची नुकसान करण्याची क्षमता किती तरी पटीनं जास्ती असते. तर हा आयफेल टॉवरच्या उंचीचा जो लघुग्रह २०२८मध्ये आपल्या दिशेनं झेपावणार आहे त्याच्याकडे ताशी पन्नास हजार किलोमीटर इतका वेग असेल, तर त्याच्या अंगी असणारी ऊर्जा एक दशलक्ष मेगाटन बॉम्बाएवढी असेल. पृथ्वीवरच्या यच्चयावत सजीवसृष्टीचा

विनाश करण्याची क्षमता त्याच्या ठायी असेल.

आता एक दशलक्ष मेगाटन म्हणजे नेमकं किती हे आपल्याला सहजासहजी समजणार नाही. तेव्हा जरा खालच्या पातळीवरून सुरुवात करू. समजा तो लघुग्रह एखाद्या टुमदार घराएवढाच आहे. पण तोही ताशी पन्नास हजार किलोमीटरच्या वेगानं प्रवास करत आहे. तर मग त्याची विध्वंसक्षमता वीस किलोटन शक्तीच्या बॉम्बएवढीच असेल. म्हणजे हिरोशिमावर टाकल्या गेलेल्या बॉम्बएवढी. पण त्यानंही काय हाहाकार माजवला होता, हे इतिहास आपल्याला सांगतोच आहे. तेव्हा एक दशलक्ष मेगाटन म्हणजे अशा एक कोटी बॉम्बचा वर्षाव एकसाथ होण्यासारखंच होईल. त्यामुळं काय अनर्थ होईल याची कल्पना करा. कदाचित तुमची कल्पनाशक्तीही बधिर झाल्यासारखी होईल. तेव्हा चिंतूची चिंता तशी वाजवीच आहे असं तुम्ही म्हणाल. तरीही त्याची भीती प्रत्यक्षात उतरण्याची शक्यता किती याचाही विचार करायला हवा. कारण या आपल्या दिशेनं झेपावणाऱ्या लघुग्रहाच्या प्रवासासंबंधी आजवर जी माहिती मिळाली आहे त्यावरून गणित करता तो फार फार तर काही लाख किलोमीटर अंतरावरूनच निघून जाईल. तो आपलं काही लक्षणीय नुकसान करण्याची शक्यता नगण्यच आहे. तरीही हे असे मोकाट सुटलेले लघुग्रह म्हणजे उधळलेल्या सांडासारखे असतात. केव्हा ते बिथरतील आणि आपला मोहरा वळवतील याचा नेम सांगता येत नाही. तेव्हा त्यांच्यावर डोळ्यात तेल घालून लक्ष ठेवावं लागेल. चक्रीवादळाचा मागोवा आपण कसा घेत राहतो तसंच. त्याहीपेक्षा अधिक सजगतेनं. ते करण्याची आपली ताकद आहे. त्यामुळं त्यानं कदाचित आपला मार्ग बदलला आणि तो पृथ्वीच्या अधिक जवळ येण्याची शक्यता दिसली, तर आपल्याला सावधगिरीचा इशारा देता येईल.

अशी काही अस्मानी सुलतानी येण्याची शक्यता दिसलीच तर त्या लघुग्रहावर एखाद्या अग्निबाणाचा किंवा क्षेपणास्त्राचा मारा करून त्याला दुसरीकडेच जायला प्रवृत्त करण्याचे प्रयत्न करता येतील. त्यादृष्टीनं जगभरचे अंतरिक्ष वैज्ञानिक आतापासूनच काही प्रकल्प राबवत आहेत. तो लघुग्रह आपल्या टप्प्यात येईपर्यंत त्या प्रकल्पांची सिद्धता होऊन या प्रसंगाचा समर्थपणे सामना करण्याची उमेद आपण बाळगू शकतो.

चिंतूची चिंता तशी योग्य असली तर त्यामुळं भयभीत होऊन हातपाय गाळून बसण्याचं कारण नाही. तो लघुग्रह असेल शक्तिमान, पण 'हम भी कुछ कम नही', हेही लक्षात ठेवा.

। ४७ ।

सूर्य विझायला आला तर...

'जातस्य हि ध्रुवो मृत्यू, ध्रुवम् जन्म मृतस्य च' हे गीतेतलं वचन चराचरातल्या सर्वांनाच लागू पडतं. जन्ममृत्यूचा हा फेरा कोणालाही चुकलेला नाही. अगदी आपला जीवनदाता असलेला सूर्यासारखा ताराही याला अपवाद नाही.

अवकाशाच्या पोकळीत वायूंचे पुंजके वावरत असतात. मुख्यतः यात हायड्रोजन आणि हेलियम हेच वायू असतात. त्यांच्या रेणूंना एकमेकांच्या गुरुत्वाकर्षणाची ओढ जाणवत असतेच. त्यामुळं ते एकमेकांकडे खेचले जातात. विरळ आणि त्यापायी आकारहीन असलेला तो पुंजका दाट होऊ लागतो. त्याला आकार मिळतो. त्याच बरोबर त्याचं आकारमानही वाढत जातं. होता होता तो इतका मोठा होतो, की त्याच्या स्वतःच्या गुरुत्वाकर्षणापायी तो आतल्या दिशेनं ओढला जातो, आतल्या आत कोसळू लागतो. साहजिकच त्याच्यावरचा दाब प्रचंड प्रमाणात वाढतो. त्याचीच परिणती त्याच्या तापमानात झपाट्यानं वाढ होण्यात होते. ते तापमान इतकं वाढतं, की हायड्रोजन वायूच्या अणूंमधले इलेक्ट्रॉन बाहेर फेकले जातात आणि त्यांचं केंद्रक उघडं पडतं. जवळजवळच्या दोन केंद्रकांचं मीलन होऊन त्यातून हेलियमचं केंद्रक तयार होतं. या अणुमीलनाच्या प्रक्रियेत प्रचंड प्रमाणात ऊर्जा बाहेर पडते. तीच प्रकाशाच्या रूपात इतस्ततः उत्सर्जित होते. वायूचा तो पुंजका दीप्तीमान होतो. ताऱ्याचा जन्म होतो.

त्यातून बाहेरच्या दिशेनं फेकल्या जाणाऱ्या ऊर्जेचं बल आता आतल्या दिशेनं ओढणाऱ्या गुरुत्वाकर्षणाच्या बलाला विरोध करतं. ती दोन बलं तुल्यबळ झाली, की तारा आतल्या आत कोसळायचं थांबतो. तारा स्थिर होतो. असा स्थिर तारा त्याच्या भवती प्रदक्षिणा घालणाऱ्या ग्रहांना जीवन देतो. त्या ग्रहांच्या जीवनयात्रेचीही सुरुवात होते.

हा सिलसिला चालतच राहतो. पण त्या ताऱ्याच्या जगण्याला खतपाणी घालणारं हायड्रोजनचं इंधन अमर्याद नसतं. अब्जावधी वर्षांनंतर का होईना ते संपतंच. तसं झालं,

की मग हायड्रोजनच्या मीलनाची प्रक्रिया थंडावते. त्यापायी ऊर्जा उत्सर्जित होणं थांबतं. साहजिकच आता ताऱ्याच्या अंतर्गत गुरुत्वाकर्षणाला विरोध करणारं बल नाहीसं होतं. तारा परत आतल्या आत कोसळत राहतो. त्याचा गाभा आता अधिकच दाट होतो. त्याची घनता वाढते. त्या गाभ्याच्या सभोवती मीलन न होऊ शकणारा उरलासुरला हायड्रोजन वावरत राहतो. गाभ्याची घनता जशी वाढते तसा त्याच्यावर पडणारा दाबही वाढतो. तो असह्य झाला, की त्या ताऱ्याचा स्फोट होतो. एका क्षणात तो संपूर्ण दीर्घिकेएवढा प्रकाशमान होतो. डोळे दिपवून टाकतो. त्याचा सुपरनोव्हा होतो. मोकळे असलेले वायू, धुलीकण आणि ताऱ्याचे काही तुकडे अवकाशात इकडेतिकडे फेकले जातात. गाभा मात्र अधिकच आकुंचन पावत राहतो. त्याच्या गुरुत्वाकर्षणात प्रचंड वाढ होते. इतकी, की त्याच्या तावडीतून प्रकाशकिरणांचीही सुटका होत नाही. कृष्णविवर जन्माला येतं.

सर्वसाधारणपणे ताऱ्यांची ही जीवनकहाणी आहे. आपला सूर्य हाही एक तारा आहे. त्याची जीवनकहाणी फारशी वेगळी असणार नाही. तरीही थोडंसं वेगळेपण आहेच. कारण विझण्याच्यावेळी त्या ताऱ्याचा सुपरनोव्हा व्हायचा की नाही, गाभ्याचं रूपांतर कृष्णविवरात व्हायचं की नाही, हे त्या ताऱ्यामधल्या वस्तुमानावर, तुमच्याआमच्या भाषेत सांगायचं तर त्याच्या वजनावर, अवलंबून असतं. आपला सूर्य एक तर दुसऱ्या पिढीचा तारा आहे. म्हणजे त्याच्या आधी असलेल्या कोणत्या तरी ताऱ्याच्या मृत्यूसमयी त्याची जी शकलं अवकाशात उडालेली होती ती एकत्र येऊन त्यापासून त्याचा जन्म झालेला आहे. शिवाय तो मध्यम आकाराचा तारा आहे. त्यामुळं मरणकळा सोसताना त्याचा स्फोट होण्याची, सुपरनोव्हा होण्याची शक्यता नाही, तरीही जेव्हा त्याला जगण्यास मदत करणारं इंधन संपत येईल तेव्हा तोही विझायला लागेल. सुरुवातीला त्याचं आकारमान वाढत जाईल. त्याचं रूपांतर रक्तराक्षसात, रेड जायंटमध्ये होईल. तसं झालं की अर्थातच तो सौरमालिकेतल्या ग्रहांना, निदान जवळच्या ग्रहांना, गिळंकृत करायला लागेल. ही प्रक्रिया काही लाख वर्षं चालू राहील. तोवर गाभ्याची घनता वाढतच जाईल. त्याच्या गुरुत्वाकर्षणाच्या ओढीत मोठ्या प्रमाणात वाढ होईल आणि सूर्याचं रूपांतर श्वेतबटूत (व्हाइट ड्वॉर्फ) होईल. त्याचं आकारमान घटेल. तो लहान होईल. त्याचं तापमानही मोठ्या प्रमाणात वाढलेलं असेल.

अर्थात ही विझण्याची प्रक्रिया काही उद्यापरवाच होणार नाही. आपला सूर्य सध्या त्याच्या अतिशय स्थिर अवस्थेत आहे. ठरावीक गतीनं प्रकाशरूपी ऊर्जा उत्सर्जित करत आहे. सौरमालिकेतल्या ग्रहांना त्यानं जीवन दिलं आहे आणि देत राहणार आहे. आजमितीला त्याचं वय साडेचार अब्ज वर्षं असल्याचं वैज्ञानिकांनी सिद्ध केलं आहे. आणि अजून पाचसहा अब्ज वर्षं तरी तो याच स्थिर स्थितीत राहणार आहे. ग्रहांना ऊर्जा पुरवण्याचं आपलं निसर्गदत्त काम इमानेइतबारे पार पडत राहणार आहे. तेवढं हायड्रोजनचं इंधन त्याच्या अंतरंगात अजूनही शिल्लक आहे. ते संपायला आलं, की आजच्या स्थिर

स्थितीतून तो बाहेर पडायला सुरुवात होईल. हायड्रोजनच्या अणूंच्या मीलनाच्या प्रक्रियेला लगाम बसायला जायला सुरुवात होईल. त्यातून बाहेर पडणारा ऊर्जेचा झोत मंदावत जायला सुरुवात होईल. हळूहळू त्याची वाटचाल रक्तराक्षस, रेड जायंट, होण्याकडे व्हायला लागेल.

तो काळ मोठा अभूतपूर्व असेल असं प्रा. जिलियन स्कडर यांनी म्हटलं आहे. कारण एका बाजूला त्याचा गाभा अधिकाधिक आकुंचन पावत असताना त्याच्या बाहेरचा भाग मात्र प्रसरण पावत असेल. आकुंचन प्रसरणाच्या एकमेकांविरुद्ध असणाऱ्या प्रक्रिया एकाच वेळी साथसाथ नांदत असतील. एका बाजूला रक्तराक्षसाचं रूप धारण करण्याची प्रक्रिया सुरू असताना दुसऱ्या बाजूला श्वेतबटूचं रूपडं अस्तित्वात येणंही सुरू असेल. मात्र हे दोन भाग विरुद्ध दिशेनं प्रवास करत राहतील. रक्तराक्षसातील वस्तुमान इतस्ततः फेकलं जाईल. काही वायूंच्या पुंजक्यांच्या रूपातच असेल तर काही मूलद्रव्यंही अवकाशात फेकली जातील. त्यांचाच आधार घेत त्या ताऱ्याच्या चितेतून फिनिक्स पक्ष्यासारखा दुसरा तारा जन्म घेईल. सर्वसाधारणपणे त्याचं वस्तुमान कमीच असेल. आपल्या सूर्यासारखा तो दुसऱ्या पिढीचा तारा लहानखुराच असेल. आपला सूर्यही विझता विझता खो दिल्यासारखा नव्या ताऱ्याला जन्म देऊन जाईल.

तो नयनरम्य सोहळा बघायला आपणच काय, पण आपल्या लक्षावधी पिढ्याही उपस्थित नसतील. जर सूर्य विझायला आला तर काय होईल, याचं हे वैज्ञानिकांनी केलेलं स्पष्ट चित्रण आहे. पण ते साकार व्हायला किमान काही अब्ज वर्षं तरी लागतील. तोवर आजची दिलासा देणारी वस्तुस्थितीच कायम राहील.

अंतराळ पर्यटन करायचं तर..!

त्या अलेक्झांडरची एक गोष्ट सांगितली जाते. आपल्या पराक्रमानं त्यांनं त्यावेळी ज्ञात असलेलं सर्व जग जिंकून घेतलं. आणि त्यानंतर आता जिंकायला काही उरलंच नाही म्हणून तो रडला म्हणे. खरं खोटं तोच जाणे. पण आज काही उत्साही आणि धाडसी मंडळींवर तशीच परिस्थिती ओढवली असल्यास नवल नाही. गेल्या काही वर्षांमध्ये मौजमजेसाठी प्रवास करायला सगळेचजण बाहेर पडत आहेत. एक तर जीवनावश्यक गरजा भागवून झाल्यावरही खिसा रिता होत नाहीये. आणि आपल्या परिसराबाहेरचं जग पाहण्याची मुळातली इच्छा उफाळून वर येऊ पाहत आहे. अशा सहली आयोजित करणाऱ्या पर्यटन कंपन्याही फोफावल्या आहेत. त्यामुळं असा प्रवास जिकिरीचा राहिलेला नाही. त्यापायीच मग काही मंडळी जग फिरून आली आहेत. अगदी टिकलीएवढ्या देशांनाही भेट देऊन झाली आहे. सारं जग असं पालथं घातल्यानंतर आता आणखी कुठं जायला मिळत नसल्याची खंत या मंडळींना वाटत असल्यास नवल नाही. पण त्यांच्या या जगावेगळ्या समस्येवर आता तोडगा निघाला आहे. जगाबाहेरचं जग आता खुणावतं आहे. अंतराळ पर्यटन ही कल्पना केवळ विज्ञानकथांपुरतीच मर्यादित राहिलेली नाही. ती साकार करणाऱ्या कंपन्यांनीही आपली कवाडं खुली केली आहेत.

या कंपन्याचे प्रणेते असलेले ॲमेझॉन कंपनीचे सर्वेसर्वा जेफ बेझॉस आणि व्हर्जिन अटलांटिक या हवाई प्रवास स्वस्तात घडवून आणणाऱ्या कंपनीचे संस्थापक सर रिचर्ड ब्रॅन्सन, हे असं पर्यटन करूनही आले आहेत. खरंतर विजेवर चालणाऱ्या मोटार गाडीचे उत्पादक एलॉन मस्क हे त्यांच्याच पंक्तीतले. फक्त त्यांचं स्वप्न पूर्णपणे सत्यात साकार होऊ शकलेलं नाही. बाकी दोघांनी मात्र अंतराळपर्यटनाचा पाया घातला आहे.

आपण जेव्हा स्वित्झर्लंडच्या सहलीवर जातो तेव्हा स्वित्झर्लंडची सीमा नेमकी कुठं सुरू होते याची परिपूर्ण माहिती आपल्याला असते. तसंच मग अंतराळाची सीमा नेमकी

कुठं सुरू होतं, हे समजायला नको! अंतराळ तसं अकटोपासून विकटोपर्यंत पसरलेलं आहे. अमर्याद आहे, तर मग त्याची सीमा कोणती हे कसं सांगता येईल, असा प्रश्न तुम्हाला पडला असेल तर ते स्वाभाविक आहे. पण हीच तर खरी गंमत आहे. अंतराळाची 'कारमान लाइन' नावाची सीमा सर्वसंमतीनं निर्धारित केलेली आहे. आपल्या धरतीच्या पृष्ठभागापासून शंभर किलोमीटर उंचीवर ती सापडते. ती लक्ष्मणरेषा ओलांडली, की आपण अंतराळात प्रवेश करतो.

त्यामुळंच अंतराळपर्यटनाचे अनेक पर्याय उपलब्ध झाले आहेत. काहीजण त्या कारमान रेषेला भोज्ज्यासारखं शिवून परत येतात. ती ओलांडत नाहीत. त्याला उपकक्षीय अंतराळपर्यटन, सब ऑर्बिटल टुरिझम, म्हणतात. ती रेषा ओलांडता आली, की मग आपण अनंत अंतराळात फिरायला मोकळे होतो. अर्थात त्यावेळीही आपला वेग किती आहे यावर आपण अंतराळात पोहोचल्यानंतरही पृथ्वी भोवतीच प्रदक्षिणा घालत राहणार, की तिच्यापासून दूर होत चंद्राकडे, मंगळासारख्या इतर ग्रहांकडे, मोर्चा वळवणार हे ठरतं. अधिक वेग असल्यास आपल्या सौरमालिकेचा पाश तोडून आपण त्याहीपलीकडे सुदूर अंतराळात जाऊ शकतो. पृथ्वीभोवती एका कक्षेत परिभ्रमण करत राहिलो तर ते होईल कक्षीय पर्यटन, ऑर्बिटल टुरिझम. त्याही पलीकडे मग फ्री स्पेस टुरिझम. आजतरी सब ऑर्बिटल किंवा ऑर्बिटल टुरिझमच्या पर्यायांचाच विचार केला जात आहे. त्या पुढचा टप्पा गाठायला अजून तरी बराच अवकाश आहे.

तरीही अंतराळपर्यटनाचं दालन आम जनतेला खुलं करण्यासाठीचं पहिलं पाऊल उचललंय, यात शंका नाही. ही यात्रा कशी करायची आणि मुख्य म्हणजे ती करून सुखरूप परत घरी कसं यायचं यासाठीचं तंत्रज्ञान विकसित झाल्याची ग्वाही मिळाली आहे. त्याचा आधार घेत अधिक धाडसी पर्यटनाची रुजवात केली जाईल. हे सगळं ऐकल्यावर आता तुम्हालाही अशीच अंतराळात भटकून येण्याची खुमखुमी आली असेल ना! पण सबूर. अशी सफर करणं म्हणजे 'बॅग भरो निकल पडो', इतकं सोपं नाही. त्यासाठी अनेक प्रकारची पूर्वतयारी आवश्यक आहे.

पहिली बाब तुमच्या तंदुरुस्तीची. ती सफर तुम्ही झेपवाल याची खातरजमा निघण्यापूर्वीच व्हायला हवी. त्यात आश्चर्य नाही. आजही मानसरोवराला भेट द्यायची तर तुमची संपूर्ण वैद्यकीय तपासणी केली जाते. ती पास होऊन डॉक्टरांनी हिरवा कंदील दाखवल्यानंतरच तुम्हाला त्या सफरीवर जाण्याचा परवाना दिला जातो. एवढंच कशाला, पण आपल्याच लेह लडाखला जायचं तर तिथं पोहोचल्यावर एक अख्खा दिवस, क्वचित जास्तही, संपूर्ण आराम करत बिछान्यातच पडून राहावं लागतं. ऑक्सिजनची कमतरता असणाऱ्या तिथल्या विरळ वातावरणात वावरण्याची सवय तुमच्या शरीराला व्हावी लागते. मग अंतराळ्यासारख्या शून्यवत गुरुत्वाकर्षण असणाऱ्या प्रदेशात फेरफटका मारायचा तर

त्यासाठीही तुमच्या शरीराची तयारी करायला नको? तिथं अनिवार्य असलेलं ते स्पेस सूटचं ओझं अंगावर बाळगत फिरण्याची सवय व्हायला नको?

म्हणूनच तुम्हाला अंतराळपर्यटनाला निघायचं असेल तर नव्वद सेकंदांमध्ये तुम्हाला जिन्यानं सात मजले चढून जाता आलं पाहिजे. सात मजले का, तर ज्या मनोऱ्याला टेकून अग्निबाण आणि यान उभं केलेलं असतं त्याची उंची तेवढी असते. तिथं अर्थात लिफ्ट असली तरी समजा ती चालत नसेल तर तुम्ही चालत जाऊन ती उंची गाठू शकता, हे दाखवून द्यायला हवं. आणि हे करायचं तर तुमची उंची कमीतकमी पाच फूट आणि जास्तीतजास्ती सव्वा सहा फूट असायला हवी. तसंच वजनही पन्नास ते शंभर किलोग्रॅमच्या पट्ट्यात असायला हवं. याचा अर्थ असा नाही, की उंची पाच फूट आणि वजन शंभर किलो असलं तरी चालेल. अशा लठ्ठंभारतीला जायची परवानगी मिळायचीच नाही. अर्थात असं अद्भुतरम्य पर्यटन करायचं तर तंदुरुस्तीची तेवढी किंमत तर मोजायलाच हवी ना! आता किमतीचाच प्रश्न निघाला तर या सफरीसाठी दोन ते अडीच लाख डॉलर म्हणजेच आजमितीला दीड ते दोन कोटी रुपये मोजण्याचीही तयारी ठेवायला हवी. भविष्यात ही कमी होऊन स्वस्तातली अंतराळयात्रा करण्याची संधी मिळू शकेल.

एवढी तयारी करूनही भागणार नाही. कारण त्यानंतर किमान पाच दिवसांचं प्रशिक्षण घ्यावं लागेल. त्यात मुख्यतः शून्यवत गुरुत्वाकर्षणात कसं राहायचं, आपले सगळे व्यवहार त्या परिस्थितीत कसे पार पाडायचे, हे शिकवलं जाईल. अर्थातच शरीरालाही त्या स्थितीत राहण्याची सवय होईल. तसंच उड्डाण करताना वेग झपाट्यानं वाढवला जातो. त्याचाही मुकाबला करण्याचं शिक्षणही दिलं जाईल. ते सहन न होऊन अस्वस्थ वाटू लागलं तर उपचार करण्यासाठी डॉक्टरांची टीमही प्रशिक्षण केंद्रात सज्ज असेल.

अशी जय्यत तयारी झाली की मग मात्र 'स्काय वुड नो लाँगर बी द लिमिट'!

। ४९ ।

सूर्यग्रहण पाहायचं असेल तर

आकाशात अनेक नैसर्गिक चमत्कार आपल्याला बघायला मिळतात. पण ग्रहणाइतकं लक्ष्यवेधी दृश्य दुसरं सापडणार नाही. कोणताही आकाशस्थ गोल झाकला गेल्यामुळं काही काळ तो आपल्याला दिसेनासा होतो, त्याला त्या गोलाला लागलेलं ग्रहण म्हणतात. तरीही आपल्याला मुख्यत्वे माहिती असलेली दोनच ग्रहणं आहेत. सूर्यग्रहण आणि चंद्रग्रहण. सूर्यग्रहण नेहमी अमावस्येलाच होतं तर चंद्रग्रहण पौर्णिमेला. त्यातही सूर्यग्रहणाकडे तुमच्याआमच्यासारखे सर्वसामान्य लोकच नाही तर वैज्ञानिकही आकर्षित होतात. कारण त्या काळात त्यांना एक तर सूर्याविषयी अधिक माहिती मिळण्याची शक्यता असते. एरवी जेव्हा सूर्य पूर्ण दिमाखात तळपत असतो त्यावेळी त्याच्याकडे पाहण्याची कोणाचीच किंवा कशाचीच प्राज्ञा नसते. त्यामुळंच जेव्हा तो झाकोळला जातो तेव्हाच त्याच्याविषयीचं कुतूहल शमवण्याची न्यारी संधी असते.

जिथं वैज्ञानिक उपकरणांनाही सूर्याकडे पाहवत नाही तिथं आपल्या डोळ्यांची काय गत! तरी बरं एरवी सूर्याच्या प्रखर प्रकाशापायी आपले डोळे तात्काळ दिपतात आणि पापण्यांनी बंद केले जातात. त्यामुळं उघड्या डोळ्यांनी त्याच्याकडे पाहण्याची वेळच येत नाही. त्यामुळं सूर्यग्रहणाच्या, खास करून खग्रास ग्रहणाच्यावेळी त्याच्याकडे पाहणं शक्य होईल असा बऱ्याच जणांचा समज असतो. पण तो चुकीचा आहे. त्यावेळीही उघड्या डोळ्यांनी त्याच्याकडे पाहणं सुरक्षित नसल्याचं तज्ज्ञ सांगतात.

अमावस्येच्या दिवशी आपण म्हणजे पृथ्वी आणि सूर्य यांच्यामध्ये चंद्र येतो. तो सूर्यासमोर असल्यामुळं सूर्याला झाकून टाकतो. चंद्र अर्थात स्थिर नसतो. तोही भ्रमण करतच असतो. त्यामुळं तो सूर्यासमोरून जात असतानाच त्याला झाकून टाकतो. त्याचं स्थान आणि सूर्याचं स्थान यावर सूर्याचा किती भाग त्याच्याकडून झाकला जाणार आहे हे निर्भारित होत असतं. चंद्राचं भ्रमण सूर्यासमोरून होत असताना एका क्षणी सूर्याचा देदिप्यमान भाग आणि

‘जरतर’च्या गोष्टी | **१६३**
भाग - २

सभोवतालचं पर्यावरण यांच्यातील अभिक्रियेपोटी चंद्राभवती एक रिंगण असल्यासारखाच सूर्याचा भाग दृश्यमान असतो. जणू एक झळाळती हिऱ्याची अंगठीच आकाशात लटकत असल्याची भावना होते. ग्रहणाच्या या अवस्थेला डायमंड रिंग असंच समर्पक नाव दिलं गेलं आहे. जसजसा चंद्र पुढं जात राहतो तसे या अंगठीचे तुकडे पडून चंद्राच्या भोवती अनेक छोटे छोटे दीप्तीमान बिंदू दिसतात. जणू काही मोतीच विखुरले आहेत. त्यांना बेलीज बीड्स म्हणतात. सूर्यकिरण चंद्राच्या क्षितिजावर असलेल्या दऱ्यांमधून पुढं येत राहतात. बेलीज बीड्स फार काळ दिसत नाहीत. त्यामुळं खग्रास सूर्यग्रहण पाहणाऱ्या सर्वांनाच त्यांचं दर्शन होईल असं नाही. हे बिंदू छोटे असल्यानं त्या वेळी सूर्याकडे उघड्या डोळ्यांनी पाहणं सुरक्षित असेल असं वाटत असेल तर ते चुकीचं आहे. कारण त्या छोट्या वाटणाऱ्या मण्यांची दीप्तीही प्रखरच असते.

हे मणी अंतर्धान पावले, की खग्रास ग्रहणाचा अत्युच्च बिंदू येतो. सूर्य संपूर्णपणे झाकला जातो. सूर्याचे किरण थेट आपल्यापर्यंत येत नाहीत. तरीही ही अवस्था संपूर्ण सुरक्षित आहे असं म्हणता येत नाही. मात्र या अवस्थेतच बहुतेक वैज्ञानिक निरीक्षणं केली जातात. अशाच एका खग्रास सूर्यग्रहणाच्यावेळी आइन्स्टाइननं आपल्या सापेक्षतावादाच्या सिद्धांतात केलेल्या एका भाकिताची परीक्षा आर्थर एडिंग्टन या खगोलशास्त्रज्ञानं घेतली होती.

पूर्ण खग्रास स्थितीत जेव्हा सूर्य असतो त्यावेळी कदाचित काही क्षण उघड्या डोळ्यांनी सूर्याकडे पाहता येईलही. तरी तसं करू नये असाच सल्ला डॉक्टर देतात. कारण ती स्थिती किती काळ टिकते यावर त्याचे किरण आपल्यापर्यंत पोहोचणार, की नाही याचा निर्णय होतो. त्या काळाचा अचूक अंदाज येईलच असं नाही. तेव्हा त्यावेळीही त्याच्याकडे पाहणं योग्य नाही. आता उलटा प्रवास सुरू होतो. बेलीज बीड्स, डायमंड रिंग करत सूर्य परत

आपल्या तेजोमय दिमाखाकडे वाटचाल करू लागतो. पण त्याचा गोल चंद्राच्या तावडीतून सुटायला काही काळ लागतोच. त्यावेळी तर त्याच्याकडे पाहणं संकटाला आमंत्रण देण्यासारखंच असतं. कारण सूर्याचे किरण डोळ्यांच्या पडद्याला छिद्र पाडू शकतात. या पडद्यावरच समोरच्या दृश्याची प्रतिमा उमटत असते. या पडद्यावर शंकू आणि काष्ठ अशा दोन प्रकारच्या पेशी असतात. त्या प्रकाशाच्या निरनिराळ्या छटांना दाद देतात. त्यांच्यावर पडलेल्या प्रकाशाच्या लहरीची बित्तंबातमी त्या पेशी त्याच्याशी जोडलेल्या मज्जातंतूंकरवी मेंदूपर्यंत पोहोचवतात. तिथं त्यांचं विश्लेषण होऊन आपल्याला 'दिसतं'. या पेशींनाच इजा झाली किंवा त्या नष्ट झाल्या तर आपण दृष्टी गमावून बसतो. इजा किती झाली आहे यावर त्यांचं पुनरुत्थान होणार की नाही हे अवलंबून असत. परिणामी आलेलं आंधळेपण काही काळापुरतंच आहे की कायमच आहे, याचा निवाडा होतो.

ते टाळायचं असेल तर ग्रहणकाळात सूर्याकडे पाहण्याच्या इतर उपायांचा वापर करावा हे उत्तम. त्यासाठी मायलार फिल्म म्हणजे पूर्वी फोटोच्या निगेटिव्हसाठी वापरण्यात येणाऱ्या फिल्मचा उपयोग होऊ शकतो. अशा दोन फिल्म एकावर एक ठेवून त्यांच्यामधून ग्रहण पाहणं सुरक्षित असतं. किंवा वेल्डिंग करणारे कारागीर ज्या जाड काळ्या काचांचा चष्मा वापरतात तो डोळ्यांवर चढवावा. याहूनही सुरक्षित उपाय म्हणजे पिन होल कॅमेरा तयार करून सूर्याची छबी भिंतीवर पाडावी. तिथं तो अपूर्व सोहळा आपल्याला पाहता येतो. नेहमीच्या किंवा मोबाईलच्या कॅमेऱ्यातून पाहणंही टाळावं. कारण त्याच्या दृश्यशोधकातूनही प्रखर किरणांचा मारा डोळ्यांवर होऊ शकतो.

| ५० |

चंद्रावर वस्ती करायची असेल तर..!

दीडशे वर्षांपूर्वी ज्यूल्स व्हर्ननं *फ्रॉम दी अर्थ टू द मून* ही कथा लिहिली. तेव्हापासून चंद्रावर जाण्याचं, तिथं वस्ती करण्याचं स्वप्न अखिल मानवजात पाहत आली आहे. त्यापैकी चंद्रापर्यंत मजल मारून आपण त्या कादंबरीची शताब्दी साजरी केली. मात्र चंद्रावर जाऊन राहण्याची कल्पना साकार करण्यात अजून तरी यश मिळालेलं नाही. नाही म्हणायला अमेरिकेच्या अंतराळ संशोधन संस्थेनं, नासानं, आर्टेमिस प्रकल्प हातात घेत त्या अनोख्या साहसाची नांदी म्हटली आहे. परंतु तो प्रकल्प केव्हा प्रत्यक्षात येईल हे सांगणं त्यांनाही तसं जडच जात आहे.

मानवानं भटक्या जीवनशैलीचा त्याग करून एके ठिकाणी वस्ती करून राहायला सुरुवात केली, त्यावेळी जी आव्हानं त्याच्या समोर होती तशीच ती आजही आहेत. जंगलात वाढणाऱ्या गवतापासून गहू, तांदूळ यासारख्या तृणधान्यांचा विकास झाला आणि अन्नसुरक्षेच्या दिशेनं पहिलं पाऊल टाकता आलं. त्यामुळंच त्यानं नवीन जीवनशैली अंगीकारण्याचं धाडस केलं. तरीही पाणी आणि ऑक्सिजन या मूलभूत गरजा भागवण्याची तरतूद असल्याशिवाय तो हे साहस करायला प्रवृत्त झाला नसता. या जगाच्या पाठीवर ऑक्सिजन सर्वत्र सारखाच आणि मुबलक सापडत असल्यानं ती चिंता मिटली होती. पाणी असंच सतत आणि पर्याप्त प्रमाणात मिळत राहील, याची खातरजमा करण्यासाठी त्यानं मोठमोठ्या नद्यांच्या काठांवरच आपलं पाल टाकायला सुरुवात केली.

चंद्रावर वस्ती करायची तर या मूलभूत गरजांची तृप्ती होईल, याची शाश्वती करणं आवश्यक आहे. गुहांमधला अधिवास सोडून मानवानं नद्यांच्या दोआबात वस्ती करायला घेण्याइतकं ते सोपं नाही. कारण ऑक्सिजन, पाणी, अन्न या मूलभूत गरजा आपल्या या 'मामा'च्या घरी पूर्ण होण्याची शक्यता धूसरच आहे. त्यात चांदोबांच्या गुरुत्वाकर्षणाची ओढही कमजोरच आहे. तिचाही विचार करायला हवा. सूर्यमहाराजही आपल्या उष्णतेची

ऊब देताना चंद्राविषयी तसा सापत्नभावच बाळगून आहेत. त्यामुळं तिथलं तापमान वस्ती करून राहायला अनुकूल नाही. या सर्वांचीच तरतूद केल्याशिवाय तिथं वस्ती कशी करता येईल!

याचा अर्थ मानवानं चंद्रावर पाऊल ठेवलेलं नाही किंवा अल्पकाळ का होईना तिथं वास्तव्य केलेलं नाही, असा नाही. नील आर्मस्ट्राँगच्या पावलावर पाऊल ठेवून आजवर इतरांनीही तिथवर मजल मारलेली आहे. पण त्यासाठी त्यांना हवा, पाणी, अन्न वगैरे सगळी रसद बरोबर घेऊन जावं लागलं होतं. स्पेस सूटसारखा खास पोशाख परिधान केल्याशिवाय तिथं क्षणभरही राहता येत नव्हतं. ऑक्सिजनची टाकी बरोबर घेऊनच ही यात्रा करावी लागत होती. झालंच तर आपलं खाणं-पिणंही पाठीवर टाकूनच त्याला प्रस्थान करता आलं होतं. मर्यादित काळासाठी तसं करणं शक्य होतं. पण तिथं दीर्घकाळासाठी किंवा कायमची वस्ती करायची तर धरतीपासून हे सगळं अवडंबर तिथवर नेणं अशक्यच आहे. शिवाय ही शिदोरी सतत पुरवता यायला हवी. त्यासाठी लागणारा खर्च परवडण्यासारखा तर नाहीच, शिवाय तो पुरवठा अव्याहत चालू ठेवण्यासाठीची यंत्रणा उभी करणंही कठीण आहे.

यापैकी ऑक्सिजनची तरतूद कदाचित होऊ शकेल. कारण चंद्राच्या जमिनीतल्या मातीत भरपूर प्रमाणात ऑक्सिजन आहे. मातीपासून तो अलग करण्यासाठी उष्णता आणि वीज वापरण्याची गरज आहे. तेव्हा ती तजवीज करता येईल. तरीही प्रश्न पडतोच. उष्णता एक वेळ सूर्यप्रकाशातून मिळू शकेल. ती पर्याप्त आहे की काय हे बघावं लागेल. पण समजा त्याची खातरजमा झाली तरी तिथं वीज कुठून आणणार? त्यासाठी तिथं वीजनिर्मिती केंद्राची बांधणी करावी लागणार असेल, तर ते कितपत व्यवहार्य आहे हेही तपासावं लागेल. चंद्रावर जलविद्युत, औष्णिक विद्युत, पवनविद्युत वगैरे सारेच पर्याय निकालात निघतात. केवळ सौरऊर्जेचाच पर्याय सद्यःपरिस्थितीत व्यवहार्य ठरेल. पण त्यासाठीही सौर पॅनेल धरतीवरूनच तिथं न्यावी लागतील. शिवाय सूर्यप्रकाशही सतत उपलब्ध नसतो. त्याच्या मात्रेतही सातत्य नाही. त्यामुळं आण्विक वीजनिर्मितीचा विचार करावा असं काही वैज्ञानिकांनी सुचवलं आहे. त्यासाठी आवश्यक असणारं इंधन म्हणजेच युरेनियम चंद्रावर अस्तित्वात असल्याचे काही पुरावे मिळालेले आहेत.

तितकंच महत्त्वाचं आहे पाणी. पाण्याला जीवन म्हणतात. पाण्याशिवाय माणूस जिवंत राहू शकणार नाही. चंद्रावर पाणी असल्याचा शोध आपल्या चांद्रयानानं लावला होता. पण ते एखाद्या पापुद्र्यासारखं असल्याचंही म्हटलं होतं. शिवाय ते चंद्राच्या ध्रुवप्रदेशात गोठलेल्या अवस्थेत आहे. त्याचा वापर करायचा असेल तर त्याचं प्रथम द्रवरूपात अवस्थांतर करावं लागेल. नुरातं तरां करूनही भागणार नाही तर ते वाहतं असायला हवं.

पृथ्वीवर मुबलक प्रमाणात पाणी आहे. त्याचा आपण वापर करू शकतो कारण निसर्गानं इथं कायमचं जलचक्र प्रस्थापित केलं आहे. आपण पिण्यासाठी आणि इतर काही

कामांसाठीही शुद्ध पाण्याचा वापर करतो. आपल्या वापरापायी त्या पाण्याचं अशुद्ध अशा सांडपाण्यात रूपांतर होतं. ते बहुतांशी समुद्रात किंवा अशाच इतर जलाशयांमध्ये सोडलं जातं. त्याची वाफ होऊन ढग तयार होतात आणि ते पावसाच्या रूपानं आपल्याला परत शुद्ध पाणी बहाल करतात. असं जलचक्र जर चंद्रावर प्रस्थापित झालं तरच त्या पाण्याचा व्यापक स्तरावरील वापर शक्य आहे.

सिंगापूर, इस्राईलसारख्या काही देशांनी सांडपाण्याचं शुद्धीकरण करून त्याचं पिण्यायोग्य पाण्यात रूपांतर करण्याचं तंत्रज्ञान विकसित केलं आहे. त्यासाठीची शुद्धीकरण केंद्रही उभारली आहेत. तेव्हा जर नैसर्गिक जलचक्र नसेल, तर चंद्रावर अशा शुद्धीकरण केंद्रांची साखळीच बांधावी लागेल. तरच त्या पाण्याचा तिथं वस्ती करून राहणाऱ्या नागरिकांची पाण्याची गरज भागू शकेल.

आज अंतराळात कामासाठी जाणारे अंतराळवीर आपल्या बरोबर आपली रसदही घेऊन जातात. मर्यादित काळासाठीच त्यांचा अंतराळस्थानकांवर मुक्काम असल्यामुळं तेवढं अन्न नेण्याची तरतूद करता येते. पण चंद्रावर दीर्घकाळासाठी किंवा कायमची वस्ती करायची असेल तर अन्न तिथल्या तिथंच उपलब्ध होईल अशी व्यवस्था करायला हवी. त्यासाठी चंद्रावरच शेती करावी लागेल. तिथल्या कमी गुरुत्वाकर्षणाच्या आणि हवामानाच्या टोकाच्या पर्यावरणात शेती करणं आव्हानात्मकच आहे. तिथली माती धरतीवर आणून त्यात प्रयोगशाळेतल्या नियंत्रित वातावरणात शेती करण्याचे काही प्रयोग केले गेले आहेत. चंद्रावर शेती करण्यासाठीचे काही धडे त्यातून मिळाले आहेत. त्यांचा वापर करून अंतराळात शेती करण्याच्या काही प्रयोगांचा अंतर्भाव यापुढील चंद्रमोहिमांमध्ये करण्याचा विचार चालू आहे.

या अनेक अडचणींचा डोंगर पार केल्यावरच आपण चंद्रावर वस्ती करण्याचं स्वप्न प्रत्यक्षात आणू शकू. त्यासाठी भगीरथ प्रयत्न करावे लागणार आहेत याची खूणगाठ मात्र मनाशी बांधायलाच हवी.

लेखक परिचय

डॉ. बाळ फोंडके,
ज्येष्ठ वैज्ञानिक आणि विज्ञानलेखक

तेवीस वर्षे भाभा अणुसंशोधन केंद्रात भौतिकी क्षेत्रातील संशोधनानंतर 'सायन्स टुडे' या अग्रेसर विज्ञानमासिकाचे प्रमुख संपादकपद डॉ. बाळ फोंडके यांनी भूषवले. त्यानंतर टाइम्स ऑफ इंडिया समूहातील सर्व दैनिक वृत्तपत्रांचे ते विज्ञान संपादक होते. १९८९ मध्ये तत्कालीन पंतप्रधान राजीव गांधी यांच्या आमंत्रणावरून दिल्लीला 'नॅशनल इन्स्टिटट्यूट ऑफ सायन्स कम्युनिकेशन' या 'सीएसआयआर'च्या संस्थेचे संचालकपद त्यांनी स्वीकारले, दहा वर्षांच्या यशस्वी कारकिर्दीनंतर तिथूनच ते निवृत्त झाले. गेल्या साडेचार दशकांहून अधिक काळ त्यांनी विज्ञानविषयक लेख आणि सकस विज्ञानकथांचे लेखन केले आहे.

विज्ञानप्रसाराचा राष्ट्रीय पुरस्कार, इंदिरा गांधी पुरस्कार, सावरकर पुरस्कार, कुसुमाग्रज प्रतिष्ठानचा गोदागौरव पुरस्कार, महाराष्ट्र राज्याचे साहित्य पुरस्कार, कोकण मराठी साहित्य परिषदेचा साहित्य भूषण पुरस्कार वगैरे अनेक सन्मान त्यांना मिळाले आहेत.

इंग्लिश व मराठी भाषांत मिळून आजवर त्यांची ७०हून अधिक पुस्तके प्रकाशित झाली आहेत.

केंद्र सरकारच्या विज्ञान तंत्रज्ञान विभागाने तयार केलेल्या, देशाच्या विकासासाठी आवश्यक तंत्रज्ञानाचा आढावा घेणाऱ्या 'टेक्नॉलॉजी व्हिजन २०३५' या दस्तावेजाचे लेखन करण्यातही त्यांचा महत्त्वाचा सहभाग होता.